从新手到高手

Office 2013

蒋畅 黎谦 主编
周未 谢佳君 副主编

商务·办公
从新手到高手

U0353961

清华大学出版社
北京

内 容 简 介

本书针对初学者的需求，从Word/Excel/PowerPoint 2013组件的基本操作出发，用"23个职场实例+3个综合案例"的方式详细介绍了各组件的基础知识和具体操作方法。

全书共分为12章，第1～5章介绍了Word文档的编辑方法、图文混排功能、样式模板的应用、表格的编辑与应用、高级排版功能等；第6～9章介绍了Excel表格的编辑与美化、函数和公式的应用、数据的筛选和排序、数据的分类汇总、图表的创建和美化、透视图表创建与应用、宏命令的录制与编辑等；第10～11章介绍了PowerPoint演示文稿的创建与编辑、幻灯片的创建和编辑、幻灯片动画和切换效果的设计、演示文稿的放映操作等；第12章介绍了Word、Excel、PowerPoint三者之间的协作与转换功能、打印机的应用等。附录中提供了各组件高效办公实用快捷键（Word 2013、Excel 2013和PowerPoint 2013常用快捷键）。

本书内容翔实，步骤清晰，可读性强，适用于Office初学者和各行业行政办公人员，还可以作为高等院校相关专业的教材，也可以作为Office办公软件培训班的培训教材。

图书在版编目（CIP）数据

Office 2013商务办公从新手到高手 / 蒋畅 黎谦主编. — 北京：清华大学出版社，2018

（从新手到高手）

ISBN 978-7-302-47930-7

Ⅰ. ①O… Ⅱ. ①蒋… ②黎… Ⅲ. ①办公自动化—应用软件 Ⅳ. ①TP317.1

中国版本图书馆CIP数据核字（2017）第193557号

责任编辑：陈绿春
封面设计：潘国文
责任校对：胡伟民
责任印制：刘海龙

出版发行：清华大学出版社
　　　　　网址：http://www.tup.com.cn，http://www.wqbook.com
　　　　　地址：北京清华大学学研大厦A座　　　　邮　编：100084
　　　　　社总机：010-62770175　　　　　　　　邮　购：010-62786544
　　　　　投稿与读者服务：010-62776969，c-service@tup.tsinghua.edu.cn
　　　　　质量反馈：010-62772015，zhiliang@tup.tsinghua.edu.cn
　　　　　课件下载：http://www.tup.com.cn,010-62795954
印 装 者：三河市铭诚印务有限公司
经　　销：全国新华书店
开　　本：188mm×260mm　　　印　张：22　　　字　数：565千字
版　　次：2018年2月第1版　　　印　次：2018年2月第1次印刷
印　　数：1～3000
定　　价：59.00元

产品编号：073033-01

本书主要内容

Microsoft Office 2013是微软公司推出的一款办公自动化软件，其功能全面、界面优良、操作简单，是职场办公小白到办公精英的强大工具，用户可以利用Office 2013中的Word/Excel/PowerPoint 2013组件制作所需要的文档、表格、演示文稿等，可以大大提高工作效率，节省工作时间，高效地完成工作任务。

本书从Word/Excel/PowerPoint 2013组件的基本操作出发，详细介绍了各组件的基础知识和操作方法，各组件的每一个操作步骤都配有截图演示，且在图片中有具体操作步骤，有利于读者清晰操作过程。并且每一章都有精品鉴赏，便于读者查看到完整案例效果。

全书共分为12章，以职场办公实例为主，用"23个职场实例+3个综合案例"的方式，全面介绍了Microsoft Office 2013的基本功能和使用技巧。

第1章主要介绍了Word的编辑排版功能，包括制作公司招聘简章、制作公司聘用协议、制作公司考勤制度等内容。

第2章主要介绍了Word的图文混排功能，包括使用SmartArt和形状工具绘制流程图、制作简报等内容。

第3章主要介绍了Word的样式模板应用，包括制作并应用模板等内容。

第4章主要介绍了Word的表格插入功能，包括插入表格、设置表格样式、合并及拆分单元格、统计表格数据、制作人事档案表、制作员工考核成绩表等内容。

第5章主要介绍了Word的高级排版功能，包括修订并审阅文档、批量制作邀请函等内容。

第6章主要介绍了Excel的基本编辑和公式计算功能，包括创建表格、编辑单元格、设置单元格格式、计算单元格数据等内容。

第7章主要介绍了Excel汇总排序功能，包括设置表格数据格式、对表格数据进行排序、对表格数据进行筛选、合并汇总数据等内容。

第8章主要介绍了Excel的透视图表功能，包括常用图表的介绍、创建图表、美化图表、创建透视图表、设置透视图表样式、筛选透视图表数据等内容。

第9章主要介绍了Excel的数据共享功能，包括录制并编辑宏命令、添加宏命令执行按钮、保护与共享工作簿、保护与撤销保护工作簿、共享工作簿等内容。

第10章主要介绍了PowerPoint的编辑设计功能，包括创建演示文稿、应用大纲添加内容、设置放映幻灯片方式等内容。

第11章主要介绍了PowerPoint的动画放映功能，包括添加超链接、添加交互功能、添加与编辑音频文件、添加与编辑视频文件、设置排练计时等内容。

第12章主要介绍了Word、Excel、PowerPoint三者之间的协作与转换功能、打印机的应用等内容。

本书主要特色

特色一：快速查看，全书每章均有【精品鉴赏】小节，即完整案例效果展示，用户可快速查看完成效果，并且每一组件介绍完成后还有【综合案例】。

特色二：涉及面广，本书案例知识涉及商务办公中的行政、人力资源、财务及市场营销等多个领域，让不同职业的读者都能找到与本职工作相关的学习内容。

特色三：图文并茂，采用一步一图形的方式，使操作步骤形象生动。

特色四：知识拓展，本书附录中提供了各组件高效办公实用快捷键（Word 2013、Excel 2013 和 PowerPoint 2013 常用快捷键）。

本书内容翔实，步骤清晰，排版整齐，与实际案例相结合，并配有详细的图文步骤，适用于 Office 初学者和各行业行政办公人员，还可以作为高等院校相关专业的资料，也可以作为 Office 办公软件培训班的培训教材。

本书素材文件下载地址：https://pan.baidu.com/s/1c3gOLvM 密码：1nub

扫描右侧二维码，同样可以下载本书的素材文件。

本书由蒋畅、黎谦任主编，周未、谢佳君任副主编，参加编写的还包括陈志民、陈运炳、申玉秀、李红萍、李红艺、李红术、陈云香、陈文香、陈军云、彭斌全、林小群、刘清平、钟睦、刘里锋、朱海涛、廖博、喻文明、易盛、陈晶、黄柯、黄华、杨少波、杨芳、刘有良、刘珊、赵祖欣、齐慧明、胡莹君等。

作者
2018年1月

第 11 章　PowerPoint: 动画放映好精彩 …………………… 277

第 12 章　Word/Excel/PowerPoint 不分离 ……………… 311

第1章
Word: 编辑排版很简单

本章内容

在日常学习和工作中，经常会用到 Word，需要借助它对文字进行编辑和排版。Microsoft Word 2013 是微软公司推出的一款功能齐全的文字处理软件，也是日常中最常使用的办公软件之一，使用该软件可以很好地对文字进行编辑和排版。办公软件的学习，讲求的是针对性，是活学活用。本章通过制作《公司招聘简章》《公司聘用协议》和《公司考勤制度》，以实际操作介绍 Word 2013 在商务办公中的常见使用方法和技巧。

1.1 初识 Word 2013

先来介绍 Word 2013 的全新窗口界面。Word 的工作窗口由标题栏、功能区、编辑区和状态栏四大模块组成，每个模块中又有不同的功能操作设置，下面介绍各个模块的组成部分及用法。

1.1.1 介绍 Word 2013 整体工作界面

Word 2013 的窗口有很多图标及各种设置按钮，工作界面如图 1-1 所示。

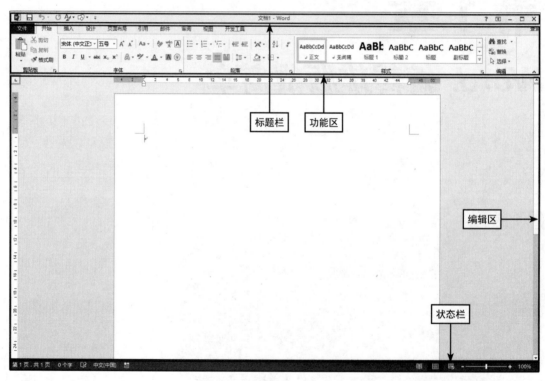

图 1-1

1.1.2 介绍 Word 2013 标题栏

标题栏位于窗口最上方，包括 Word 图标、快速访问工具栏、文档名称及窗口控制按钮。Word 图标位于窗口左上角，可以最大化、最小化文档，移动和关闭 Word 文档，还可以调整文档大小；快速访问工具栏位于 Word 图标右侧，是可自定义工具按钮的工具栏；文档名称位于标题栏中间，一般是以"文件名 -Word"的格式进行显示；窗口控制按钮位于标题栏最右侧，可以最大化、最小化文档，还可以关闭文档。通过标题栏可以调整窗口大小，查看当前文档名称，还可以进行文档保存，新建、关闭文档等操作，如图 1-2 所示。

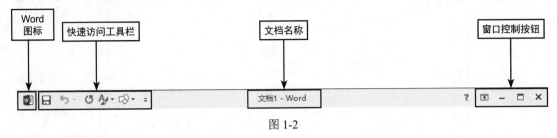

图 1-2

1.1.3　介绍 Word 2013 功能区

功能区位于标题栏的下方，包括文件菜单、选项卡及选项组。在 Word 2013 中可通过选择选项卡与选项组来展现各级命令。单击相应的选项卡则会显示相应的组，即选项组。每个选项卡有多个选项组，每个选项组的功能不一。以图中灰色竖线为分隔，单击选项组右下角的"对话框启动器"，可打开该选项组的详情对话框，执行相应的操作，如图 1-3 所示。

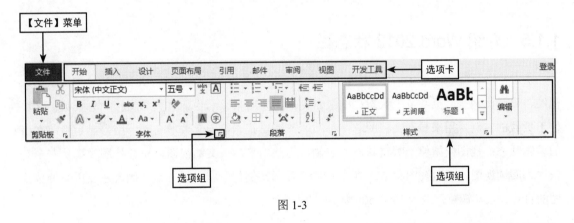

图 1-3

1.1.4　介绍 Word 2013 编辑区

编辑区位于功能区的下方，包括制表位、滚动条、标尺、文档编辑区等。制表位位于编辑区的左上角，主要用来定位数据的位置与对齐方式；滚动条位于编辑区右侧，可以拖动滚动条来查看文档中其他内容；标尺位于编辑区的上侧和左侧，主要用于估算对象的编辑尺寸；文档编辑区位于编辑区的中部，在编辑区中可以进行文档编辑、插入图片、插入表格、设置格式等操作，如图 1-4 所示。

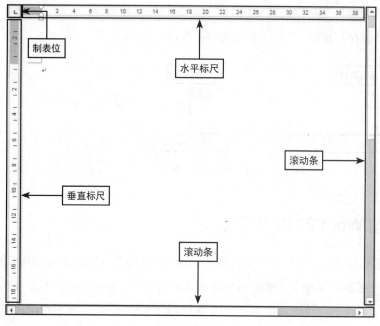

图 1-4

1.1.5 介绍 Word 2013 状态栏

　　状态栏位于窗口的底端，用于显示当前文档窗口的状态信息，包括页数、字数、编辑状态、视图、显示比例等。页数位于状态栏的最左侧，主要用来显示当前页数与文档的总页数；字数位于页数的右侧，用来显示文档的总字符数量；编辑状态位于字数的右侧，用来显示当前文档的编辑状态；视图类型位于编辑状态的右侧，主要用来切换文档视图，三种视图类型从左至右依次为阅读视图、页面视图和 Web 版式视图；显示比例位于状态栏的最右侧，主要用来调整视图的百分比，其调整范围为 10%~500%，如图 1-5 所示。

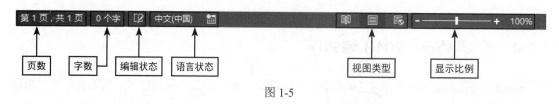

图 1-5

1.2 制作公司招聘简章文档

　　公司招聘简章是公司为寻求需要的人才而向社会发布的招聘信息，该简章具有简单明了的特点，可令求职者很清晰地了解到自己的合适岗位。本节将以《制作公司招聘简章》为例，为读者介绍 Word 2013 的简单功能，如设置字体、字号、字形，设置段落的对齐方式和段落间距等。

1.2.1　编辑简章文档内容

一份好的招聘简章可以吸引更多的求职者，从而提高公司的招聘效率，为公司广纳人才。因此，公司行政人员要拟定好招聘简章，编辑好简章内容。下面将介绍如何编辑简章内容。

1. 创建文档

打开 Word 2013，系统将会自动创建一个空白文档，如图 1-6 所示。

2. 输入简章文档内容

将光标置于需要输入文字的位置，然后输入相应的内容，如果需要另起一行输入文本，可按 Enter 键进行换行操作，如图 1-7 所示。

图 1-6　　　　　　　　　　　　　　　　　图 1-7

1.2.2　设置简章文档格式

简章内容编辑完成后，可以对简章格式进行设置，从而使文档更加美观、整齐，具体操作如下。

1. 设置字体格式

设置字体是设置文本的字体样式，在 Word 2013 中有很多可供选择的字体样式，如黑体、宋体、楷体等；设置字号是指设置文本的字体大小，包括初号、小四、五号等。

step 01　拖动鼠标选中标题"招聘简章"，右击，在弹出的快捷菜单中选择"字体"命令，如图 1-8 所示。

step 02 系统将自动弹出"字体"对话框,将"中文字体"设置为"宋体","字形"设置为"加粗","字号"设置为"小二",其他参数为默认设置,如图1-9所示。

图1-8   图1-9

step 03 切换到"高级"选项卡,将"间距"设置为"加宽","磅值"设置为"2磅",其他参数为默认设置,单击"确定"按钮,保存设置,如图1-10所示。

step 04 选中正文部分,将"字体"设置为"宋体","字号"设置为"五号",如图1-11所示。

图1-10

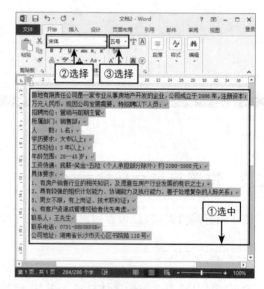

图1-11

step 05 选中文本"招聘岗位:营销与前期主管",单击"字体"选项组中的"对话框启动器"按钮,将"字形"设置为"加粗",字体颜色设置为"红色",其他设置保持默认,单击"确定"按钮,保存设置,如图1-12所示。

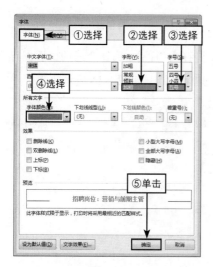

图 1-12

2. 设置段落格式

在 Word 2013 中还可以设置段落格式，如设置文本对齐方式和段间距等，可以使文档变得井然有序，变得更美观，具体操作步骤如下。

step 01 选中标题"招聘简章"，单击"开始"选项卡中"段落"选项组的"对话框启动器"按钮，将"对齐方式"设置为"居中"，其他保持默认设置，单击"确定"按钮，保存设置，如图 1-13 所示。

图 1-13

提示：

在"段落"选项组中，"左对齐"表示将文字左对齐，可按组合键【Ctrl+L】进行设置；"右对齐"表示将文字右对齐，可按组合键【Ctrl+R】进行设置；"居中"表示将文字居中对齐，可按组合键【Ctrl+E】进行设置；"两端对齐"表示将文字左右两端同时对齐，并根据需要增加字间距，可按组合键【Ctrl+J】进行设置；"分散对齐"表示使段落两端同时对齐，并根据需要增加字间距，可按组合键【Ctrl+Shift+J】进行设置。

step 02 拖动鼠标选中正文，单击"段落"选项组的"对话框启动器"按钮，将"对齐方式"设置为"两端对齐"，"特殊格式"设置为"首行缩进"，"缩进值"设置为"2 字符"，"行距"设置为"1.5 倍行距"，单击"确定"按钮，保存设置，如图 1-14 所示。

图 1-14

提示：

进行选中全文操作时可以拖动鼠标，也可以按【Ctrl+A】组合键。

3. 保存文档

文档完成后,要及时对其进行保存,选择"文件"→"另存为"命令,选择合适的位置保存文档,将"文件名"改为"招聘简章",单击"保存"按钮,保存设置,如图 1-15 所示。

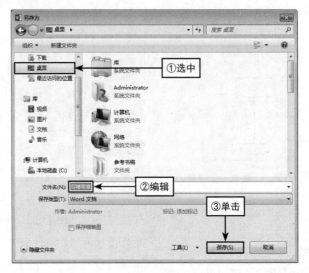

图 1-15

提示:

"保存"的组合键为【Ctrl+S】。

1.3 制作公司聘用协议文档

聘用协议是公司与职工按照国家的有关法律、政策,在平等自愿、协商一致的基础上,订立的关于履行有关工作职责的权利义务关系的协议,签订聘用协议可以保障公司和职工的正当合法权益。本节将以编辑《公司聘用协议》为例,介绍 Word 2013 的实用功能,如添加文本下画线、设置页边距、插入封面、添加文本页码等。

1.3.1 编辑协议文档内容

在编辑聘用协议前,首先需要在 Word 2013 中创建一个新文档,然后再输入协议内容,并对其进行格式设置再保存文档,具体操作如下。

1. 创建文档

打开 Word 2013,系统将会自动创建一个空白文档,如图 1-16 所示。

图 1-16

2. 设置页边距

单击"页面布局"选项卡中"页边设置"选项组的"对话框启动器"按钮，将弹出"页面设置"对话框，在"页边距"选项卡中将页边距设置"上""下""左""右"各为2.5、2、2、2，单击"确定"按钮，保存设置，如图1-17所示。

图 1-17

3. 输入协议内容

将光标置于需要输入文字的位置，然后输入相应的内容，如图 1-18 所示。

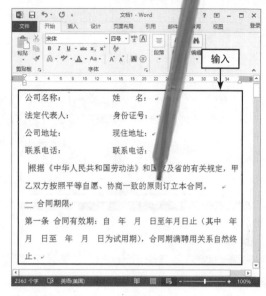

图 1-18

提示：

选中相应文字并右击，在弹出的快捷菜单中选择"复制"命令，将光标移至相应位置，再右击，在弹出的快捷菜单中选择"粘贴"命令，即可完成复制粘贴。"复制"的组合键为【Ctrl+C】，"粘贴"的组合键为【Ctrl+V】。

1.3.2　设置文档格式

协议内容编写完成后，可以对文档进行格式设置以使文档更加美观整齐，具体步骤如下。

1. 设置字体格式

在"开始"选项卡中可以对文档进行字体格式设置，具体操作如下。

step 01 拖动鼠标或按组合键【Ctrl+A】选中全文，单击"字体"选项组中的"对话框启动器"按钮，如图 1-19 所示。

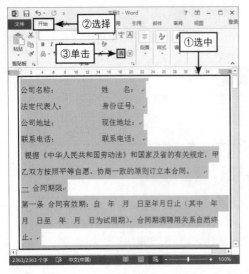

图 1-19

step 02 系统将弹出"字体"对话框，将"中文字体"设置为"楷体"，"西文字体"设置为"Times New Roman"，"字形"设置为"常规"，"字号"设置为"四号"，其他参数为默认设置，单击"确定"按钮，保存设置，如图 1-20 所示。

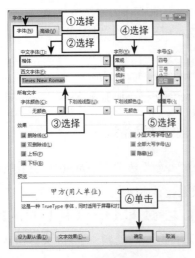

图 1-20

2. 设置段落格式

选中全文，单击"开始"选项卡中"段落"组中的"对话框启动器"按钮或右击，在弹出的快捷菜单中选择"段落"命令，在弹出的对话框中选中"缩进和间距"选项卡，将对齐方式选择为"两端对齐"，将行距设为"1.5 倍行距"。"特殊格式"设为"首行缩进"，"缩进值"设为"2 字符"，其他参数为默认设置。单击"确定"按钮，保存设置，如图 1-21 所示。

图 1-21

3. 添加下画线

为了使文档排版更整齐，可以在文档合适位置添加下画线，具体操作如下。

step 01 将光标置于"公司名称："之后，选择"开始"选项卡，在"字体"选项组中单击"下画线"下拉按钮，选择合适的下画线样式（如下画线），如图 1-22 所示。

图 1-22

step 02 然后按键盘上的空格键，即可显示出下画线，用同样的方法将其他地方插入下画线，效果如图 1-23 所示。

图 1-23

4．保存文档内容

文本输入完后，可对文档进行保存设置。

step 01 选择文档工作窗口中的"文件"菜单，如图 1-24 所示。

图 1-24

step 02 在"文件"菜单中选择"另存为"选项，在"另存为"选项面板中选择"计算机"选项，如图 1-25 所示。

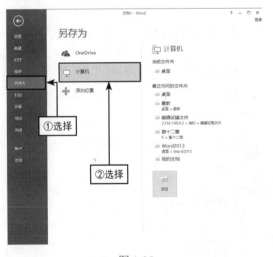

图 1-25

step 03 在弹出的"另存为"对话框中选择合适的位置保存文档，并将文件名改为"聘用协议书"，保存类型为"Word 文档"选项，单击"确定"按钮，保存设置，如图 1-26 所示。

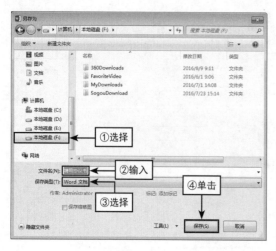

图 1-26

1.3.3 插入协议文档封面

如果想对协议添加封面，可在"插入"选项卡中进行添加，具体操作步骤如下。

1．插入协议封面

将光标置于协议内容首字"甲"前，选择"插入"选项卡，在"页面"选项组中单击"空白页"按钮，如图 1-27 所示。

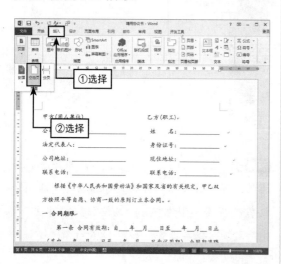

图 1-27

2．输入封面内容

在新添加封面中输入协议封面内容，并将文本"智尚科技有限公司聘用协议书"设置为"楷体""小初"、加粗居中显示，"编号"设置为"楷体""三号"、加粗显示、右对齐，"创高印刷公司监制"设置为"楷体""小一"，居中显示，效果如图 1-28 所示。

图 1-28

> **提示：**
>
> 如果想在文档中显示空格格式标记，即图"编号："后的"点"状符号，可单击"文件"→"选项"命令，在弹出的对话框中选择"显示"选项卡，选中"空格"复选框，即可显示出来，取消选中，即可隐藏。

3．添加文档页码

对一篇长文档来说，添加页码是必不可少的一步，在"插入"选项卡中可以轻松完成对页码的添加，具体操作步骤如下。

step 01 从文档第 2 页开始，页码设置成第 1 页。将光标移至文档第一页末尾处，如图 1-29 所示。

图 1-29

step 02 选择"页面布局"选项卡，在"页面设置"选项组中单击"分隔符"下拉按钮，选择"下一页"选项，如图 1-30 所示。

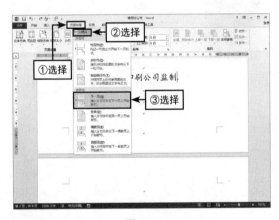

图 1-30

step 03 此时，文档第 2 页与第 1 页已断开连接。双击第 2 页最底部即可启动"页眉和页脚"功能，选择"页眉和页脚工具—设计"选项卡，在"页眉和页脚"选项组中单击"页码"下拉按钮，选择"设置页码格式"选项，如图 1-31 所示。

step 04 在弹出的"页码格式"对话框中选择"编号格式"为"1,2,3…"，在"页码编号"选项组中选择"起始页码"，并将值设为"1"，单击"确定"按钮，保存设置，如图 1-32 所示。

图 1-31

图 1-32

step 05 在"页码"下拉菜单中选择"页面底端"选项，在其级联列表中选择合适的页码样式（如普通数字 2），如图 1-33 所示。

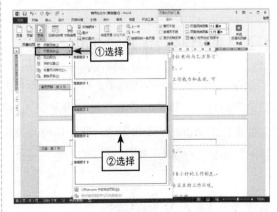

图 1-33

step 06 此时会在文档第 2 页底部显示页码"1"，如图 1-34 所示。

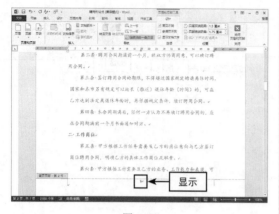

图 1-34

step 07 文档其他页码同样也会显示，如图 1-35 所示。

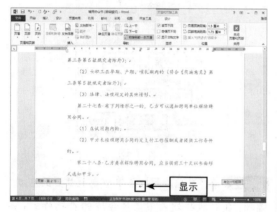

图 1-35

4. 保存文档

由于之前保存过一次并设置了保存位置，这次直接按组合键【Ctrl+S】即可保存，选择"文件"→"保存"命令也可保存，如图 1-36 所示。

图 1-36

1.4 制作公司考勤制度文档

为了提高员工的办事效率，维护公司的正常秩序，每个公司都应该建立相应的考勤制度来规范员工的行为，因此，建立考勤制度是公司行政人员常做的工作。本节将以建立公司考勤制度为例来介绍 Word 2013 相关的功能和技巧及美化文档，例如，启用"编号"功能、启用"日期和时间"功能、添加分隔线及背景颜色等。

1.4.1 输入文档内容

启动 Word 软件，将创建一个新文档，设置页面尺寸输入内容，并对其进行格式设置再保存文档，具体操作如下。

1. 设置页面尺寸

打开 Word 2013，系统将自动创建新的文档。单击"页面设置"选项卡下的"页边距"下拉按钮，选择"自定义边距"选项，将"页边距"设为"上""下"各为"2.54cm"，"左""右"各为"2.8cm"，单击"确定"按钮，保存设置，如图 1-37 所示。

图 1-37

2. 输入文档内容

在文档中输入标题及内容，如图 1-38 所示。

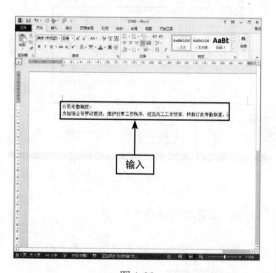

图 1-38

3. 设置"编号"功能

对文档设置"编号"功能，可以使文档更有层次感，更美观，具体操作步骤如下。

step 01 将光标置于文本最后，按【Enter】键进行换行操作。选择"开始"选项卡，在"段落"选项组中单击"编号"下拉按钮，如图 1-39 所示。

图 1-39

step 02 在弹出的"编号库"窗格中选择"定义新编号格式"选项，如图 1-40 所示。

图 1-40

4．选择编号样式和编号格式

在"定义新编号格式"对话框中选择"一，二，三（简）…"编号样式，并在"编号格式"文本框中输入"第一条"，单击"确定"按钮，保存设置，如图1-41所示。

图 1-41

5．完成考勤文档内容

文档编号设置完后即可对文档内容进行完善，具体操作步骤如下。

step 01 此时文档中将自动出现文本内容"第一条"，如图1-42所示。

图 1-42

step 02 输入"第一条"的考勤内容后，按【Enter】键，即可自动跳转至下一条，如图1-43所示。

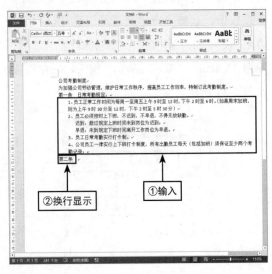

图 1-43

step 03 继续输入考勤文档内容，如图1-44所示。

图 1-44

6．设置2级编号

继续在"段落"选项组中设置2级编号，具体操作步骤如下。

step 01 选中需要设置 2 级编号的内容，在"段落"选项组中单击"编号"下拉按钮，如图 1-45 所示。

图 1-45

step 02 在"编号库"窗格中选择合适的编号样式，如图 1-46 所示。

图 1-46

step 03 此时可看到选中的内容已经发生相应的变化，如图 1-47 所示。

图 1-47

step 04 选中刚刚设置的编号，在"编号库"中选择"更改列表级别"选项，在其级联列表中选择"1.——"选项，如图 1-48 所示。

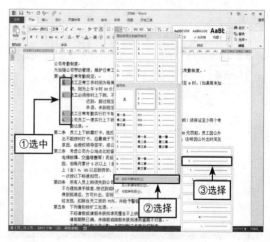

图 1-48

step 05 继续设置其他 2 级编号和 3 级编号，效果如图 1-49 所示。

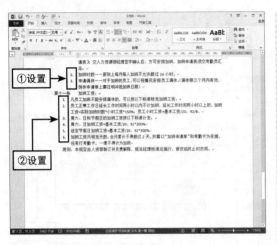

图 1-49

7. 设置"日期和时间"

可以在文档末尾处自动添加日期，使内容更完整丰富，具体操作步骤如下。

step 01 将光标移至文章末尾处，选择"插入"选项卡，在"文本"选项组中单击"日期和时间"按钮，如图 1-50 所示。

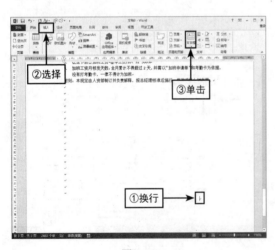

图 1-50

step 02 系统将弹出"日期和时间"对话框，将"语言"切换为"中文（中国）"，选择合适的格式并单击"确定"按钮，如图 1-51 所示。

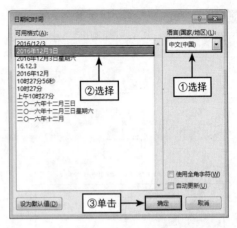

图 1-51

step 03 设置完后可查看效果，如图 1-52 所示。

图 1-52

1.4.2 设置文档格式

在 Word 2013 中，可以在"开始"选项卡中设置满意的文档格式，具体步骤如下。

1. 设置字体格式

可以在"开始"选项卡中设置字体格式，如设置字体、字号、字形等。

step 01 选中标题，选择"开始"选项卡，单击"字体"选项组中的"对话框启动器"按钮，如图 1-53 所示。

图 1-53

step 02 系统弹出"字体"对话框，在"字体"选项卡中设置"中文字体"为"黑体"，"字形"为"加粗"，"字号"为"二号"，居中显示，单击"确定"按钮，保存设置，如图 1-54 所示。

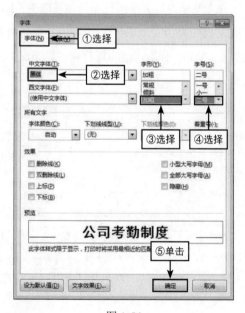

图 1-54

step 03 选中文本内容，并将字体格式设为"宋体"、"小四"、加粗显示，如图 1-55 所示。

step 02 其他文本内容设为"宋体"、"五号"，如图 1-56 所示。

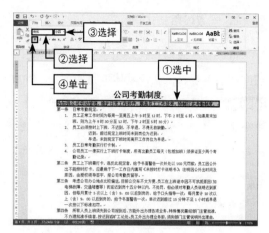

图 1-55

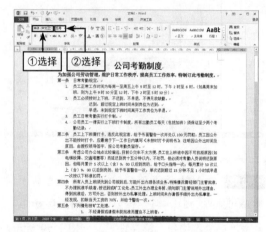

图 1-56

step 03 选中编号并将其加粗显示，如图 1-57 所示。

图 1-57

2．设置段落格式

可以在"段落"选项组中设置段落格式，使文本更美观、工整，具体步骤如下。

step 01 拖动鼠标或者按组合键【Ctrl+A】选中全文，单击"开始"选项卡中"段落"选项组的"对话框启动器"按钮，如图1-58所示。

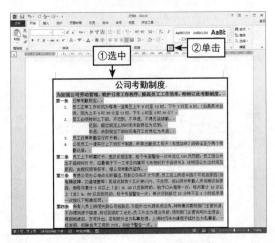

图 1-58

step 02 在弹出的"段落"对话框中选择"缩进和间距"选项卡，将"行距"设为"1.5倍行距"，单击"确定"按钮，保存设置，如图1-59所示。

图 1-59

step 03 设置完后可查看效果，如图1-60所示。

图 1-60

3．保存文档

文档完成后应及时对其进行保存，选择"文件"→"另存为"命令或按组合键【Ctrl+S】，设置文档保存位置，输入文件名为"公司考勤制度"，单击"保存"按钮保存文件，如图1-61所示。

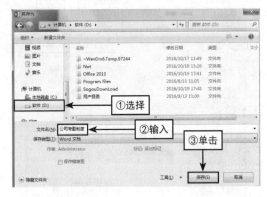

图 1-61

1.4.3　美化文档

为了使文档更美观，用户可对文档进行美化处理，例如可以添加背景颜色、添加页眉页脚等，具体步骤如下。

1. 添加页眉

可以在"插入"选项卡中进行添加页眉操作，具体操作步骤如下。

step 01　选择"插入"选项卡，在"页眉和页脚"选项组中单击"页眉"下拉按钮，选择合适的页眉样式，如图 1-62 所示。

图 1-62

step 02　在页眉处输入文字（如公司考勤制度），并将对齐方式设置为"右对齐"，如图 1-63 所示。

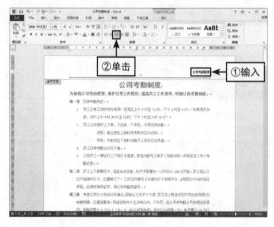

图 1-63

2. 添加页脚

可以在"插入"选项卡中进行添加页脚操作，具体操作步骤如下。

step 01　选择"插入"选项卡，在"页眉和页脚"选项组中单击"页脚"下拉按钮，选择合适的页脚样式，如图 1-64 所示。

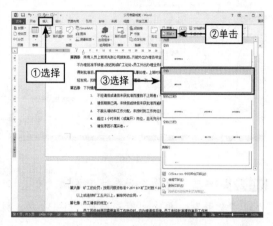

图 1-64

step 02　在页脚处输入文字（如天瑞有限公司行政部），如图 1-65 所示。

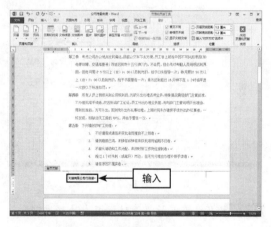

图 1-65

3. 添加文档背景色

Word 2013 默认的背景颜色是纯白色，可以添加合适的文档背景色来使文档更美观，具体步骤如下。

step 01　选择"设计"选项卡，在"页面背景"选项组中单击"页面颜色"下拉按钮，选择合适的背景颜色来美化文档，如图 1-66 所示。

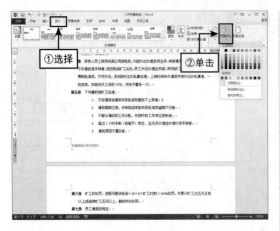

图 1-66

step 02 如果觉得单色背景过于单调,可选择"填充背景",单击"页面颜色"下拉按钮中的"填充效果"选项,如图 1-67 所示。

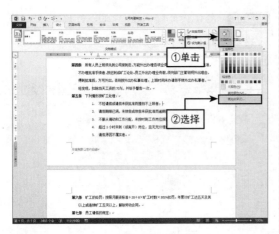

图 1-67

step 03 在"填充效果"对话框中选择"渐变"选项卡,在"颜色"选项组中选择"双色"单选按钮,在右侧选择合适的颜色(如颜色 1 设置为白色,颜色 2 设置为橙色,着色 2,淡色40%),单击"确定"按钮,保存设置,如图 1-68所示。

step 04 设置完后可查看效果,如图 1-69 所示。

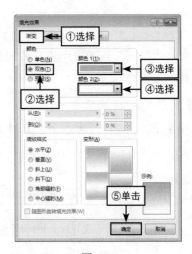

图 1-68

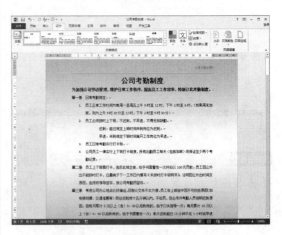

图 1-69

提示:

"背景填充"包括纯色填充、渐变填充、纹理填充和图片填充。用户可以选择自己满意的填充方式来修饰文档。

4. 添加分隔线

可以在"段落"选项组中为文档添加分隔线,具体操作步骤如下。

step 01 将光标置于文档标题后,选择"开始"选项卡,在"段落"选项组中单击"边框"的下拉按钮,选择"横线"选项,如图 1-70 所示。

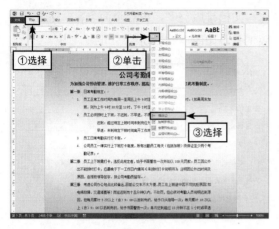

图 1-70

step 02 此时已经在文档中成功添加分隔线，如图 1-71 所示。

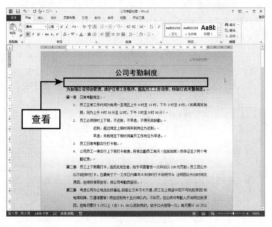

图 1-71

5. 设置分隔线颜色

为了使文档更美观，可以为分隔线添加颜

色，具体操作步骤如下。

step 01 双击该分隔线，会弹出"设置横线格式"对话框，将"颜色"设置为"红色"，单击"确定"按钮，保存设置，如图 1-72 所示。

图 1-72

step 02 设置完后可查看效果，如图 1-73 所示。

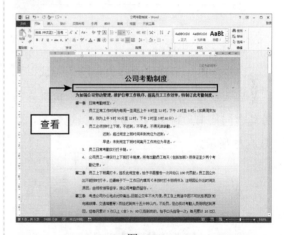

图 1-73

1.5 【精品鉴赏】

提示：

编辑完一篇文档后，可以将文档中的段落标记符号去掉，这样可以更好地预览文档，甚至打印时直接可以打印成图片格式。选中"文件"→"选项"命令，系统将弹出"Word 选项"，选择"显示"选项卡，取消选中"段落标记"复选框即可。

（1）招聘简章

在本章第一节制作的《招聘简章》中，内容简单清晰，将重点突出项【招聘岗位】加粗标红，可令求职者很容易地找到合适自己的工作岗位，如图 1-74 所示。

招聘简章

微地有限责任公司是一家专业从事房地产开发的企业，公司成立于 2006 年，注册资本：3000 万元人民币。现因公司发展需要，特招聘以下人员：

招聘岗位：营销与前期主管

所属部门：销售部；

人　　数：1 名；

学历要求：大专以上；

工作经验：3 年以上；

年龄范围：25--45 岁；

工资待遇：底薪+奖金+五险（个人承担部分除外）约 2500-3500 元；

具体要求：

1、有房产销售行业的相关知识，及愿意在房产行业发展的有识之士；

2、具有较强的组织计划能力、协调能力及执行能力，善于处理复杂的人际关系；

3、男女不限，有上岗证、技术职称证；

4、有客户资源或管理经验者优先考虑。

联系人：王先生

联系电话：0731-88888888

公司地址：湖南省长沙市天心区书院路 110 号

图 1-74

（2）聘用协议书

在本章第二节制作的《公司聘用协议书》中，排版整齐，内容丰富全面，是一份优秀的劳动合同范本。封面内容完整，美观整齐，如图 1-75 所示。

编号：________

智尚科技有限公司
聘用协议书

创高印刷公司监制

图 1-75

文档排版整齐，内容全面丰富，下画线排版工整，如图 1-76 所示。

甲方（用人单位）　　乙方（职工）

公司名称：__________　　姓　名：__________

法定代表人：__________　　身份证号：__________

公司地址：__________　　现住地址：__________

联系电话：__________　　联系电话：__________

根据《中华人民共和国劳动法》和国家及省的有关规定，甲乙双方按照平等自愿、协商一致的原则订立本合同。

一 合同期限

第一条 合同有效期：自___年__月___日至___年__月__日止（其中___年__月___日至___年__月___日为试用期），合同期满聘用关系自然终止。

第二条 聘用合同期满前一个月，经双方协商同意，可以续订聘用合同。

第三条 签订聘用合同的期限，不得超过国家规定的退离休时间，国家和本市另有规定可以延长（推迟）退休年龄（时间）的，可在乙方达到法定离退休年龄时，再根据规定条件，续订聘用合同。

图 1-76

内容全面丰富，排版工整，添加了页码，如图 1-77 所示。

有效。

第二十一条 聘用合同期满或者双方约定的合同终止条件出现时，聘用合同即自行终止。在聘用合同期满一个月前，经双方协商同意，可以续订聘用合同。

第二十二条 甲方单位被撤消，聘用合同自行终止。

第二十三条 经聘用合同双方当事人协商一致，聘用合同可以解除。

第二十四条 乙方有下列情形之一的，甲方可以解除聘用合同。

（1）在试用期内被证明不符合聘用条件的；

（2）严重违反工作纪律或聘用单位规章制度的；

（3）故意不完成工作任务，给公司造成严重损失的；

（4）严重失职，营私舞弊，对甲方单位利益造成重大损害的；

（5）被依法追究刑事责任的。

第二十五条 有下列情形之一的，甲方可以解除聘用合同，但应

3

图 1-77

内容完整、丰富、全面，将重点项加粗突出，如图 1-78 所示。

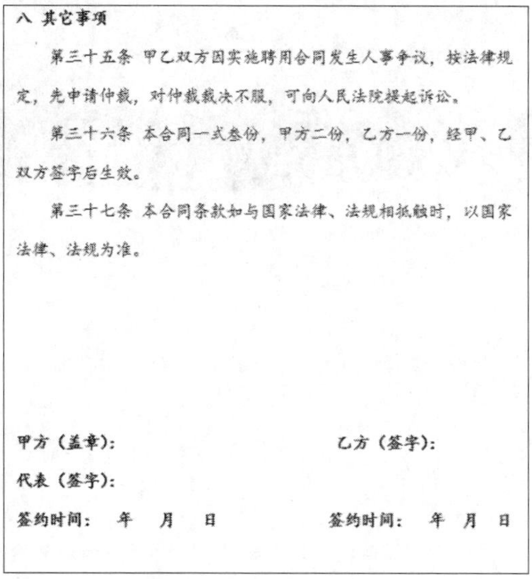

八 其它事项

第三十五条 甲乙双方因实施聘用合同发生人事争议，按法律规定，先申请仲裁，对仲裁裁决不服，可向人民法院提起诉讼。

第三十六条 本合同一式叁份，甲方二份，乙方一份，经甲、乙双方签字后生效。

第三十七条 本合同条款如与国家法律、法规相抵触时，以国家法律、法规为准。

甲方（盖章）： **乙方（签字）：**

代表（签字）：

签约时间： 年 月 日 **签约时间： 年 月 日**

图 1-78

（3）公司考勤制度

本章第三节制作的《公司考勤制度》，简单清晰，内容全面，排版整齐，这个模板运用了 Word 2013 的编号功能，使每一条规则都很清晰，还添加了分隔线和背景颜色，如图 1-79 所示。

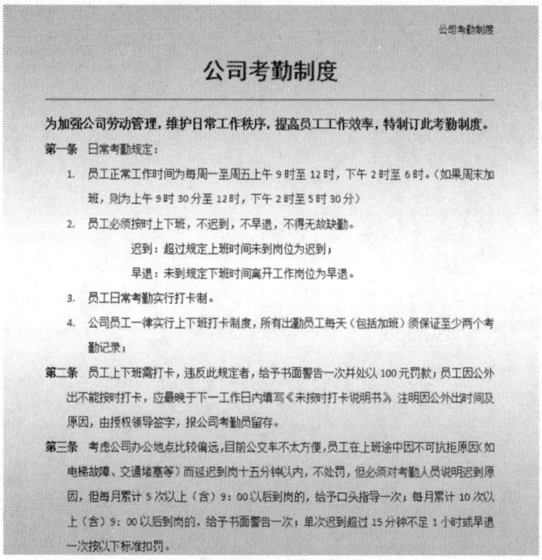

公司考勤制度

公司考勤制度

为加强公司劳动管理，维护日常工作秩序，提高员工工作效率，特制订此考勤制度。

第一条 日常考勤规定：

1. 员工正常工作时间为每周一至周五上午 9 时至 12 时，下午 2 时至 6 时。（如果周末加班，则为上午 9 时 30 分至 12 时，下午 2 时至 5 时 30 分）
2. 员工必须按时上下班，不迟到，不早退，不得无故缺勤。
   迟到：超过规定上班时间未到岗位为迟到；
   早退：未到规定下班时间离开工作岗位为早退。
3. 员工日常考勤实行打卡制。
4. 公司员工一律实行上下班打卡制度，所有出勤员工每天（包括加班）须保证至少两个考勤记录；

第二条 员工上下班需打卡，违反此规定者，给予书面警告一次并处以 100 元罚款；员工因公外出不能按时打卡，应最晚于下一工作日内填写《未按时打卡说明书》，注明因公外出时间及原因，由授权领导签字，报公司考勤员留存。

第三条 考虑公司办公地点比较偏远，目前公交车不太方便，员工在上班途中因不可抗拒原因（如电梯故障、交通堵塞等）而延迟到岗十五分钟以内，不处罚，但必须对考勤人员说明迟到原因，但每月累计 5 次以上（含）9：00 以后到岗的，给予口头指导一次；每月累计 10 次以上（含）9：00 以后到岗的，给予书面警告一次；单次迟到超过 15 分钟不足 1 小时或早退一次按以下标准扣罚。

图 1-79

添加了页眉，如图 1-80 所示。

添加了页脚，如图 1-81 所示。

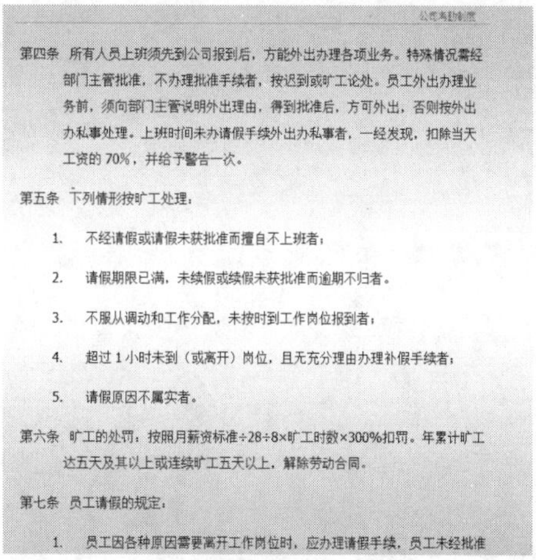

公司考勤制度

第四条 所有人员上班须先到公司报到后，方能外出办理各项业务。特殊情况需经部门主管批准，不办理批准手续者，按迟到或旷工论处。员工外出办理业务前，须向部门主管说明外出理由，得到批准后，方可外出，否则按外出办私事处理。上班时间未办请假手续外出办私事者，一经发现，扣除当天工资的 70%，并给予警告一次。

第五条 下列情形按旷工处理：

1. 不经请假或请假未获批准而擅自不上班者；
2. 请假期限已满，未续假或续假未获批准而逾期不归者。
3. 不服从调动和工作分配，未按时到工作岗位报到者；
4. 超过 1 小时未到（或离开）岗位，且无充分理由办理补假手续者；
5. 请假原因不属实者。

第六条 旷工的处罚：按照月薪资标准÷28÷8×旷工时数×300%扣罚。年累计旷工达五天及其以上或连续旷工五天以上，解除劳动合同。

第七条 员工请假的规定：

1. 员工因各种原因需要离开工作岗位时，应办理请假手续，员工未经批准

图 1-80

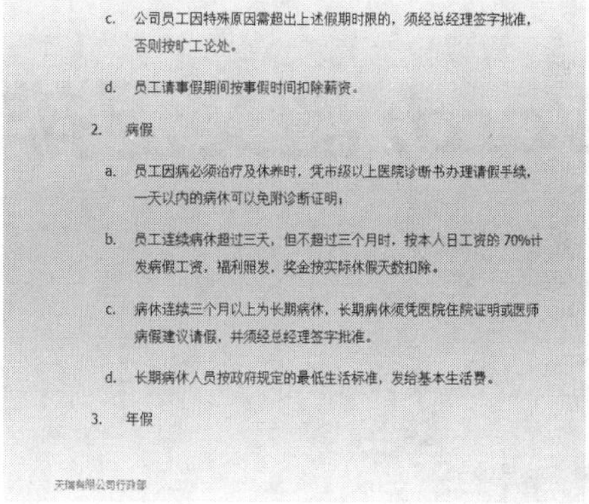

c. 公司员工因特殊原因需超出上述假期时限的，须经总经理签字批准，否则按旷工论处。

d. 员工请事假期间按事假时间扣除薪资。

2. 病假

a. 员工因病必须治疗及休养时，凭市级以上医院诊断书办理请假手续，一天以内的病休可以免附诊断证明；

b. 员工连续病休超过三天，但不超过三个月时，按本人日工资的 70%计发病假工资，福利照发，奖金按实际休假天数扣除。

c. 病休连续三个月以上为长期病休，长期病休须凭医院住院证明或医师病假建议请假，并须经总经理签字批准。

d. 长期病休人员按政府规定的最低生活标准，发给基本生活费。

3. 年假

天瑞有限公司行政部

图 1-81

自动插入了时间和日期，使该文档显得规范，美观大方，如图 1-82 所示。

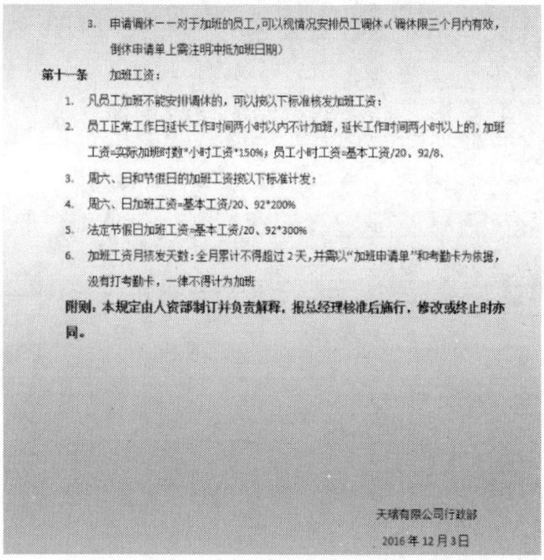

3. 申请调休——对于加班的员工，可以视情况安排员工调休。（调休限三个月内有效，倒休申请单上需注明冲抵加班日期）

第十一条 加班工资：

1. 凡员工加班不能安排调休的，可以按以下标准核发加班工资：
2. 员工正常工作日延长工作时间两小时以内不计加班，延长工作时间两小时以上的，加班工资=实际加班时数*小时工资*150%；员工小时工资=基本工资/20、92/8。
3. 周六、日和节假日的加班工资按以下标准计发：
4. 周六、日加班工资=基本工资/20、92*200%
5. 法定节假日加班工资=基本工资/20、92*300%
6. 加班工资月核发天数：全月累计不得超过 2 天，并需以“加班申请单”和考勤卡为依据，没有打考勤卡，一律不得计为加班

附则：本规定由人资部制订并负责解释，报总经理核准后施行，修改或终止时亦同。

天瑞有限公司行政部

2016 年 12 月 3 日

图 1-82

第2章
Word: 图文混排真好看

本章内容

在 Word 的应用中，除了可以对文字进行简单的编辑和排版外，还可以利用图片和各种图形形状等制作出精美的图文混排文档。在一篇文档中，如果全部都是纯文字，不免让人觉得单调无趣，相反，要是在文档中放入图形和图片，就会令读者感觉生动形象，甚至能够帮助理解。同样，在商务办公中如果使用图文混排可以大大提高工作效率，缩短工作时间。因此，本章将以制作《公司工作流程图》和《公司简报》为例，介绍如何在 Word 2013 中使用 SmartArt 和形状工具绘制流程图，以及如何制作公司简报。

2.1　制作公司工作流程图

　　流程图由箭头和图框组成，图框中的文字表示操作的内容，箭头表示操作的方向。工作流程图可以帮助管理者了解实际工作活动，消除工作过程中多余的环节、合并同类活动，使工作流程更为经济、合理和方便，从而提高工作效率。下面将以制作公司工作流程图为例，使用 SmartArt 和形状工具来绘制流程图。

2.1.1　使用 SmartArt 制作流程图

　　在 Word 2013 中 SmartArt 图形是信息和观点的视觉表示形式，可以通过从不同布局中进行选择来创建 SmartArt 图形，从而快速、轻松、有效地传达信息。SmartArt 图形由"列表""流程""循环""层次结构""关系""矩形""棱锥图"和"图片"组成，用户可以根据需要来选择合适的图形来进行操作。

1. 编辑文档内容

　　打开 Word 2013，系统将自动创建空白文档，输入需要制作成流程图的文档，如图 2-1 所示。

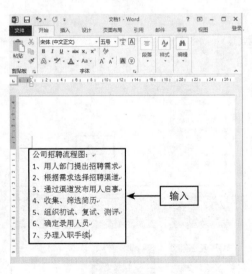

图 2-1

2. 启用 SmartArt 功能

　　在绘制工作流程图时，首先使用 SmartArt 功能来绘制出整体流程结构框架，并添上相应的文字，具体步骤如下。

step 01　选择"插入"选项卡，在"插图"选项组中单击 SmartArt 按钮，如图 2-2 所示。

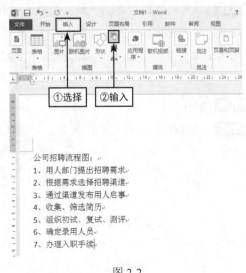

图 2-2

step 02 选择样式。系统自动弹出"选择 SmartArt 图形"对话框，选择左侧列表中的"流程"选项，选择合适的流程样式（如重复蛇形流程图），单击"确定"按钮，保存设置，如图 2-3 所示。

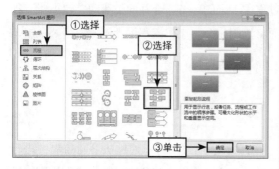

图 2-3

提示：

在 Word 2013 中，SmartArt 图形的类型中"列表"主要是显示无序信息；"流程"是在流程或时间线中显示步骤；"循环"是显示连续而可重复的流程；"层次结构"是显示树状列表关系；"关系"是对连接进行图解；"矩阵"是以矩形阵列的方式显示并列的 4 种元素；"棱锥图"是以金字塔的结构显示元素之间的比例关系；"图片"是允许用户为 SmartArt 插入图片背景。

---

step 03 插入流程图，单击"确定"按钮，保存设置，即可成功插入流程图，单击"流程图"中的"文本"字样，输入文本内容，如图 2-4 所示。

step 04 输入文本内容，如图 2-5 所示。

step 05 继续输入其他文本框内容，如图 2-6 所示。

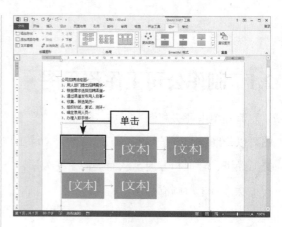

图 2-4

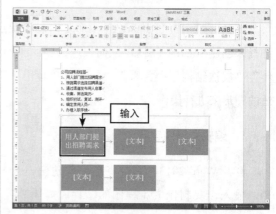

图 2-5

图 2-6

step 06 添加流程图文本框，选中流程图最后一步，选择"SmartArt 工具—设计"选项卡，在"创建图形"选项组中单击"添加图形"按钮，如图 2-7 所示。

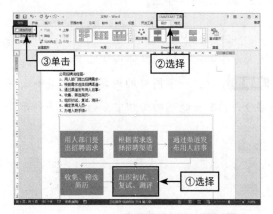

图 2-7

step 07 此时将会添加新的流程图文本框，如图 2-8 所示。

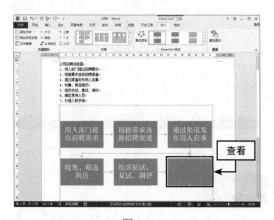

图 2-8

step 08 使用同样的操作方法，添加剩余文本框，效果如图 2-9 所示。

提示：

"添加图形"的默认设置是"从后方添加图形"，若想从前方添加，则需要单击"添加图形"右侧的下拉按钮，选择"从前方添加形状"选项。

图 2-9

step 09 启用"文本窗格"功能，选中新添加的图形，选择"SmartArt 工具—设计"选项卡，在"创建图形"选项组中单击"文本窗格"按钮，如图 2-10 所示。

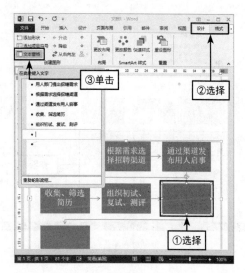

图 2-10

step 10 添加文本内容，在"在此处键入文字"对话框中完善文本添加，如图 2-11 所示。

图 2-11

step 11 查看效果，将标题字体格式设置为"宋体""小一"，保存文档，如图 2-12 所示。

图 2-12

2.1.2 使用形状工具绘制流程图

除了使用 Word 2013 系统中自带的 SmartArt 来制作流程图外，还可以使用形状工具来绘制流程图。Word 2013 为用户提供了"线条""矩形""基本形状""箭头总汇""公

式形状""流程图""星与旗帜""标注"8种图形类型，用户可以选择不同的图形形状来绘制流程图。

1．绘制流程图

在 Word 2013 中，还可以利用基本的形状图形来绘制流程图，具体步骤如下。

step 01 以上一节同样的内容为例，复制文字部分并粘贴至新建的文档中，如图 2-13 所示。

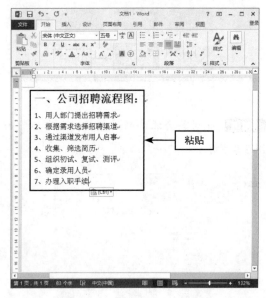

图 2-13

提示：

在进行"粘贴"操作时会出现"粘贴选项"，其中"保留源格式"是指保留复制过来的内容文本原来格式；"合并格式"是指复制过来的内容将摒弃原来的格式，将自动匹配现有的格式（包括字体及大小）进行排版；"只保留文本"是指只保留复制过来的文本内容。

step 02 将光标移至文档末尾处，按【Enter】键另起一行，如图 2-14 所示。

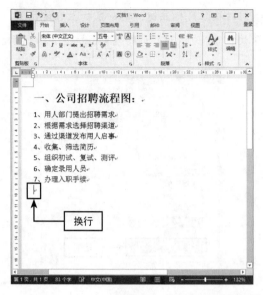

图 2-14

step 03　选择图形形状。选择"插入"选项卡，单击"插图"选项组中的"形状"下拉按钮，选择满意的图形形状（如圆角矩形），如图 2-15 所示。

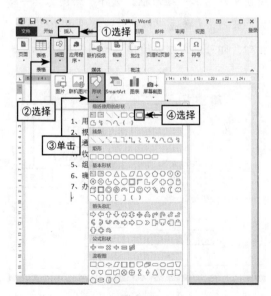

图 2-15

step 04　绘制图形。当光标呈现十字形时，按住鼠标左键并拖动鼠标，选择合适大小释放鼠标完成图形的绘制，如图 2-16 所示。

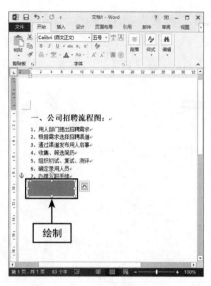

图 2-16

提示:

如需调整图片大小，可将光标放置在图形边框控制点上，按住鼠标左键，拖动鼠标至满意为止。

step 05　添加文本。选中矩形图形，右击，在弹出的快捷菜单中选择"添加文字"命令，如图 2-17 所示。

图 2-17

step 06 绘制箭头。选择"插入"选项卡,单击"插图"选项组中的"形状"下拉按钮,选择满意的箭头样式(如下箭头),如图 2-18 所示。

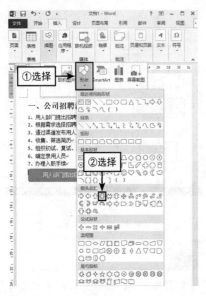

图 2-18

step 07 按住鼠标左键,拖动鼠标至合适大小,释放鼠标。将箭头移至合适位置即可完成对箭头的绘制,如图 2-19 所示。

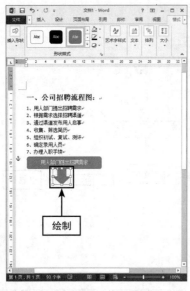

图 2-19

step 08 复制矩形图形。选择矩形,按住【Ctrl】

键同时按住鼠标左键,拖动鼠标至合适位置,释放鼠标,完成对矩形的复制,如图 2-20 所示。

图 2-20

step 09 组合图形。按住【Ctrl】键,同时选中箭头和第二个矩形框。选择"绘图工具—格式"选项卡,单击"排列"选项组中的"组合"按钮,即可完成组合操作,如图 2-21 所示。

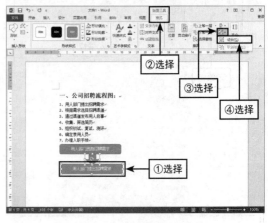

图 2-21

step 10 复制组合图形,选中组合后的图形,按【Ctrl】键的同时拖动鼠标,对其完成复制操作,如图 2-22 所示。

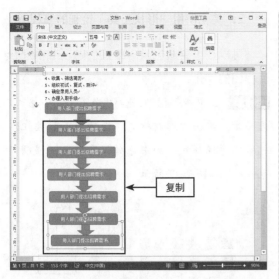

图 2-22

> **提示:**
>
> 在组合图形过程中, 如果发现矩形图形上下不对
> 齐, 可拖动鼠标进行调整。

2. 修改文本

按照流程图内容, 对复制过来的文本内容
进行修改, 效果如图 2-23 所示。

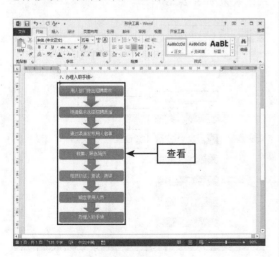

图 2-23

2.1.3　美化流程图

对流程图进行更改颜色, 插入图片等设置,
可以使流程图更美观, 具体步骤如下。

1. 美化使用 "SmartArt" 制作的流程图

可以在 "SmartArt 工具—设计" 选项卡中
对流程图进行美化功能。

step 01 更改文本框颜色, 选中文本框, 选择
"SmartArt 工具—设计" 选项卡, 单击 "SmartArt
样式" 选项组中的 "更改颜色" 下拉按钮, 选
择满意的颜色 (如渐变范围——着色 2), 如
图 2-24 所示。

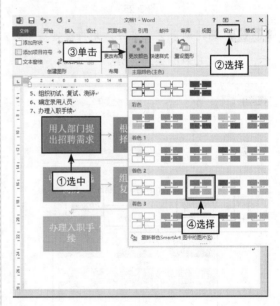

图 2-24

step 02 更改文本框样式, 选中某一个文本框,
选择 "SmartArt 工具—设计" 选项卡, 单击
"SmartArt 样式" 选项组中的 "快速样式" 下
拉按钮, 选择满意的样式 (如嵌入), 如图 2-25
所示。

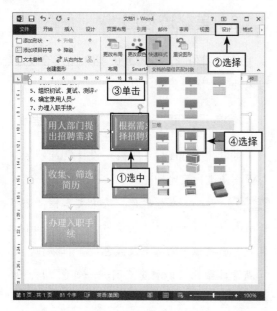

图 2-25

step 03 删掉剩余文字部分，并将标题居中显示，查看效果如图 2-26 所示。

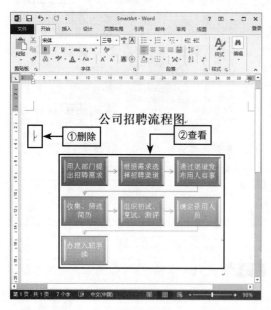

图 2-26

提示：

在编辑 SmartArt 图形时，要删除多余的图形可选择图形后按【Delete】键。

2．美化使用"形状工具"绘制的流程图

可以在"绘图工具—格式"选项卡中进行流程图的美化。

step 01 选中矩形图形，选择"绘图工具—格式"选项卡，单击"形状样式"选项组下拉按钮，选择满意的样式（如中等效果—金色，强调颜色 4），如图 2-27 所示。

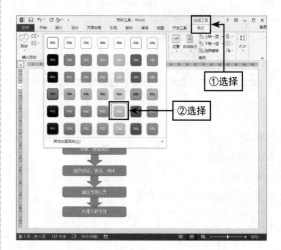

图 2-27

step 02 查看效果并以同样的方法设置箭头样式，效果如图 2-28 所示。

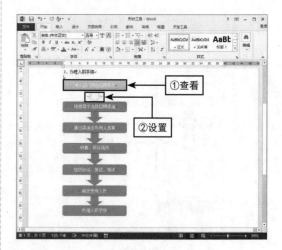

图 2-28

step 03 按照同样的操作方法设置剩余的形状样式，效果如图 2-29 所示。

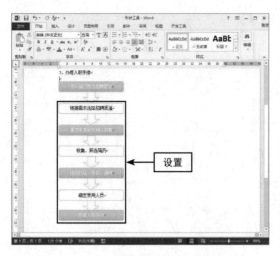

图 2-29

step 04　设置形状效果。选中图形，选择"绘图工具—格式"选项卡，单击"形状样式"的"图形效果"按钮，选择满意的效果，如图 2-30 所示。

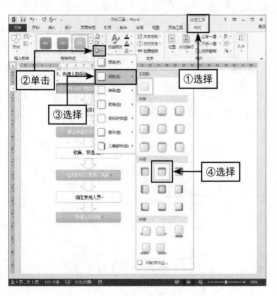

图 2-30

step 05　组合图形。按住【Ctrl】键并单击，进行复选，在"绘图工具—格式"选项卡的"排列"选项组中单击"组合"按钮，如图 2-31 所示。

step 06　删掉剩余文字部分，查看效果，如图 2-32 所示。

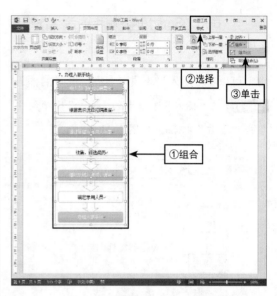

图 2-31

图 2-32

2.1.4　插入图片

　　流程图制作完之后，有时还需要插入图标或图片来进一步美化文档。Word 2013 为用户提供了强大的图形功能，可以在文档中插入本地图片、自选图片等图片对象，具体操作步骤如下。

1. 在用"SmartArt"制作的流程图中插入图片

可以在"插入"选项卡中进行图片的插入。

step 01 在"插入"选项卡的"插图"选项组中，单击"图片"按钮，如图2-33所示。

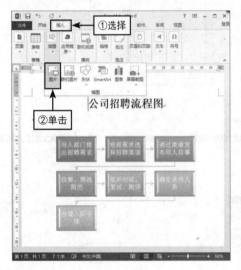

图 2-33

step 02 系统将弹出"插入图片"对话框，选择要插入的图片，单击"插入"按钮，如图2-34所示。

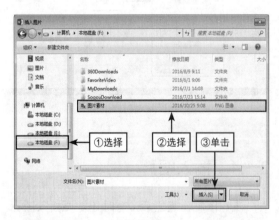

图 2-34

step 03 将光标移至新插入图片边框处，按住鼠标左键并拖动鼠标，可以调整图片大小，调至满意大小时（如高度为2.79厘米，宽度为3.59

厘米）释放鼠标，如图2-35所示。

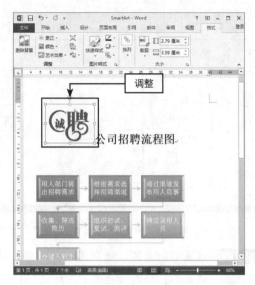

图 2-35

step 04 右击插入的图片，在弹出的快捷菜单中选择"大小和位置"命令，如图2-36所示。

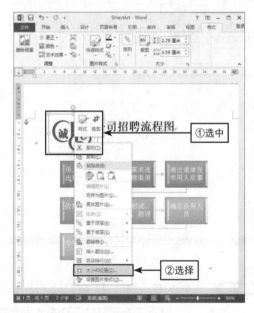

图 2-36

step 05 系统将自动弹出"布局"对话框，选择"文字环绕"选项卡，将"环绕方式"设置为"衬于文字下方"，单击"确定"按钮，保存设置，如图2-37所示。

图 2-37

step 06 设置完后可将图片任意拖动, 放至满意位置为止, 如图 2-38 所示。

图 2-38

2. 在使用形状工具制作的流程图中插入图片

可以在"插入"选项卡进行插入图形操作。

step 01 以插入同样的图片为例, 在"插入"选项卡的"插图"选项组中, 单击"图片"按钮, 如图 2-39 所示。

图 2-39

step 02 重复上面同样步骤, 效果如图 2-40 所示。

图 2-40

提示：

如果需要裁剪图片, 可单击"图片工具—格式"选项卡中的"裁剪"按钮, 此时图片上将出现黑色的裁剪位置控制器, 拖动控制器即可进行图片裁剪操作, 还可以将图片裁剪成多种图形形状。

step 03 选中流程图，按住【Shift】键并拖动流程图至页面中间位置，调整文档格式，最终效果如图 2-41 所示。

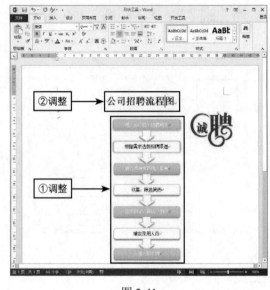

图 2-41

2.2　制作公司简报

　　简报是传递某方向信息的内部小报，它具有短小、连续的特点，公司简报可以让员工快速了解到公司情况、公司的运作系统组成、公司政策调整、公司发生事项等。本节将为大家介绍如何使用 Word 2013 来制作公司简报。

2.2.1　设计简报报头排版

　　一般情况下，简报报头包括简报期号、印发单位和印发日期等，具体操作步骤如下。

1．制作简报标题版式

　　简报标题应在简报上方，字体较大，比较醒目，具体制作方法如下。

step 01 新建 Word 文档，设置页边距。选择"页面布局"选项卡，在"页面设置"选项组中单击"对话框启动器"按钮，将"页边距"的"上""下""左""右"分别设为"0.5 厘米""0.5 厘米""0.6 厘米""0.6 厘米"，并单击"确定"按钮，保存设置，如图 2-42 所示。

图 2-42

step 02　插入矩形。选择"插入"选项卡,在"插图"选项组中单击"形状"下拉按钮,选择合适的矩形形状(如矩形),如图 2-43 所示。

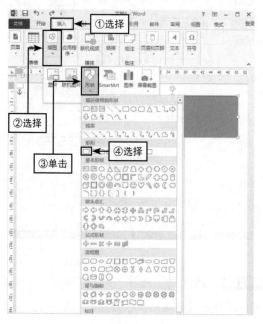

图 2-43

step 03　设置矩形样式。选择"绘图工具—格式"选项卡,在"形状效果"下拉列表中选择合适的样式(如发光＜蓝色,8pt 发光,着色 5),如图 2-44 所示。

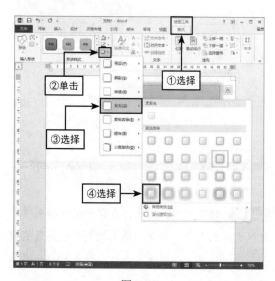

图 2-44

step 04　插入艺术字。选择"插入"选项卡,在"文本"选项组中单击"艺术字"下拉按钮,选择合适的艺术字样式(如渐变填充 - 金色,着色 4,轮廓 - 着色 4),如图 2-45 所示。

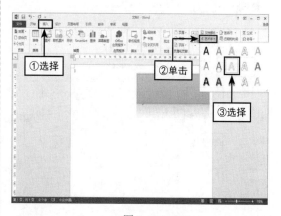

图 2-45

step 05　设置艺术字样式。将艺术字输入框放置在合适位置并输入文本,如图 2-46 所示。

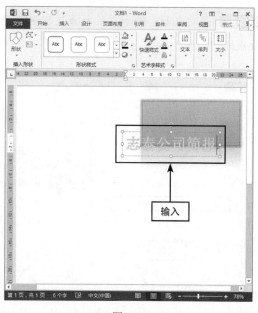

图 2-46

2．制作简报期刊号版式

简报标题制作完后,就可以对简报期刊号及印发日期进行制作,具体操作步骤如下。

step 01 选择直线形状。选择"插入"选项卡，在"插图"选项组的"形状"中选择"直线"形状，如图 2-47 所示。

着色 1，单色 40%），并在"粗细"选项的级联列表中选择"2.25 磅"选项，如图 2-49 所示。

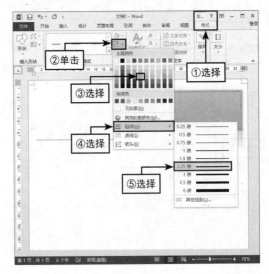

图 2-49

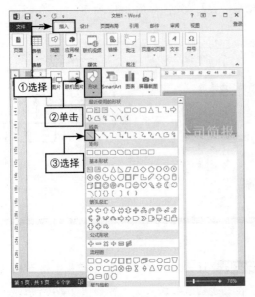

图 2-47

step 04 绘制矩形。选择"矩形"图形，并设置好矩形样式（如填充颜色为蓝色，着色 1，淡色 60%；图形轮廓设为无轮廓），如图 2-50 所示。

step 02 拖动鼠标，绘制直线至合适位置并释放鼠标，如图 2-48 所示。

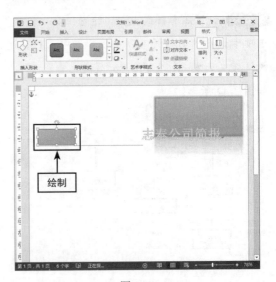

图 2-50

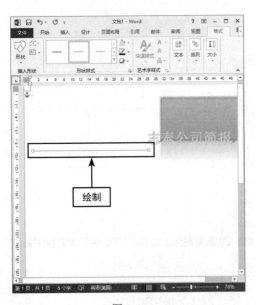

图 2-48

step 05 选中矩形，右击，在弹出的快捷菜单中选择"添加文字"命令，输入期刊号，并设置期刊号字体格式（如宋体、小二、红色），效果如图 2-51 所示。

step 03 设置直线样式。选中直线，单击"形状轮廓"下拉菜单，选择合适的颜色（如蓝色，

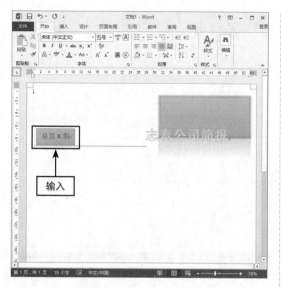

图 2-51

step 06 组合图形。选择文档中的所有图形和文字，在"绘图工具—格式"选项卡中单击"组合"按钮，将所有图形文字组合，如图 2-52 所示。

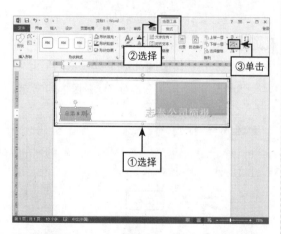

图 2-52

step 07 插入图片。单击"插入"按钮，插入图片，并拖动鼠标调整图片位置，如图 2-53 所示。

step 08 插入文本框。选择"插入"选项卡，单击"文本"选项组中的"文本框"下拉按钮，选择"简单文本框"样式，如图 2-54 所示。

step 09 插入文本框后可查看效果，如图 2-55 所示。

图 2-53

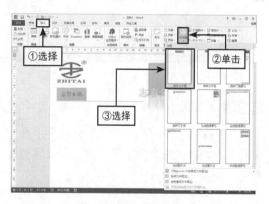

图 2-54

图 2-55

step 10 修改文本框中的内容，并设置文字样式（楷体、五号、部分内容加粗显示），如图2-56所示。

图 2-56

step 11 设置文本框格式,选中文本框,选择"绘图工具—格式"选项卡，在"形状样式"选项组中单击"形状轮廓"下拉按钮，将文本框设为"无轮廓"，如图2-57所示。

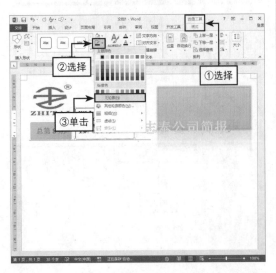

图 2-57

step 12 设置完后可查看效果，如图2-58所示。

图 2-58

2.2.2 设计简报内容版式

完成简报报头的设计后，接下来可以对简报内容进行设计，具体步骤如下。

step 01 插入文本框。选择"插入"选项卡，在"文本"选项组中单击"文本框"下拉菜单，插入"简单文本框"，并放置在合适位置,如图2-59所示。

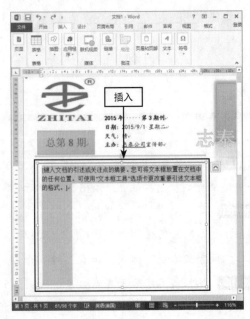

图 2-59

step 02 输入文本内容。在该文本框中输入相应内容，并设置文本格式，如图 2-60 所示。

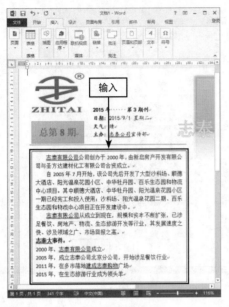

图 2-60

step 03 插入项目符号。选中需要添加的文本，选择"开始"选项卡，在"段落"选项组中单击"项目符号"下拉按钮，选择满意的符号样式（如四角星符号），效果如图 2-61 所示。

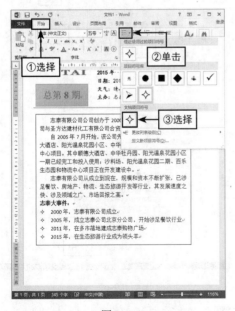

图 2-61

step 04 设置文本框粗细。选中文本框，选择"绘图工具—格式"选项卡，在"形状样式"选项组中单击"形状轮廓"下拉按钮，将"粗细"设置为"1.5 磅"选项，如图 2-62 所示。

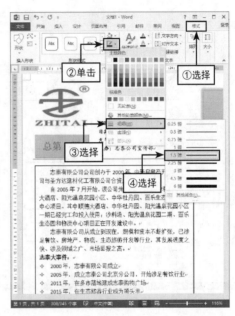

图 2-62

step 05 设置文本框线型。选中文本框，右击，在弹出的快捷菜单中选择"设置形状格式"命令，如图 2-63 所示。

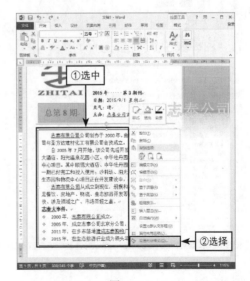

图 2-63

step 06 系统将弹出"设置形状格式"窗格，将"颜色"设置为"红色"，"短画线类型"设置为"方点"，其他参数为默认设置，单击"关闭"按钮即可保存设置，如图 2-64 所示。

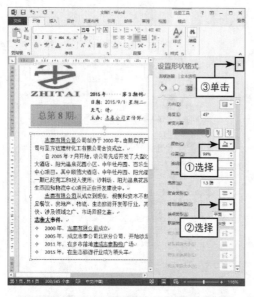

图 2-64

step 07 插入矩形。在"插入"选项卡中选择"矩形"形状并绘制在合适位置，如图 2-65 所示。

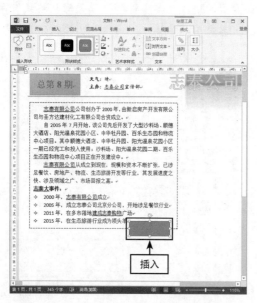

图 2-65

step 08 添加文本内容。选中矩形，右击，在

弹出的快捷菜单中选择"添加文本"命令，输入文本内容，如图 2-66 所示。

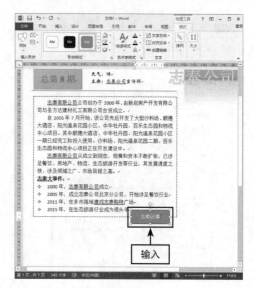

图 2-66

step 09 设置矩形格式。选中矩形，选择"绘图工具—格式"选项卡，在"形状样式"选项组中将"形状轮廓"设置为"无轮廓"，"形状填充"设置为"白色"，如图 2-67 所示。

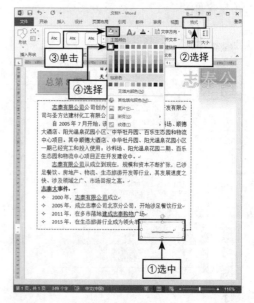

图 2-67

step 10 设置字体格式。选中矩形框中的文字，

在"字体"选项组中设置满意的字体格式（如宋体、小四、加粗、绿色），效果如图 2-68 所示，一个基本的简报雏形就出来了。

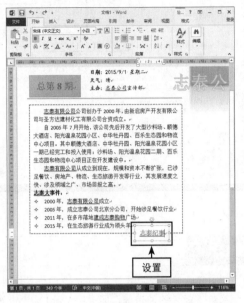

图 2-68

那么，如果要加入更多的元素，该怎么办呢？

step 11　插入新的文本框。选择"插入"选项卡，在"文本"选项组中单击"文本框"下拉按钮，选择"绘制文本框"选项，拖动鼠标绘制出满意的文本框，如图 2-69 所示。

图 2-69

step 12　在新插入的文本框中输入内容，并设置字体格式（如楷体、小四、部分文本加粗显示），如图 2-70 所示。

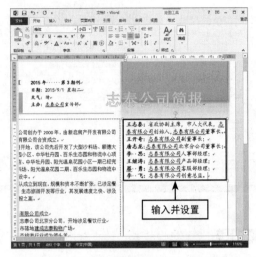

图 2-70

step 13　插入标题。插入矩形形状，右击，在弹出的快捷菜单中选择"添加文字"命令，效果如图 2-71 所示。

图 2-71

step 14　设置标题文字格式。在"字体"选项组中设置满意文字格式（如楷体、小四、加粗显示），效果如图 2-72 所示。

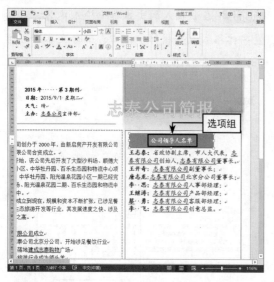

图 2-72

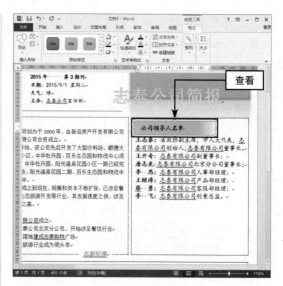

图 2-74

step 15 设置矩形格式。选中标题矩形框，选择"绘图工具—格式"选项卡，在"形状样式"选项组中单击"对话框启动器"按钮，打开"设置形状格式"窗格，设置满意的样式（如渐变填充，橙色，着色 2，淡色 40%），如图 2-73 所示。

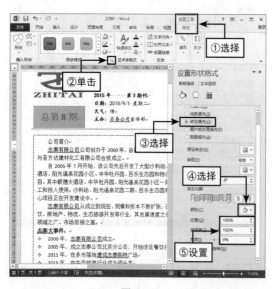

图 2-73

step 16 适当调整标题文字格式和位置，效果如图 2-74 所示。

提示：

文档中显示波浪线符号是 Word 的自动检查功能，如果给了绿色的波浪线，即表明 Word 认为语法或字符搭配可能有错误，建议你来检查。如果给出红色的波浪线，则表明 Word 确认文字搭配或语法有错误，强烈建议你修正。如果想隐藏波浪线符号，可选择"审阅"选项卡，在"校对"选项组中单击"拼写和语法"按钮，即可隐藏文档中的波浪线符号。

step 17 插入图片，单击"插入"选项卡中的"图片"按钮，将图片放在合适位置，如图 2-75 所示。

step 18 设置文本框格式。选中文本框，选择"绘图工具—格式"选项卡，将"形状轮廓"设置为"无轮廓"，将"图形填充"设置为"无填充"，调整文本位置，效果如图 2-76 所示。

图 2-75

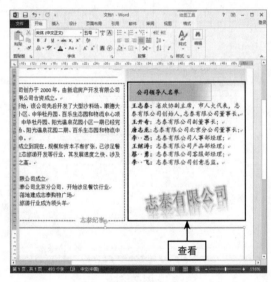

图 2-76

图 2-77

图 2-78

step 19　在另一个文本框中插入矩形，并添加文字，设置文字格式（宋体、五号、加粗），如图 2-77 所示。

step 20　插入表格。选择"插入"选项卡，在"表格"选项组中单击"表格"下拉按钮，选择合适的表格格式（如 2×4 表格样式），如图 2-78 所示。

step 21　调整表格大小。选中表格中线，当鼠标光标呈双向箭头显示时，按住鼠标左键同时并向左拖动鼠标至合适位置，如图 2-79 所示。

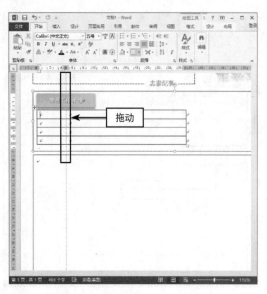

图 2-79

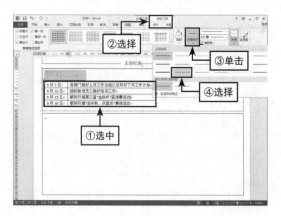

图 2-81

step 22 选中表格第一个单元格，依次输入文本内容，如图 2-80 所示。

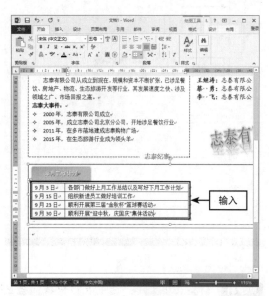

图 2-80

step 23 设置表格格式。选择"表格工具—设计"选项卡，在"边框"选项组中单击"边框样式"下拉按钮，选择满意的边框样式（如双实线，1/2pt，着色 1），如图 2-81 所示。

step 24 系统将出现"笔状"符号，用此符号单击表格边框，即可设置表格边框格式，效果如图 2-82 所示。

图 2-82

step 25 插入图片。在"插入"选项卡中单击"图片"按钮，在"插入图片"对话框中选择合适图片，单击"插入"按钮保存设置，如图 2-83 所示。

step 26 选中新插入图片，右击，在弹出的快捷菜单中选择"大小和位置"命令，如图 2-84 所示。

step 27 系统将自动弹出"布局"对话框，选择"文字环绕"选项组，将"环绕方式"设为"浮于文字上方"，单击"确定"按钮，保存设置，如图 2-85 所示。

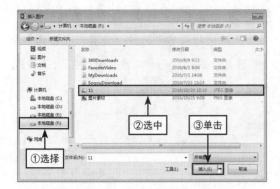

图 2-83

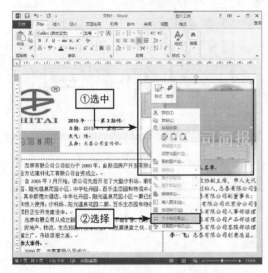

图 2-84

图 2-85

step 28 拖动图片至合适位置，调整图片大小

（如高度 3.04 厘米、宽度 5.46 厘米），效果如图 2-86 所示。

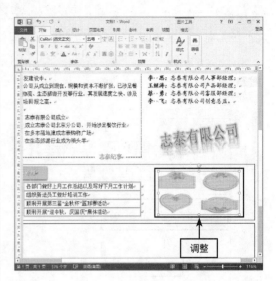

图 2-86

step 29 插入矩形形状并输入文字，如图 2-87 所示。

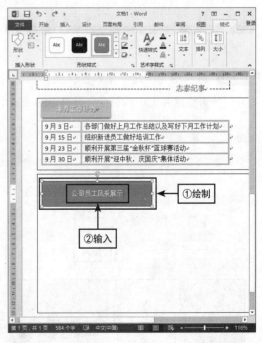

图 2-87

step 30 设置矩形格式。选中矩形形状，选择"绘图工具—格式"选项卡，在"形状样式"选项

组中将"形状效果"设置为"阴影","形状填充"设置为"绿色","形状轮廓"设置为"无轮廓",将"字体"设置为"枚红色""二号""加粗",效果如图 2-88 所示。

图 2-88

step 31 插入图片。选中文本框，插入相应的图片，并调整图片大小和位置，如图 2-89 所示。

图 2-89

step 32 设置文本框格式，选中文本框，右击，在弹出的快捷菜单中选择"设置形状格式"命令，设置合适的颜色和宽度（如红色，1.5 磅），如图 2-90 所示。

图 2-90

step 33 查看效果。设置完后，可查看效果，如图 2-91 所示。

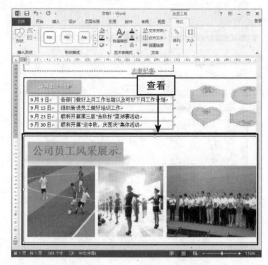

图 2-91

2.2.3　设计简报报尾版式

简报正文版式设计完之后，可以对简报报尾进行设计，具体步骤如下。

step 01　绘制两个矩形形状，如图 2-92 所示。

图 2-92

step 02　输入文本框内容，在两个大小矩形中分别输入页码及公司名称，并对其进行格式设置（方正姚体、五号、加粗倾斜），效果如图 2-93 所示。

step 03　保存文档，将文档保存在合适位置，将文件名改为"公司简报"，单击"保存"按钮即可对文档进行保存，如图 2-94 所示。

图 2-93

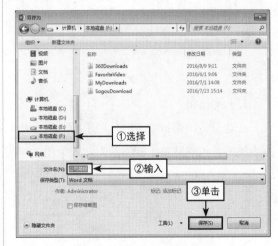

图 2-94

2.3　【精品鉴赏】

在【精品鉴赏】中，可以看到上述图文混排操作的最后结果，具体效果如下。

1. 使用"SmartArt"制作的流程图

SmartArt 图形种类多样，它以直观的工作来交流信息，过程清晰，操作简单，是 Word 2013 的一个很好的应用功能，效果如图 2-95 所示。

2. 使用形状工具绘制的流程图

可供选择的图形多样，内容直观，操作过程稍微复杂，效果如图 2-96 所示。

公司招聘流程图

公司招聘流程图

图 2-95   图 2-96

3. 公司简报

在这份公司简报中主要运用了插入文本框、插入图片、设置文本框格式等功能，内容丰富，排版整齐，色彩鲜艳，富有活力，效果图 2-97 所示。

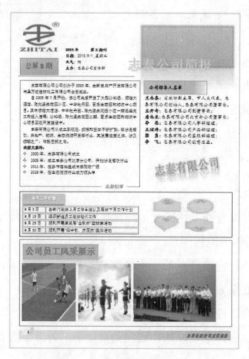

图 2-97

第 3 章
Word: 样式模板轻松学

本章内容

Word 2013 内置了很多模板样式，如各种报表、信函等。使用 Word 的样式模板功能可以使文档整齐有序地排列，还可以规范文档格式，大大节省了时间，提高行政人员的工作效率。本章以《制作员工手册模板》和《制作公司名片》为例，为大家介绍如何创建模板以及如何使用模板。

3.1 制作员工手册模板

员工手册是公司有效的管理工具，是员工的行动指南，员工手册既可以规范员工的行为，还可以展示企业形象，传播企业文化。每个公司都应该要有自己的员工手册，在编写员工手册的过程中，应遵守依法而行、权责平等、讲求实际、不断完善，以及公平、公正、公开原则。完成本例需要在 Word 2013 中创建模板文件、插入与编辑封面，以及新建样式等操作步骤。

3.1.1 创建模板文件

新建一个 Word 文档，选择"文件"→"保存"命令，系统将弹出"另存为"对话框，将文档保存在合适位置，文件名改为"员工手册模板"，保存类型设置为"Word 模板"，单击"保存"按钮，保存设置，如图 3-1 所示。

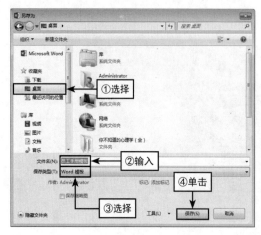

图 3-1

3.1.2 制作员工手册封面

在 Word 中，有很多内置的封面样式，用户可以选择满意的封面样式来为文档插入封面，具体步骤如下。

1. 插入封面页

封面是一篇文档的"脸面"，用户最先看到的就是文档的封面，因此，设计的封面要简单清晰，美观整齐。

step 01 选择"插入"选项卡，在"页面"选项组中单击"封面"下拉按钮，选择合适的封面样式（如飞越型），如图 3-2 所示。

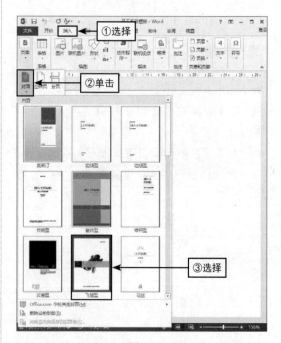

图 3-2

step 02 输入相应封面文本，并设置文字格式（如将"爱普嘉思科技有限公司"设置为宋体一号，将"员工手册"设置为宋体小初、加粗、红色），效果如图 3-3 所示。

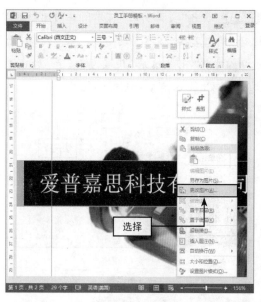

图 3-3

图 3-4

提示：

在使用插入封面的功能时，无论鼠标光标处于何处，插入的封面总是位于文档的第 1 页。

图 3-5

2. 更换封面图片及颜色

封面内置的图片是可以更换的，用户可以根据需要选择满意的图片来进行替换。

step 01 可以根据需要选择合适的封面图面。选择封面上的图片，右击，在弹出的快捷菜单中选择"更改图片"命令，如图 3-4 所示。

step 02 系统将弹出"插入图片"对话框，单击"浏览"按钮，可以在计算机中选择满意的图片，如图 3-5 所示。

step 03 将光标移至图片边框处，按住鼠标左键并拖动鼠标，调整封面文本框及图片的大小和位置，如图 3-6 所示。

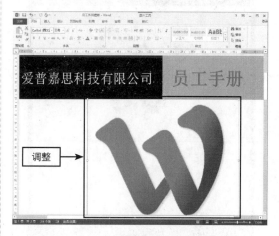

图 3-6

step 04 选中"员工手册"文本所在的矩形框，选择"绘图工具—格式"选项卡，在"形状样式"选项组中将"形状填充"设置为"蓝色，着色1，淡色40%"，如图3-7所示。

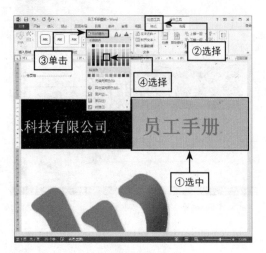

图 3-7

step 05 设置完后，单击"保存"按钮，保存设置，效果如图3-8所示。

图 3-8

3.1.3 添加页眉页脚

在一篇完整的文档中，通常都会有页眉和页脚。页眉置于文档页面顶部，相当于文档的"头"，可以在页眉处设置文档标题、公司名称、插入图片形状等。页脚位于文档页面底部，相当于文档的"脚"，可以在页脚处设置文档标题、文档页码等。

1. 添加页眉

在这篇《员工手册》中，可以在页眉中设置公司的Logo和公司名称，具体操作步骤如下。

step 01 双击文档页眉区域，即可启动编辑页眉功能，如图3-9所示。

图 3-9

step 02 在页眉处添加文字并设置对齐方式(如右对齐)，如图3-10所示。

step 03 选择"插入"选项卡，在"插图"选项组中单击"图片"按钮，插入满意的图片，如图 3-11 所示。

图 3-10

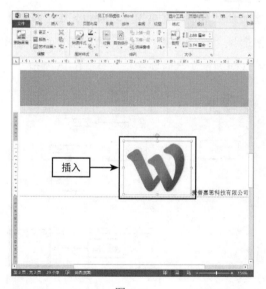

图 3-11

step 04　选中图片，将光标放至图片边框处，单击并拖动鼠标，可对图片进行缩放，至合适大小时释放鼠标，如图 3-12 所示。

提示：

用户如需旋转图片，可在"图片工具—格式"选项卡的"排列"选项组中选择"旋转"命令。

图 3-12

step 05　选中图片，右击，在弹出的快捷菜单中选择"大小与位置"命令，系统将弹出"布局"对话框，在"文字环绕"选项卡中将"环绕方式"设为"浮于文字上方"，单击"确定"按钮，保存设置，如图 3-13 所示。

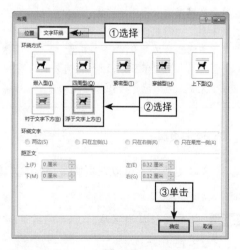

图 3-13

step 06　设置完后即可任意拖动图片。将图片置于页眉左边位置，如图 3-14 所示。

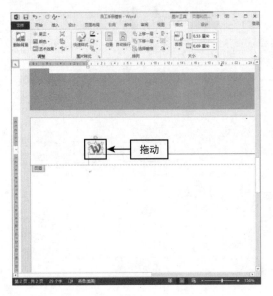

图 3-14

提示:

在"布局"对话框的"文字环绕"选项卡中有7种环绕方式。"嵌入型"表示把插入的图片当作一个字符插入到文档中;"四周型"表示把图片插入到文字中间;"紧密型"类似于"四周型",但是文字可以进入到图片空白处;"穿越型"和"紧密型"功能相似;"上下型"表示图片在两行文字中间,旁边没有字;"衬于文字下方"表示将图片插入到文字下方,而不影响文字的显示;"浮于文字上方"表示将图片插入到文字上方。

2．添加页脚

在这篇文档中,可以在页脚处添加文档的页码,具体步骤如下。

step 01 双击文档页脚区域,启动编辑页脚功能,如图 3-15 所示。

图 3-15

step 02 选择"插入"选项卡,在"页眉和页脚"选项组中单击"页码"下拉按钮,在下拉列表中选择"当前位置"选项,选择满意的页码样式(如加粗显示的数字),如图 3-16 所示。

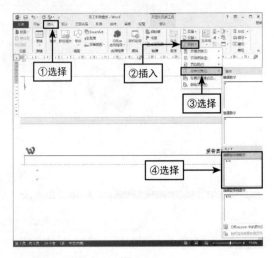

图 3-16

step 03 在文档正文部分双击或按【Esc】键,即可退出编辑页脚模式,效果如图 3-17 所示。

图 3-17

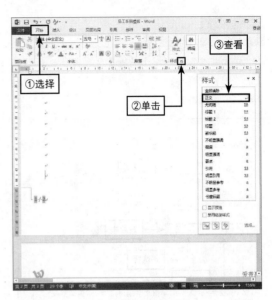

图 3-18

3.1.4　确定模板样式

样式是字体、字号和缩进等格式设置特性的组合，并能将这一组合作为集合加以命名和存储，应用样式时，将同时应用该样式中所有的格式设置指令。在 Word 文档中，样式是排版长文档最重要的内容，排版长文档时可以先确定模板样式，使用样式可以减少工作的重复性，还可以确保文本格式一致性。

1. 新建样式

在 Word 2013 中，有很多内置样式可供选择使用，用户也可以自己创建合适的样式，创建样式具体步骤如下。

step 01　在"开始"选项卡中单击"样式"选项组右下角的"对话框启动器"按钮，系统将弹出"样式"窗格，如图 3-18 所示。

step 02　单击"样式"窗格左下角的"新建样式"按钮，将弹出"根据格式设置创建新样式"对话框，如图 3-19 所示。

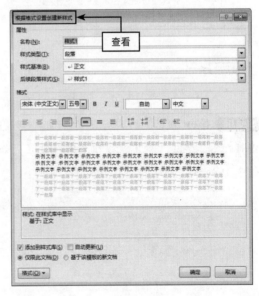

图 3-19

step 03　将"名称"设置为"文本标题"，"样式类型"设置为"段落"，"样式基准"与"后续段落样式"均设置为"正文"，在"格式"选项组中将"字体"设置为"宋体"，"字号"设置为"小二"、加粗、居中显示，单击对话框左下角的"格式"按钮，选择"段落"选项，如图 3-20 所示。

提示：

"样式基准"主要用于设置正文、段落、标题等元素的样式标准；"后续段落样式"主要用于设置后续段落的样式。

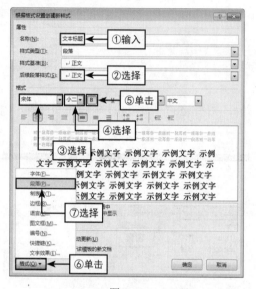

图 3-20

step 04 弹出"段落"对话框，设置"行距"为"1.5倍行距"，单击"确定"按钮，保存设置，如图 3-21 所示。

图 3-21

2. 修改样式

可以在文档已有的样式基础上修改为自己满意的样式，具体步骤如下。

step 01 在"样式"窗格中选中"正文"样式，并右击，在弹出的快捷菜单中选择"修改"命令，如图 3-22 所示。

图 3-22

step 02 系统将弹出"修改样式"对话框，在"格式"选项组中可以设置字体、字号、对齐方式等，单击对话框左下角的"格式"按钮，选择"段落"选项，如图 3-23 所示。

图 3-23

step 03 系统弹出"段落"对话框,将"特殊格式"设置为"首行缩进","缩进值"设置为"2字符",单击"确定"按钮,保存设置,如图 3-24 所示。

图 3-24

step 04 设置完后系统将返回至"修改样式"对话框,选择"基于该模板的新文档"单选按钮,单击"确定"按钮保存,如图 3-25 所示。

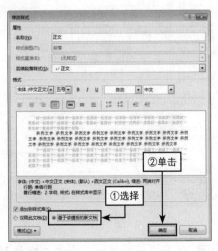

图 3-25

提示:

"仅限此文档"表示新建样式只使用于当前文档,"基于该模板的新文档"表示新建样式可以在此模板的新文档中使用。

step 05 在"样式"窗格中选中"标题1"样式,并右击,在弹出的快捷菜单中选择"修改"命令,如图 3-26 所示。

图 3-26

step 06 系统将弹出"修改样式"对话框,在"格式"选项组中设置字体为"宋体","字号"为"小二",加粗显示,单击对话框左下角的"格式"按钮,选择"编号"选项,如图 3-27 所示。

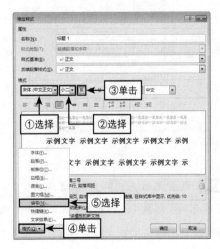

图 3-27

step 07 系统自动弹出"编号和项目符号"对话框,单击"自定义新编号格式"按钮来进行自定义,如图 3-28 所示。

图 3-28

step 08 弹出"定义新编号格式"对话框,"编号样式"设置为"一,二,三(简)…","编号格式"设置为"第一章","对齐方式"设置为"居中",单击"确定"按钮保存,如图 3-29 所示。

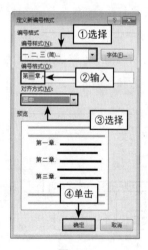

图 3-29

step 09 设置完后将返回至"修改样式"对话框,设置颜色为"红色",选中"自动更新"复选框,选择"基于该模板的新文档"按钮,单击"确定"按钮,保存设置,如图 3-30 所示。

step 10 使用相同的方法,修改"标题2"的样式,设置"字体"为"宋体","字号"为"四号",加粗、左对齐,"编号样式"设置为"一,

二,三(简)…","编号格式"设置为"一、",如图 3-31 所示。

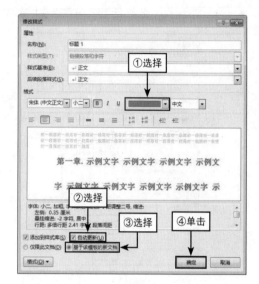

图 3-30

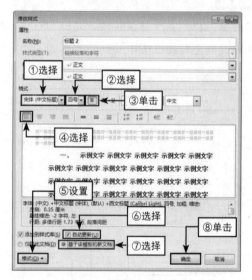

图 3-31

step 11 使用相同的方法,修改"标题3"的样式,设置"字体"为"宋体","字号"为"五号",左对齐,"编号样式"设置为"1,2,3…","编号格式"设置为"1.","段落格式"设置为"首行缩进2字符","行距"为"单倍行距",如图 3-32 所示。

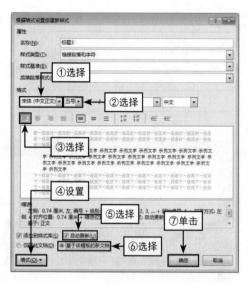

图 3-32

step 12 使用相同的方法，修改"标题 4"的样式，设置"字体"为"宋体"，"字号"为"五号"，左对齐，"编号样式"设置为"1, 2, 3…"，"编号格式"设置为"（1）"，"段落格式"设置为"左缩进 2 字符"，"悬挂缩进 2 字符"，"行距"为"单倍行距"，如图 3-33 所示。

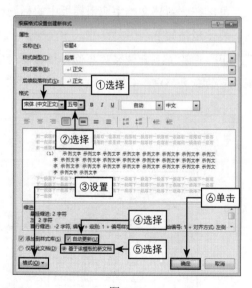

图 3-33

step 13 右击"样式"窗格中的"明显强调"样式，在弹出的快捷菜单中选择"修改"命令，如图 3-34 所示。

图 3-34

step 14 在"修改样式"对话框中设置"字体"为"宋体"，设置"字号"为"五号"，设置"颜色"为"红色"，倾斜显示，选择"基于该模式的新文档"单选按钮，单击"确定"按钮完成样式的修改，如图 3-35 所示。

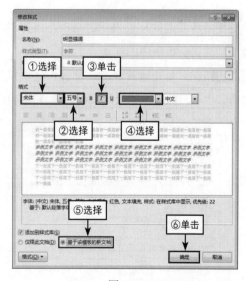

图 3-35

3．保存模板

单击"保存"按钮或按组合键【Ctrl+S】保存模板，并关闭模板，如图 3-36 所示。

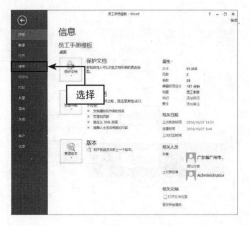

图 3-36

3.1.5 应用样式排版员工手册

当要排版的文章内容级别较多时，可以使用模板样式来编辑文章，这会大大提高工作效率，节省工作时间。

1. 使用创建好的模板新建文档

使用新创建的模板来新建文档，该文档将会自动使用新模板中的样式。

step 01 找到新建模板的存放位置，选中模板文档，右击，在弹出的快捷菜单中选择"新建"命令，如图 3-37 所示。

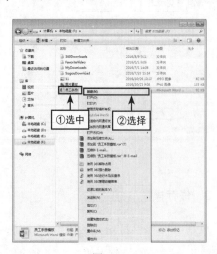

图 3-37

step 02 执行命令后，系统会按照此模板新建一个文档，如图 3-38 所示。

图 3-38

2. 应用标题样式

可以在此新建文档中应用模板中的标题样式，具体步骤如下。

step 01 将员工手册内容从其他文档粘贴到刚刚建立的新文档中，如图 3-39 所示。

图 3-39

step 02　保存文档，按组合键【Ctrl+S】可弹出"另存为"对话框，更改文件名并设置保存位置，单击"保存"按钮可保存设置，如图 3-40 所示。

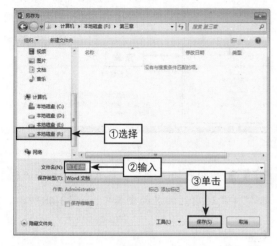

图 3-40

step 03　选中要应用"标题 1"样式的文本，选择"开始"选项卡，在"样式"选项组中选择"标题 1"的样式即可应用，如图 3-41 所示。

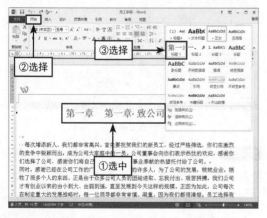

图 3-41

step 04　使用相同的方法，将剩余需要设置的标题文本选择"标题 1"样式。选择"视图"选项卡，在"显示"选项组中选中"导航窗格"复选框，如图 3-42 所示，此时应用了"标题 1"样式的文本就会在该导航窗格显示出来。

图 3-42

step 05　调整"标题 1"样式的文本排版，删除重复文本，效果如图 3-43 所示。

图 3-43

step 06　选中要应用"标题 2"样式的文本，在"样式"中选择"标题 2"的样式即可应用，如图 3-44 所示。

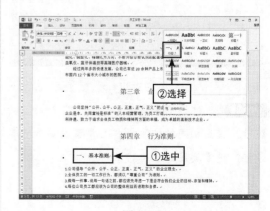

图 3-44

step 07 同样，将剩余需要设置的标题文本选择"标题2"样式，并删除重复文本，如图3-45所示。

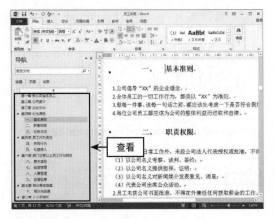

图 3-45

step 08 在导航窗格中单击"四、共同行为"，此时鼠标光标将定位于文档相应的位置，在文档中选中"四"编号并右击，在弹出的快捷菜单中选择"重新开始于一"命令，如图3-46所示。

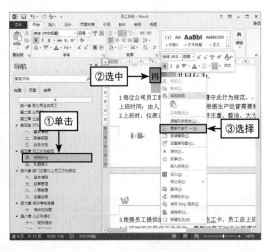

图 3-46

step 09 此时该编号将会从"一、"开始重新编号，使用相同的方法将其他章节的编号重新设置，设置效果如图3-47所示。

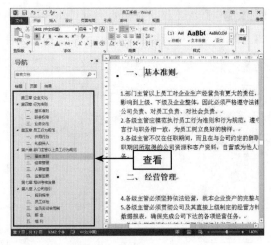

图 3-47

step 10 使用相同的方法，将"标题3"和"标题4"样式运用到相应的文本中，如图3-48所示。

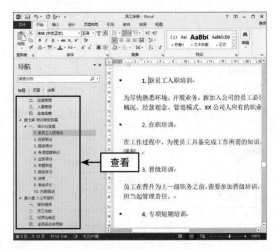

图 3-48

step 11 添加特殊项目符号。选择需要添加符号的内容，选择"开始"选项卡，在"段落"选项组中单击"项目符号"下拉按钮，选择满意的项目符号（如箭头符号），如图3-49所示。

step 12 使用相同的方法，将其他并列项添加项目符号，效果如图3-50所示。

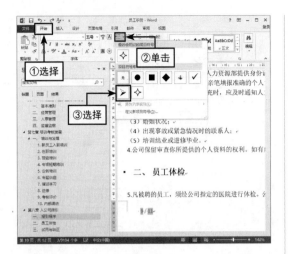

图 3-49

图 3-50

3. 应用正文样式

正文部分也可以应用模板中的正文样式，具体步骤如下。

step 01 拖动鼠标选中"第一章"正文部分，在"样式"选项组中选择"正文"样式，如图 3-51 所示。

step 02 使用相同的方法，将文档中其他正文部分设置为"正文"样式，如图 3-52 所示。

step 03 设置强调样式。选中需要强调的文本，在"样式"选项组中选择"明显强调"样式，

如图 3-53 所示。

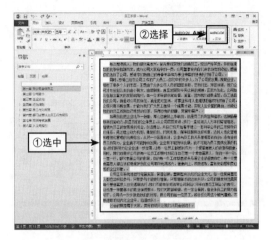

图 3-51

图 3-52

图 3-53

step 04 查看效果，如图 3-54 所示。

图 3-54

step 05 选中文本，单击"字体"选项组中的"对话框启动器"按钮，如图 3-55 所示。

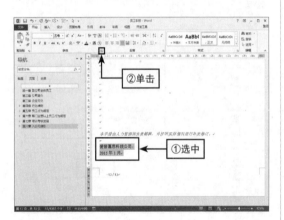

图 3-55

step 06 在弹出的"字体"对话框中将"中文字体"设置为"宋体"，"西文字体"设置为"Times New Roman"，"字形"设置为"加粗"，"字号"设置为"小三"，单击"确定"按钮，保存设置，如图 3-56 所示。

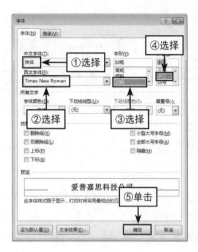

图 3-56

3.1.6　生成目录

Word 2013 内置了很多创建目录的方法，可以自动生成目录，也可以手动创建目录。下面将分别介绍两种生成目录的方式，具体操作步骤如下。

1. 自动生成目录

在文档中选择自动生成目录时，有多种目录样式可供选择，用户可以选择合适的目录。

step 01 将光标移至文档最前方并居中，如图 3-57 所示。

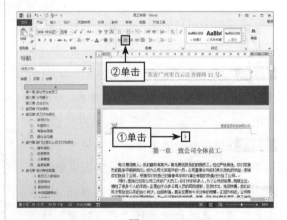

图 3-57

step 02　选择"引用"选项卡，在"目录"选项组中单击"目录"下拉按钮，系统将弹出"内置"窗格，选择"自定义目录"选项，如图 3-58 所示。

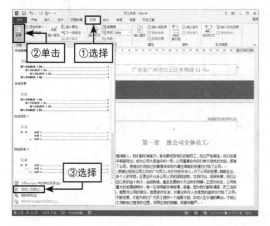

图 3-58

step 03　系统将弹出"目录"对话框，选择"目录"选项卡，将"显示级别"设置为"2"，单击"确定"按钮，保存设置，如图 3-59 所示。

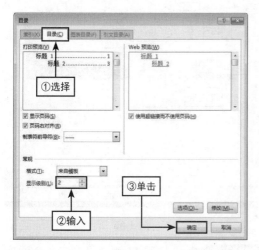

图 3-59

step 04　设置完后，将会在文档中自动插入目录，如图 3-60 所示。

step 05　在目录上方添加"目录"文本内容，并且在"样式"选项组中选择"文本标题"样式，效果如图 3-61 所示。

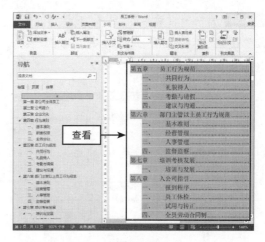

图 3-60

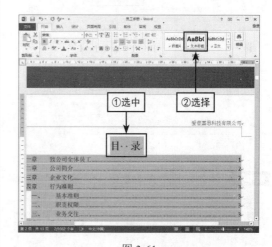

图 3-61

step 06　选中目录，右击，在弹出的快捷菜单中选择"段落"命令，如图 3-62 所示。

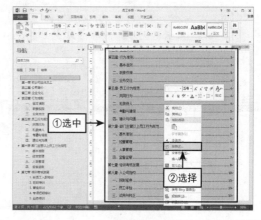

图 3-62

step 07 系统将自动弹出"段落"对话框,将"行距"设置为"1.5 倍行距",单击"确定"按钮,保存设置,如图 3-63 所示。

图 3-63

step 08 保存文档并查看效果,如图 3-64 所示。

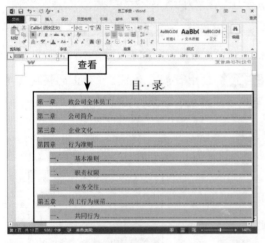

图 3-64

2. 手动生成目录

可以通过制表位功能来完成手动生成目录的操作,具体步骤如下。

step 01 将光标移至文档最前方,并输入"目录"字样,设置为"文本标题"样式,如图 3-65 所示。

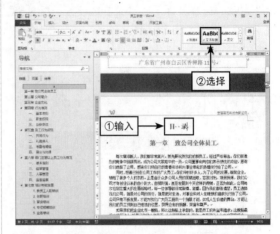

图 3-65

step 02 将光标置于"目录"文本后,选择"页面布局"选项卡,在"页面设置"选项组中单击"分隔符"下拉按钮,选择"分页符"选项,如图 3-66 所示。

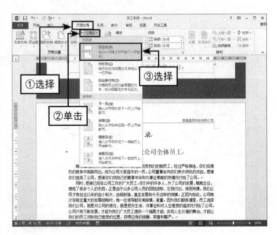

图 3-66

step 03 此时,"分页符"已经将与下文分隔开,设置效果如图 3-67 所示。

step 04 将光标置于"目录"下方第 2 个段落标记处,如图 3-68 所示。

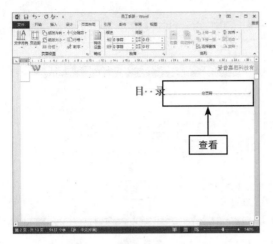

图 3-67

图 3-68

step 05　在标尺上双击制表位符号，系统将自动弹出"段落"对话框，单击对话框中左下角的"制表位"按钮，如图 3-69 所示。

step 06　系统将弹出"制表位"对话框，在文本框中输入"2 字符"，单击"设置"按钮，添加第一个制表位；在文本框中输入"3.38 字符"，单击"设置"按钮，添加第二个制表位；在本文框中输入"42 字符"，在"对齐方式"选项组中选择"右对齐"单选按钮，在"前导符"选项组中选择"2……"，单击"设置"按钮，即可添加第三个制表位，单击"确定"按钮，保存设置，如图 3-70 所示。

图 3-69

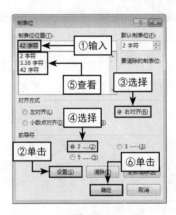

图 3-70

step 07　在光标位置输入一级标题"第一章 致公司全体员工"字样，如图 3-71 所示。

图 3-71

step 08 按【Tab】键使鼠标光标移至行尾处，在行尾处添加页码，如图 3-72 所示。

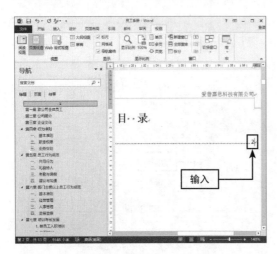

图 3-72

step 09 按【Enter】键换行，使用同样的操作方法，输入至"第四章 行为准则"并输入页码，如图 3-73 所示。

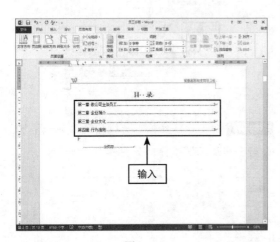

图 3-73

step 10 再按一次【Tab】键，将插入点置于下一个制表位，然后输入二级标题，并输入页码，如图 3-74 所示。

step 11 使用同样的方法，将该章下的所有二级标题输入完成，如图 3-75 所示。

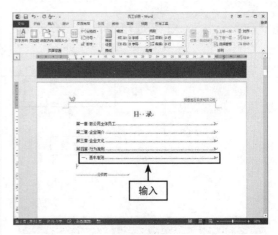

图 3-74

图 3-75

step 12 使用同样的方法，将剩余目录输入完成，效果如图 3-76 所示。

图 3-76

step 13 选中所有目录并右击，在弹出的快捷菜单中选择"段落"命令，在弹出的"段落"对话框中设置段落格式，将"行距"设置为"1.5 倍行距"，单击"确定"按钮，保存设置，如图 3-77 所示。

step 14 保存文档并查看效果，如图 3-78 所示。

图 3-77

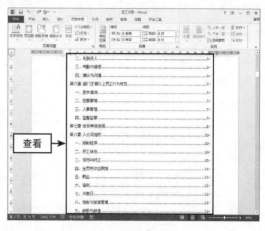

图 3-78

3.2　使用模板制作公司名片

名片是谒见、拜访或访问时用的小卡片，上面印有个人的姓名、地址、职务、电话号码、邮箱、单位名称、职业等，是向对方推销介绍自己的一种方式。在公司业务往来中，互相递交公司名片是商业交往的一个重要步骤。在 Word 2013 中，有很多名片模板样式，用户可以下载模板直接使用，也可以根据实际情况制作属于自己的名片。本节将介绍如何使用模板来制作公司名片。

3.2.1　创建名片版面样式

在制作名片之前，要设置好名片的版面样式，具体步骤如下。

1. 设置名片尺寸

step 01 设置纸张大小。新建一个 Word 文档，选择"页面布局"选项卡，在"页面设置"选项组中单击"页边距"下拉按钮，选择"窄"选项，如图 3-79 所示。

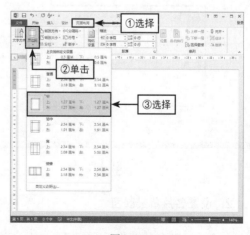

图 3-79

step 02 单击"页面设置"选项组中的"对话框启动器"按钮，在弹出的"页面设置"对话框中选择"纸张"选项卡，将"纸张大小"设置为"自定义大小"，"宽度"设置为"9厘米"，"高度"设置为"5.5厘米"，单击"确定"按钮，保存设置，如图3-80所示。

图 3-80

step 03 设置完后可查看效果，效果如图3-81所示。

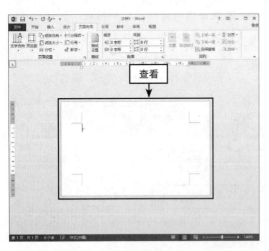

图 3-81

2. 设置名片背景版面

一个出色的名片背景版面更容易被客户关注，因此，要设计好名片的背景版面。

step 01 设置页面背景颜色。选择"设计"选项卡，在"页面背景"选项组中单击"页面颜色"下拉按钮，选择"填充效果"选项，如图3-82所示。

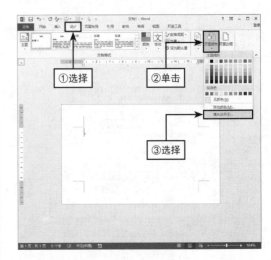

图 3-82

step 02 系统将弹出"填充效果"对话框，选择"渐变"选项卡，在"颜色"选项组中选择"双色"单选按钮，"颜色1"选择"金色，着色4，淡色40%"，"颜色2"选择"红色"，"底纹样式"选择"斜下"，单击"确定"按钮，保存设置，如图3-83所示。

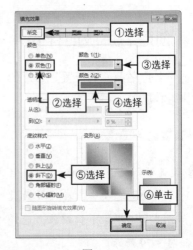

图 3-83

step 03 设置完后可查看效果，如图 3-84 所示。

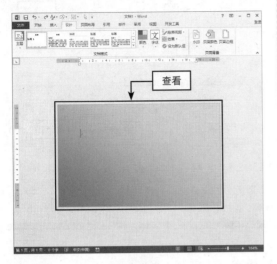

图 3-84

step 04 插入图片，在"插入"选项卡中插入满意的图片，效果如图 3-85 所示。

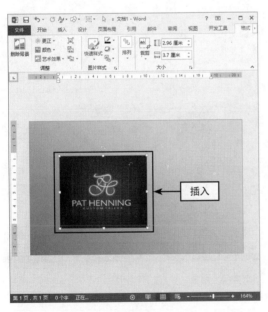

图 3-85

step 05 调整图片大小及位置。选择图片，右击，在弹出的快捷菜单中选择"大小和位置"命令，系统将弹出"布局"对话框，在"文字环绕"选项卡中将"环绕方式"设置为"浮于文字上方"，如图 3-86 所示。

图 3-86

step 06 任意拖动图片至满意位置，效果如图 3-87 所示。

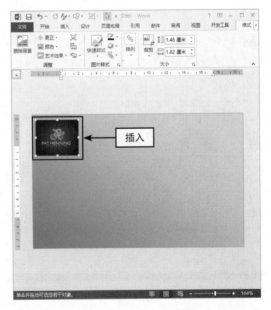

图 3-87

step 07 绘制直线，选择"插入"选项卡，在"插图"选项组中单击"形状"下拉按钮，选择"直线"形状，如图 3-88 所示。

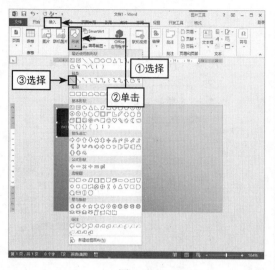

图 3-88

step 08 将直线绘制在满意位置，如图 3-89 所示。

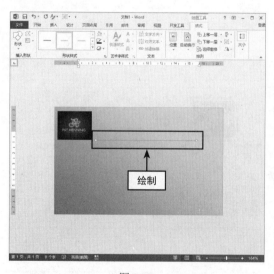

图 3-89

step 09 设置直线粗细。选中直线，选择"绘图工具—格式"选项卡，在"形状轮廓"下拉菜单中将"粗细"设置为"1.5磅"，并选择满意的主题颜色，如图 3-90 所示。

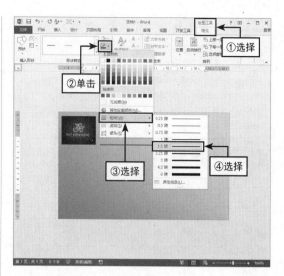

图 3-90

step 10 使用同样的操作方法在文档下方绘制一条直线，并设置直线粗细（如1.5磅）及颜色（橙色），如图 3-91 所示。

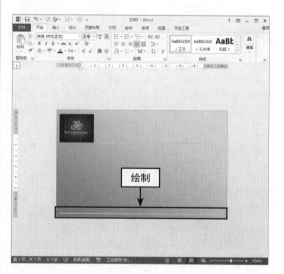

图 3-91

3.2.2 添加内容控件

名片版面样式设置完后，可以对名片内容进行添加，具体操作如下。

step 01 添加文本框。选择"插入"选项卡，在"文本"选项组中单击"文本框"下拉按钮，选择"绘制文本框"选项，如图 3-92 所示。

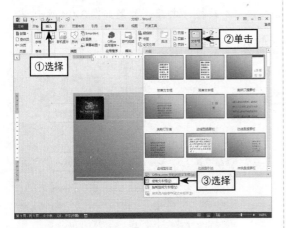

图 3-92

step 02 此时鼠标呈十字形，选择合适的位置拖动鼠标，即可完成文本框的绘制，如图 3-93 所示。

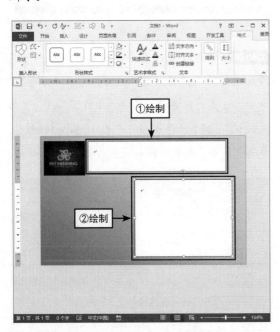

图 3-93

step 03 设置文本框格式。选中文本框，在"绘图工具—格式"选项卡中将"形状轮廓"设置为"无轮廓"，"形状填充"设置为"无填充"，效果如图 3-94 所示。

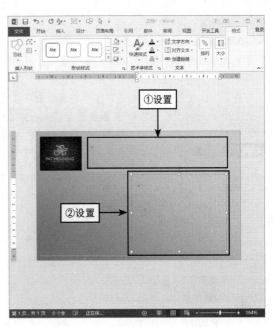

图 3-94

step 04 添加格式文本内容控件。选择"开发工具"选项卡，在"控件"选项组中单击"格式文本内容控件"按钮，如图 3-95 所示。

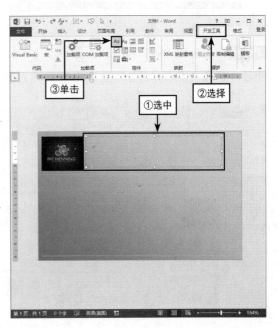

图 3-95

提示：

要是选项卡中没有"开发工具"这一选项，可选择"文件"菜单下的"选项"组，单击"自定义功能区"，在自定义功能区下面的列表中向下拖动滚动条，选中"开发工具"复选框即可显示出来。

step 05 设置完后可查看效果，如图 3-96 所示。

图 3-96

step 06 使用相同的操作方法在另一个文本框中添加格式文本内容控件，如图 3-97 所示。

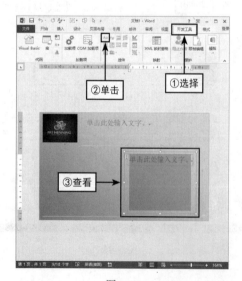

图 3-97

step 07 设置内容控件格式。单击"设计模式"按钮，更改控件内容，效果如图 3-98 所示。

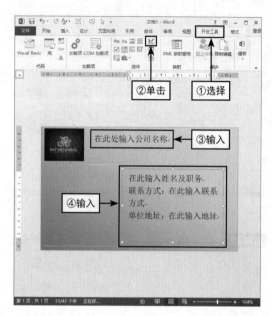

图 3-98

step 08 保存模板。名片模板设计好后，可将模板进行保存设置。选择"文件"→"另存为"命令，设置好保存路径，将"文件名"改为"名片模板"，将"保存类型"设置为"Word 模板"，单击"保存"按钮，保存设置，如图 3-99 所示。

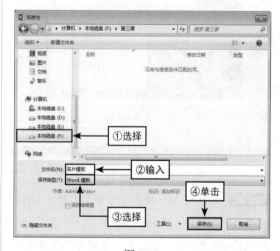

图 3-99

3.2.3　使用模板制作名片

用户可以直接使用名片模板，打开模板后只需要修改模板样式上的文本即可，具体步骤如下。

step 01　修改模板内容。打开已保存的模板文档，修改名片内容，如图 3-100 所示。

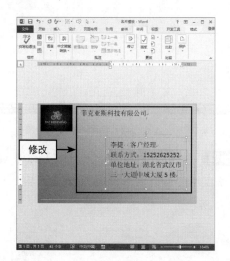

图 3-100

step 02　设置文字格式。可对名片文本进行格式设置（如公司名称设为黑体、小四、红色加粗，其他文本设置为宋体五号，部分文本加粗显示），如图 3-101 所示。

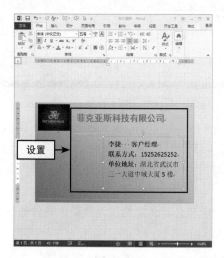

图 3-101

step 03　新建文档。选择"文件"→"新建"命令，将新建文档纸张宽度设置为"19.5 厘米"，高度设置为"29.7 厘米"，单击"确定"按钮，保存设置，如图 3-102 所示。

图 3-102

step 04　启动"标签"功能。选择"邮件"选项卡，单击"创建"选项组中的"标签"按钮，如图 3-103 所示。

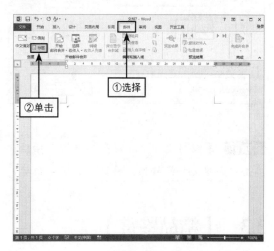

图 3-103

step 05　系统将弹出"信封和标签"对话框，选择"标签"选项卡，单击"选项"按钮，如

图 3-104 所示。

图 3-104

step 06 系统弹出"标签选项"对话框,将"标签信息"设为"Avery A4/A5",将"产品编号"设为"L7413",单击"确定"按钮,保存设置,如图 3-105 所示。

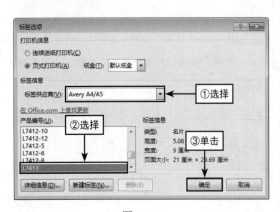

图 3-105

step 07 系统将返回"信封和标签"对话框,单击"新建文档"按钮,系统将新建空白标签

文档,如图 3-106 所示。

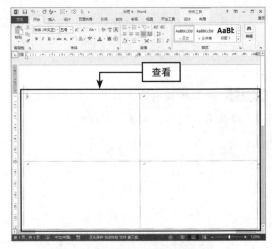

图 3-106

step 08 按【Ctrl+C】和【Ctrl+V】组合键依次将名片文档复制和粘贴至标签文档,如图 3-107 所示。

图 3-107

3.3 【精品鉴赏】

在【精品鉴赏】中,可以看到用模板制作的员工手册和公司名片的最终效果,具体如下。

1. 使用模板制作的员工手册

在这份员工手册中,添加了封面,并设置了封面内容及格式,如图 3-108 所示。

在正文前添加了目录，使该手册内容清晰，如图 3-109 所示。

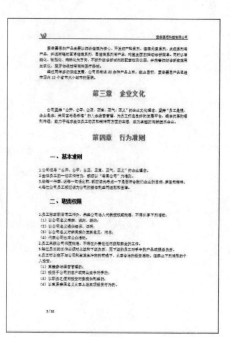

图 3-108   图 3-109

在正文中添加了特殊项目符号，使该手册条理清晰，如图 3-110 所示。

在正文中添加了页眉、页脚，自定义并使用标题样式，这大大提高了行政人员的工作效率。并且内容丰富全面，是一份值得借鉴的员工手册，如图 3-111 所示。

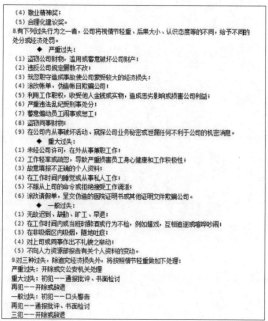

图 3-110   图 3-111

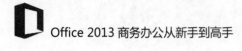
2. 使用模板制作的公司名片

在这份公司名片中插入了图片和直线，使用了背景色，名片色彩突出，更能引起客户注意。并且添加了内容控件，使用模板制作公司名片时，公司员工只需要更改模板上的文本即可完成名片的制作，大大节省了时间，如图 3-112 所示。

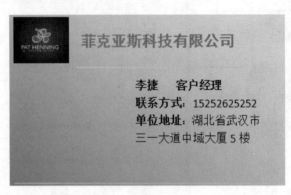

图 3-112

第 4 章
Word: 表格插入并不难

本章内容

在日常工作中，经常会在 Word 中插入一些表格数据。表格是由表示水平行与垂直列的直线组成的单元格，是大部分文档不可或缺的重要部分，使用表格数据可以代替大量的说明文字，从而使内容更加明确，文档更加丰富，这大大节省了办公人员的工作时间，提高工作效率。本章将以《制作公司人事档案表》和《制作员工考核成绩表》为例，为大家介绍在 Word 2013 中如何插入表格、如何设置表格样式，以及如何统计表格中的数据等。

4.1 制作公司人事档案表

公司人事档案记录了员工的大量信息，如姓名、籍贯、政治面貌、入公司年份、所在部门等，它有着凭证、依据和参考的作用，这对于公司的管理及员工自身起着重要作用。因此，公司人事部门要经常统计和整理员工的档案，此时，在 Word 中使用表格来统计整理员工档案就显得尤为重要。

4.1.1 设置表格内容

每个公司都有本公司员工的人事档案，使用 Word 2013 中的表格可以很方便地制作公司人事档案表，具体步骤如下。

1. 创建文档

step 01 在 Word 中创建一个新文档，选择"页面布局"选项卡，单击"页面设置"选项组中的"对话框启动器"按钮，如图 4-1 所示。

图 4-1

> **提示：**
>
> 除了可以在"文件"菜单下新建 Word 文档外，还可以使用组合键【Ctrl+N】来创建新文档。

step 02 设置"页边距"。系统弹出"页面设置"对话框，选择"页边距"选项卡，将"页边距"选项组的"上""下""左""右"分别设置为"3 厘米""2.5 厘米""2.5 厘米""2.5 厘米"，单击"确定"按钮，保存设置，如图 4-2 所示。

图 4-2

2. 插入表格

step 01 插入表格。在"插入"选项卡中单击"表格"下拉按钮，拖动鼠标选择所需的行数和列数（如 7×8 表格形式），如图 4-3 所示。

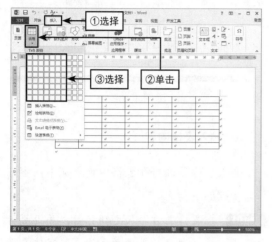

图 4-3

step 02 释放鼠标即可完成对表格的绘制，如图 4-4 所示。

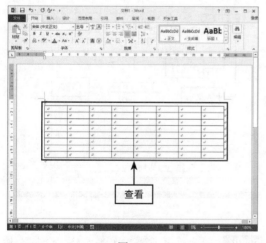

图 4-4

step 03 为表格添加行。将光标定位于第 1 个单元格处，按住鼠标左键，拖动它至最后 1 行的最后 1 个表格，释放鼠标，此时已经选中所有表格，如图 4-5 所示。

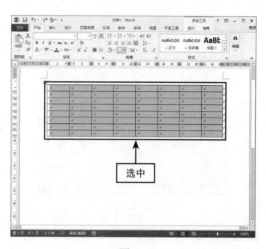

图 4-5

step 04 右击，在弹出的快捷菜单中选择"插入"→"在下方插入行"命令，如图 4-6 所示。

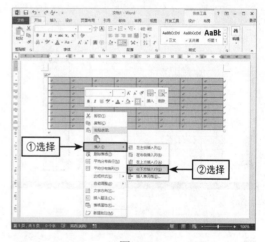

图 4-6

step 05 执行此命令后，系统将在原表格下方添加与所选行相同行数的表格，如图 4-7 所示。

step 06 为表格添加列。将光标置于表格最后 1 列的上方，当鼠标光标变为向下的黑色箭头时，单击即可将该列全部选中，如图 4-8 所示。

step 07 右击，在弹出的快捷菜单中选择"插入"→"在右侧插入列"命令，如图 4-9 所示。

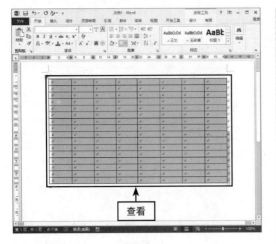

图 4-7

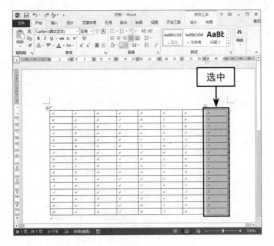

图 4-8

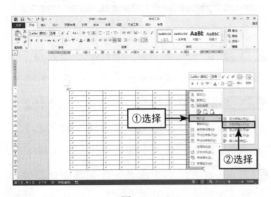

图 4-9

step 08 同样，系统将在原表格右侧添加与所选列相同列数的表格，如图 4-10 所示。

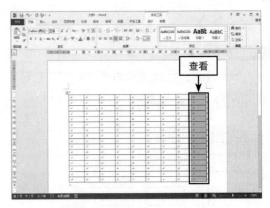

图 4-10

3. 输入表格内容

插入表格后即可在表格内输入文本内容，具体步骤如下。

step 01 在表格上方添加文档标题，并设置标题格式。选择"开始"选项卡，在"字体"选项组中将标题设置为"楷体""小二""加粗""居中"，效果如图 4-11 所示。

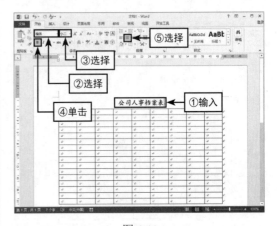

图 4-11

step 02 将光标置于第 1 个单元格，并依次输入文本内容，如图 4-12 所示。

图 4-12

4．插入编号

在"开始"选项卡下的"段落"组中可以快速插入编号，具体操作步骤如下。

step 01 将光标置于第 2 行第 1 个单元格，按住鼠标左键并向下拖动鼠标至最后 1 行第 1 个单元格，释放鼠标即可选中单元格，如图 4-13 所示。

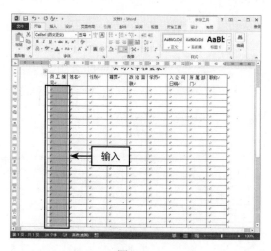

图 4-13

step 02 选择"开始"选项卡，在"段落"选项组中单击"编号"下拉按钮，在下拉列表中选择"定义新编号格式"选项，如图 4-14 所示。

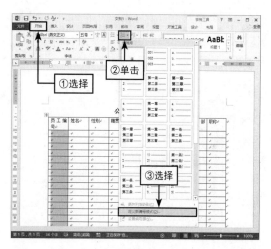

图 4-14

step 03 系统弹出"定义新编号格式"对话框，在"编号样式"下拉列表框中选择"001,002,003，…"样式，在"编号格式"下拉列表框中删除"001"后的点状符号，将"对齐方式"设置为"居中"，单击"确定"按钮，保存设置，如图 4-15 所示。

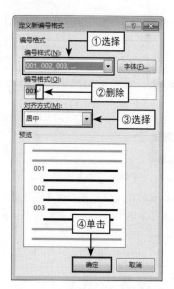

图 4-15

step 04 设置完后表格中将会出现设置的编号样式，效果如图 4-16 所示。

图 4-16

step 05 继续输入表格文本，如图 4-17 所示。

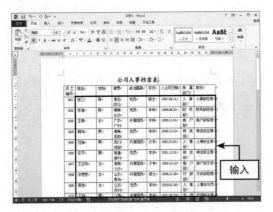

图 4-17

> **提示：**
>
> 按【Tab】或【Shift+Tab】组合键，可以选择插入符号所在的单元格后面或前面的单元格，若单元格中无文本，也可按方向键选择单元格。

4.1.2　设置表格

　　录入完表格数据后，可以对表格进行美化设置，如调整表格对齐方式等。

1．设置表格对齐方式

　　对表格中的内容设置对齐方式可以使表格排版更整齐，具体操作步骤如下。

step 01 选中任意一个单元格，将会在表格左上角出现一个全选标记，单击此标记，即可将表格全部选中，如图 4-18 所示。

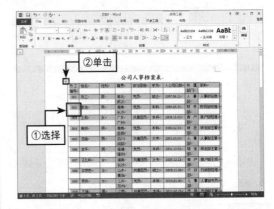

图 4-18

step 02 选择"表格工具—布局"选项卡，在"对齐方式"选项组中单击"水平居中"按钮，此时表格中的文本将会居中对齐，效果如图 4-19 所示。

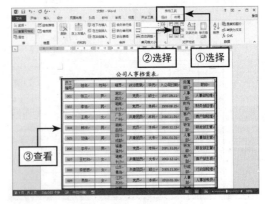

图 4-19

2．调整表格大小

　　可以拖动鼠标来调整表格的行高和列宽，使表格更加工整，具体步骤如下。

step 01 调整表格列宽。将光标置于表格边框处，出现双线形状时即可拖动鼠标进行调整，效果如图 4-20 所示。

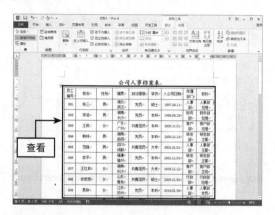

图 4-20

step 02 调整表格行高。按上述方法可以调整表格的行高，效果如图 4-21 所示。

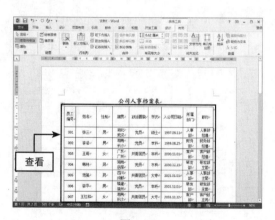

图 4-21

step 03 调整表格第 1 行对齐方式。拖动鼠标选择表格第 1 行，选择"表格工具—布局"选项卡，在"对齐方式"选项组中将"对齐方式"设置为"水平居中"，如图 4-22 所示。

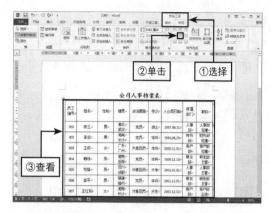

图 4-22

4.1.3　录入并样式

表格制作完后，可以对表格进行样式设置，如添加边框和底纹等，使表格更加美观，具体步骤如下。

1. 设置表格样式

可以在"表格工具—设计"选项卡中进行对表格样式的设置。

step 01 设置表格样式。选中所有表格，选择"表格工具—设计"选项卡，在"边框"选项组中单击"边框"下拉按钮，选择"边框和底纹"选项，如图 4-23 所示。

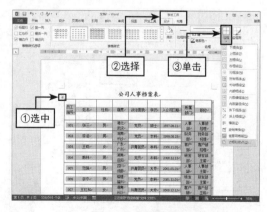

图 4-23

step 03 系统弹出"边框和底纹"对话框,在"边框"选项卡中,选择左侧列表中的"全部"选项,"宽度"设置为"1.5 磅",如图 4-24 所示。

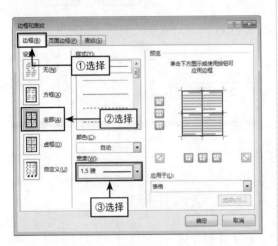

图 4-24

提示:

用户可以使用"表格工具—设计"选项卡下的"边框刷"选项来为表格添加边框。

step 04 在"边框"选项卡中,选择左侧列表中的"自定义"选项,将"宽度"设置为"0.25磅",在右侧的预览区域中,单击表格内框线线条,单击"确定"按钮,保存设置,如图 4-25 所示。

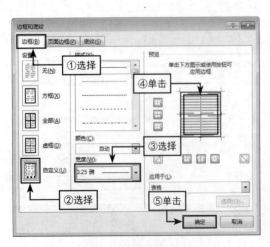

图 4-25

step 05 设置完后可查看效果,效果如图 4-26 所示。

图 4-26

step 06 拖动鼠标选择表格第 1 行,选择"表格工具—设计"选项卡,在"表格样式"中单击"底纹"下拉按钮,选择合适的底纹颜色(如蓝色,着色1,淡色40%),如图 4-27 所示。

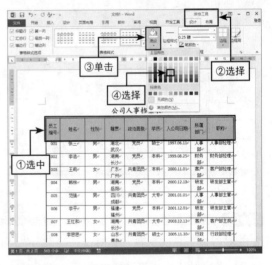

图 4-27

step 07 查看设置效果,如图 4-28 所示。

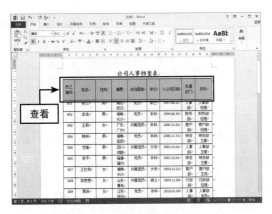

图 4-28

2. 重复标题行

可以在"表格工具—布局"中进行"重复标题行"设置，具体步骤如下。

step 01 如果表格内容过多，导致有一部分表格内容出现在另一页，从而会影响表格整体美观，也会为办公人员带来查阅麻烦，如图4-29所示。

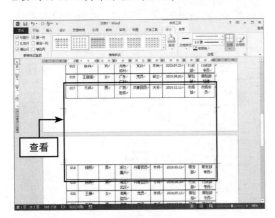

图 4-29

step 02 选中要重复的标题行，选择"表格工具—布局"选项卡，在"数据"选项组中单击"重复标题行"按钮，如图4-30所示。

step 03 执行该操作后，表格的下一页将会出现与第1页相同的标题行，效果如图4-31所示。

step 04 保存文档。选择"文件"→"另存为"命令，在弹出的对话框中设置保存位置，将"文

件名"改为"公司人事档案表"，单击"保存"按钮保存设置，如图 4-32 所示。

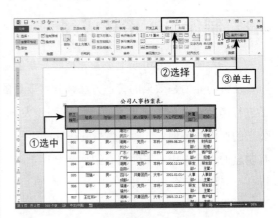

图 4-30

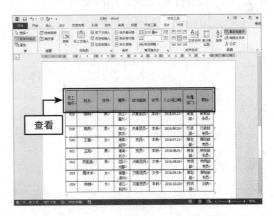

图 4-31

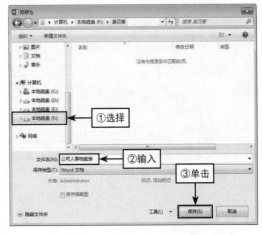

图 4-32

4.2 制作员工考核成绩表

员工考核是指公司或上级领导按照一定的标准，采用科学的方法，衡量与评定员工完成岗位职责任务的能力与效果的管理方法，其主要目的是让员工更好地工作，更好地为公司服务。对员工进行考核，从管理者的角度看，有利于发掘与有效利用员工的能力，并且通过考核，给员工公正的评价与待遇，包括奖惩与升迁等。从员工的角度看，有利于评价、监督和促进自身的工作，有明显的激励作用。下面将介绍如何制作员工考核成绩表，以及制作表格使用的技巧，如合并、拆分单元格，计算表格数据等。

4.2.1 使用对话框插入表格

在员工考核成绩表中将会用到大量的表格来表现考核项目、准则及考核结果，因此，首先要在文档中插入表格，具体操作步骤如下。

1. 创建文档

在 Word 中创建一个新文档，如图 4-33 所示。

图 4-33

2. 插入表格

可以在"插入"选项卡中使用对话框插入表格，具体步骤如下。

step 01 选择"插入"选项卡，在"表格"选项组中单击"表格"下拉按钮，选择"插入表格"选项，如图 4-34 所示。

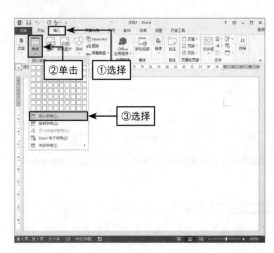

图 4-34

step 02 系统将弹出"插入表格"对话框，将"列数"设为"17"，"行数"设为"15"，如图 4-35 所示。

图 4-35

step 03 设置完后可查看效果，如图 4-36 所示。

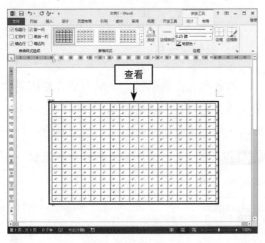

图 4-36

4.2.2　合并及拆分单元格

在表格中，通常会用到合并及拆分单元格来制作合适的表格，具体操作如下。

1. 合并单元格

合并单元格是指将多个单元格合并为一个新的单元格。可以在"表格工具—布局"选项卡中使用"合并单元格"功能。

step 01 拖动鼠标选择需要合并的单元格，如

图 4-37 所示。

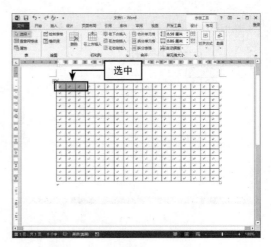

图 4-37

step 02 选择"表格工具—布局"选项卡，在"合并"选项组中单击"合并单元格"按钮，如图 4-38 所示。

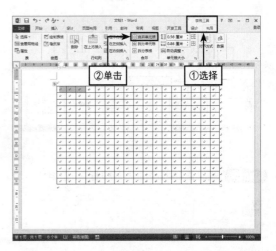

图 4-38

step 03 查看合并单元格后的效果，如图 4-39 所示。

step 04 插入行。拖动鼠标选中表格最后四行，右击，在弹出的快捷菜单中选择"插入"➜"在下方插入行"命令，如图 4-40 所示。

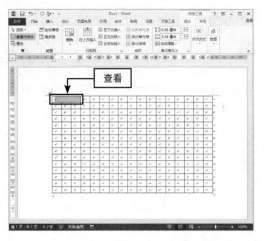

图 4-39

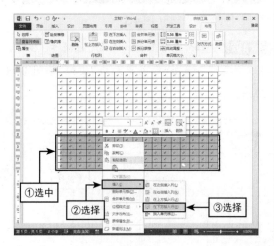

图 4-40

step 05 此时表格将会新添加四行,如图4-41所示。

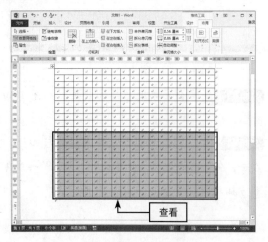

图 4-41

step 06 继续合并表格中其他单元格区域,如图 4-42 所示。

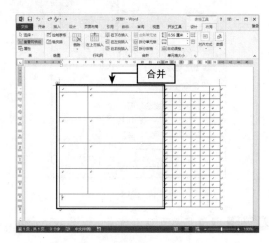

图 4-42

2. 拆分单元格

拆分单元格是指将一个单元格分割成多个单元格。可以在"表格工具—布局"选项卡中使用"拆分单元格"功能。

step 01 拖动鼠标选择需要拆分的单元格,如图 4-43 所示。

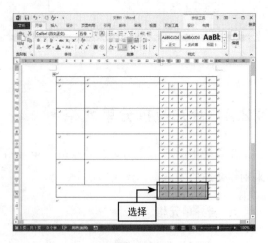

图 4-43

step 02 选择"表格工具—布局"选项卡,在"合并"选项组中单击"拆分单元格"按钮,如图4-44所示。

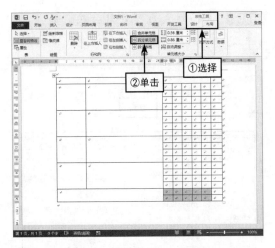

图 4-44

step 03　系统将弹出"拆分单元格"对话框，将"列数"设为"1"，"行数"设为"2"，单击"确定"按钮，保存设置，如图 4-45 所示。

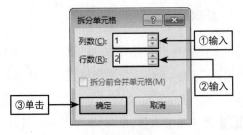

图 4-45

step 04　保存设置后，可查看效果，如图 4-46 所示。

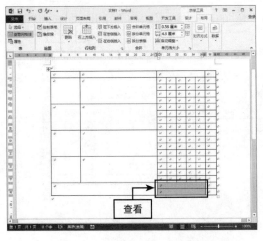

图 4-46

提示:

用户可以右击单元格，在弹出的快捷菜单中选择"拆分单元格"命令。

step 05　对表格中其他需要的区域进行拆分单元格操作，效果如图 4-47 所示。

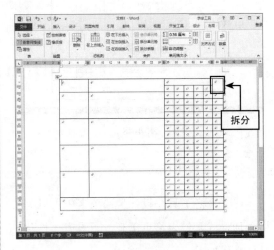

图 4-47

4.2.3　统计表格数据

表格的基本框架构造完后，可以在单元格中添加文本内容，最后统计表格中的数据时可以使用"表格工具—布局"选项卡中的"公式"功能，具体操作如下。

1．输入文本内容

将光标置于表格的第 1 个单元格，依次输入文本内容，如图 4-48 所示。

图 4-48

2. 设置表格样式

在"表格工具—设计"选项卡中可以为表格添加样式，使表格更美观，更具有个性化，具体操作如下。

step 01 单击表格左上角的全选标记，选中所有表格，选择"表格工具—设计"选项卡，在"表格样式"下拉列表中选择满意的表格样式（如网格表 4，着色 1），如图 4-49 所示。

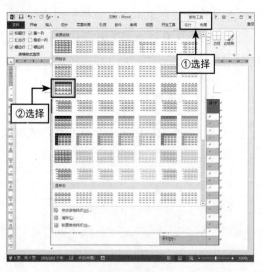

图 4-49

step 02 选择样式后可查看效果，如图 4-50 所示。

图 4-50

3. 修改表格样式

为了使表格更具有特色，可以在"表格工具—设计"选项卡中修改表格样式，具体操作如下。

step 01 选中所有表格，选择"表格工具—设计"选项卡，在"表格样式"选项组中选择"修改表格样式"选项，如图 4-51 所示。

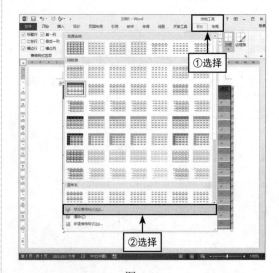

图 4-51

step 02 系统弹出"修改样式"对话框，在"将格式应用于"下拉菜单中选择"标题行"选项，设置满意的填充颜色（如蓝色，着色1，淡色40%），单击"确定"按钮，保存设置，如图4-52所示。

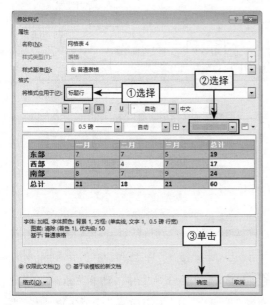

图 4-52

图 4-53

提示：

在"格式"选项组中，"标题行"表示表格的第一行显示特殊格式；"首列"表示表格的第一列显示特殊格式；"末列"表示表格的最后一列显示特殊格式；"汇总行"表示表格的最后一行显示特殊格式。

step 03 查看效果图，如图4-53所示。

step 04 选中考核成绩单元格，选择"表格工具—设计"选项卡，在"表格样式"选项组中单击"底纹"下拉按钮，选择满意的填充底纹（如红色），如图4-54所示。

step 05 输入文档标题等内容，如图4-55所示。

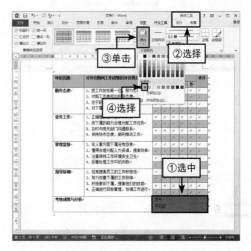

图 4-54

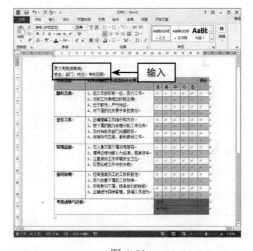

图 4-55

step 06 设置文字格式。在"开始"选项卡中将"员工考核成绩表"字体设为"黑体","字号"设为"二号",加粗,居中。其他字体设置"宋体""四号",加粗,效果如图 4-56 所示。

图 4-56

4. 调整表格大小及对齐方式

可以通过调整表格来使其更加美观,排列更加整齐,具体操作如下。

step 01 调整表格大小。将光标置于表格右下角,拖动鼠标,将表格调整至满意大小时释放鼠标,效果如图 4-57 所示。

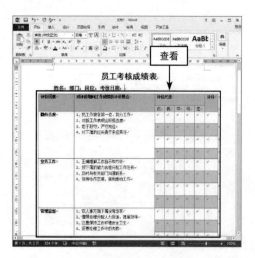

图 4-57

step 02 调整单元格对齐方式。选中所有表格,选择"表格工具—布局"选项卡,在"对齐方式"选项组中将对齐方式设为"水平居中",如图 4-58 所示。

图 4-58

step 03 选中部分单元格,选择"表格工具—布局"选项卡,在"对齐方式"选项组中选择"靠上两端对齐"选项,如图 4-59 所示。

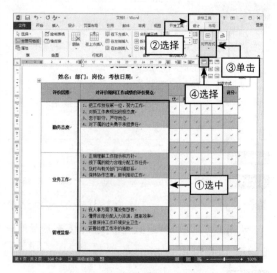

图 4-59

step 04 调整表格文本位置，效果如图 4-60 所示。

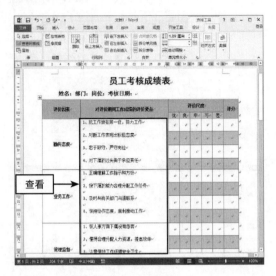

图 4-60

step 05 输入员工信息，并设置文本格式为"宋体""小四"，如图 4-61 所示。

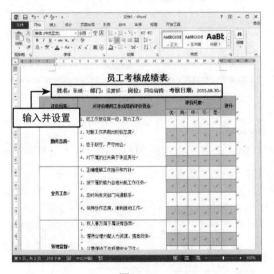

图 4-61

5. 输入并计算表格数据

将数据填入单元格内，然后使用"表格工具—布局"选项卡下的"公式"功能可以对单元格中的数据进行快速计算，具体步骤如下。

step 01 输入表格数据，如图 4-62 所示。

图 4-62

step 02 计算表中平均数的数值。将光标定位于表格中"平均分"后的单元格处，选择"表格工具—布局"选项卡，在"数据"选项组中单击"公式"按钮，如图 4-63 所示。

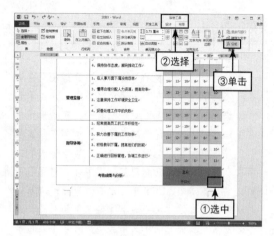

图 4-63

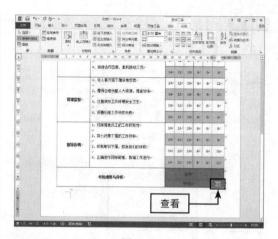

图 4-65

step 03 系统将弹出"公式"对话框, 在"公式"文本框中输入公式"=AVERAGE(ABOVE)", 单击"确定"按钮, 保存设置, 如图 4-64 所示。

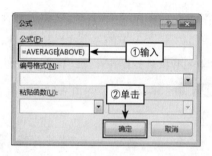

图 4-64

step 04 设置完后将得出上方单元格中的数据的平均分数值, 如图 4-65 所示。

提示:

在应用函数时, 可以直接使用参数 LEFT、RIGHT、ABOVE、BELOW 表示对当前单元格左、右、上、下方向的数据进行计算, 但是要保证进行计算的数据所在的单元格是相邻且连续排列的。

step 05 计算表中总数的数值。将光标定位于表格中"总分"后的单元格处, 选择"表格工具—布局"选项卡, 在"数据"选项组中单击"公式"按钮, 如图 4-66 所示。

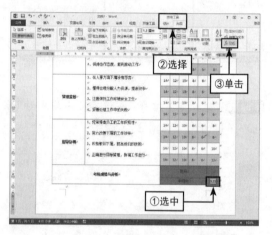

图 4-66

step 06 系统将弹出"公式"对话框, 在"公式"文本框中输入公式"=SUM(ABOVE)", ·单击"确定"按钮, 保存设置, 如图 4-67 所示。

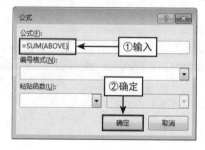

图 4-67

提示：

单击"粘贴函数"下拉按钮，用户可以选择所需的函数。"ABS"表示数字或算式的绝对值；"AND"表示如果所有的参数值均为逻辑"真（TRUE）"，则返回逻辑 1，反之返回逻辑 0；"AVERAGE"表示求出相应数字的平均值；"COUNT"表示统计数据的个数；"DEFINED"用来判断指定单元格是否存在。存在返回 1，不存在则返回 0；"FALSE"表示返回 0；"IF"表示条件，条件真时反应的结果，条件假时反应的结果；"INT"表示对值或算式的结果取整；"MAX"表示取一组数据的最大值；"MIN"表示取一组数据的最小值；"OR"常用"OR(x,y)"表示如果逻辑表达式 x 和 y 中的任意一个或两个的值为 true，那么取值为 1，如果两者都是 false，则取值为 0；"PRODUCT"表示一组值的乘积结果；"ROUND"常用"ROUND(x,y)"表示将数值 x 舍入到由 y 指定的小数位数；"SIGN"常用"sign(x)"，x 如果是正数，那么取值为 1，x 如果是负数则取值为 –1；"SUM"表示一组数据或算式的总和；"TRUE"表示返回 1。

step 07　设置完后将得出上方单元格中的数据的总分数值，如图 4-68 所示。

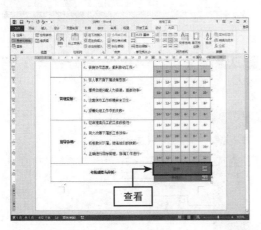

图 4-68

提示：

如果表中需要求出多个数据组的总数，可将求出的第一个公式结果复制于其他单元格内，并按【F9】键更新域代码，可得到其他各列的总数值。

step 08　调整单元格文字方向。选中文本内容，单击"开始"选项卡中"字体"选项组中的"对话框启动器"按钮，如图 4-69 所示。

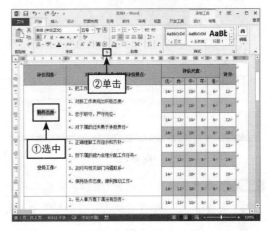

图 4-69

step 09　系统弹出"字体"对话框，选择"高级"选项卡，将"间距"设置为"加宽"，"磅值"设置为"5 磅"，如图 4-70 所示。

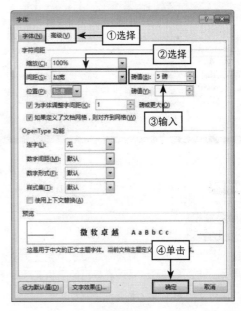

图 4-70

step 10　设置完后可查看效果，效果如图 4-71 所示。

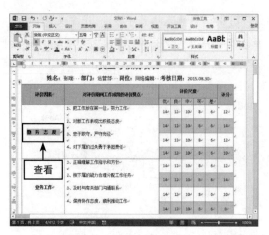

图 4-71

step 11 选中表格中的文本，选择"表格工具—布局"选项卡，在"对齐方式"选项组中单击"文字方向"按钮，如图 4-72 所示。

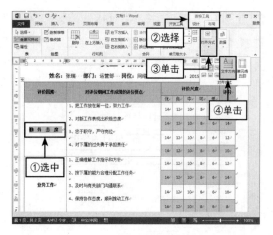

图 4-72

step 12 设置完后可查看效果，如图 4-73 所示。

提示：

除了在"表格工具—布局"选项卡中更改文字方向外，用户也可以右击，在弹出的快捷菜单中选择"文字方向"命令来更改文本的显示方向。

step 13 使用相同的方法设置其他文字方向，效果如图 4-74 所示。

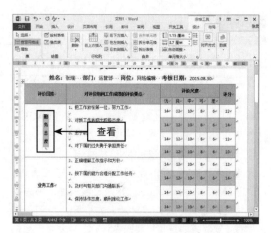

图 4-73

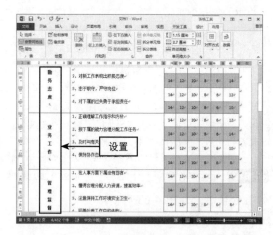

图 4-74

step 14 保存文档。选择"文件"→"另存为"命令，如图 4-75 所示。

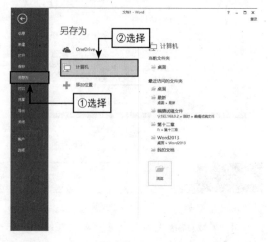

图 4-75

step 15 设置保存位置，将"文件名"改为"员工考核成绩表"，单击"保存"按钮，保存设置，如图 4-76 所示。

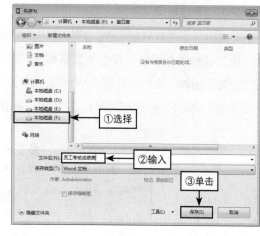

图 4-76

4.3 【精品鉴赏】

在本章推出的【精品鉴赏】中，可以看到使用插入表格的方法来制作的公司人事档案表和员工考核成绩表的最终效果，具体如下。

1. 公司人事档案表

在这份公司人事档案表中，首先使用自动插入表格的功能，然后使用单独添加行或列的功能；还在表格中实现了快速编号的功能；在表格中添加了文本内容并且设置了表格中字体、字号等格式；设置了表格样式和格式，添加了表格边框和底纹，使表格更加美观，更具有个性化，是一份很经典的公司人事档案表，如图 4-77 所示。

在表格中使用了"重复标题行"功能，使表格更工整，更容易被阅览，如图 4-78 所示。

图 4-77

员工编号	姓名	性别	籍贯	政治面貌	学历	入公司日期	所属部门	职称
019	陈亮	男	湖北武汉	共青团员	本科	2016.06.10	行政部	行政部专员
020	王雅	女	湖南益阳	党员	本科	2016.07.11	策划部	策划部专员
021	王翔	男	湖南长沙	党员	本科	2016.08.01	研发部	研发部专员
022	李凯凯	男	四川成都	共青团员	大专	2016.08.02	市场部	市场部专员
023	周沐沐	女	福建漳州	共青团员	大专	2016.09.15	策划部	策划部专员
024	林婕	女	浙江杭州	共青团员	本科	2016.10.10	财务部	出纳

图 4-78

2. 员工考核成绩表

在这份员工考核成绩表中，首先使用了用对话框插入表格；然后使用了合并、拆分单元格功能；还为表格添加修饰，设置了表格样式，使表格更加美观；设置了文字方向；还使用了表格的"公式"功能，能快速计算表格数据，这不仅保证了结果的正确性，还大大节省了工作时间，提高了工作效率，是一份很好的参考范本，如图 4-79 所示。

图 4-79

第 5 章

Word: 高级排版省时间

本章内容

在 Word 2013 中除了可以对文档文字样式、表格样式进行简
单排版外，还可以使用 Word 中更高级的排版功能，制作出
更全面、实用的文档。本章将以《修订并审阅考核制度》和《批
量制作公司邀请函》为例，为大家介绍如何在文档中修订和
审阅文本内容，如何在文档中导入数据表，以及如何批量生
成邀请函等。

5.1 修订并审阅考核制度

通常我们完成一篇文档后，需要对文档进行多次修改和审阅才能得到一个满意的效果，而且在修改过程中希望能保留修改痕迹以便查看。在 Word 2013 中就能很好地实现这一功能，本节将介绍如何应用 Word 中的修订和审阅功能。

5.1.1 修订考核制度

结合实际情况，公司通常需要多次修订，才能制作出一份满意的考核制度，具体修订过程如下。

1. 创建文档

打开 Word，系统将创建一个新文档，如图 5-1 所示。

图 5-1

2. 保存文档

选择"文件"→"另存为"命令，在弹出的"另存为"对话框中设置文件保存位置，并命名为"考核制度"，单击"保存"按钮，如图 5-2 所示。

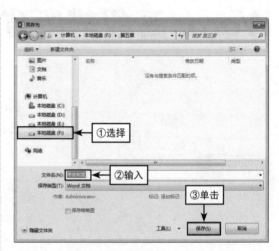

图 5-2

3. 编辑文本内容

step 01 复制并粘贴考核文本内容。由于网上有很多相应的考核内容可供选择，大家可选择满意的模板内容并粘贴在新建文档中，如图 5-3 所示。

图 5-3

图 5-6

step 02 替换文本。在文本中可以看到有大量的向下箭头符号，按【Ctrl+H】组合键，打开"查找和替换"对话框，如图 5-4 所示。

图 5-4

step 03 在"查找和替换"对话框中选择"替换"选项卡，在"查找内容"文本框中输入"^l"，在"替换为"文本框中输入"^p"，单击"全部替换"按钮，如图 5-5 所示。

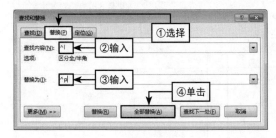

图 5-5

step 04 设置完后所有向下箭头符号将会替换成折起来的箭头符号，效果如图 5-6 所示。

提示:

向下箭头符号表示手动换行符，又称软回车。在文本编辑的时候，按【Enter】键生成的叫硬回车，表示一个段落到此结束；按【Shift+Enter】组合键是软回车，只作分行处理，前后仍属于同一个段落。在 Word 中硬回车是一个折回来的箭头，软回车是一个向下的箭头。

4．设置文档格式

将文档复制过来后可以对文本内容进行格式设置，具体操作如下。

step 01 调整文档格式，删除多余的文本，如图 5-7 所示。

step 02 设置文档编号。选中文本"一、考核目的"，选择"开始"选项卡，在"段落"选项组中单击"编号"下拉按钮，选择"定义新编号格式"选项，如图 5-8 所示。

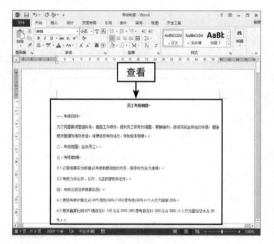

图 5-7

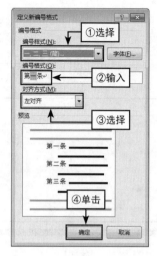

图 5-9

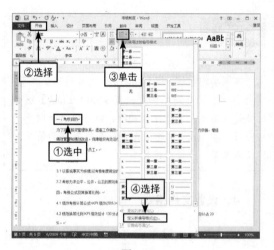

图 5-8

step 03 系统将弹出"定义新编号格式"对话框，在"编号样式"下拉列表中选择"一，二，三（简）..."，在"编号格式"文本框中输入"第一条"，"对齐方式"选择"左对齐"，单击"确定"按钮，保存设置，如图5-9所示。

step 04 设置完后可查看效果，效果如图5-10所示。

step 05 设置其他文本编号，效果如图5-11所示。

图 5-10

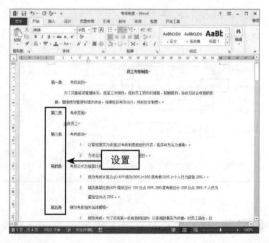

图 5-11

step 06 设置文本格式。选中文本标题，选择"开始"选项卡，在"字体"选项组中将"字体"设为"宋体"，"字号"设为"小二"，加粗居中显示，正本部分设为宋体五号。效果如图5-12所示。

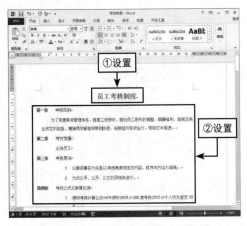

图 5-12

5. 修订文档

如果需要修改文档又想保留修改痕迹，可以在"审阅"选项卡中对文档进行修订，具体操作如下。

step 01 选中"审阅"选项卡，在"修订"选项组中单击"修订"下拉按钮，选择"修订"选项，如图5-13所示。

图 5-13

step 02 添加文字。此时已经启动"修订"功能，处于修订状态，将光标移至需添加文字处，此时新添加的文字将变为红色并添加下画线，如图5-14所示。

图 5-14

step 03 删除文字。在修订状态下，删除了的文字会标为红色并且添加了删除线，效果如图5-15所示。

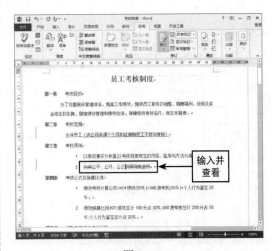

图 5-15

step 04 修改文字。在文档中，原文本会标为红色并且添加删除线，修改后的文本标为红色并添加下画线，如图5-16所示。

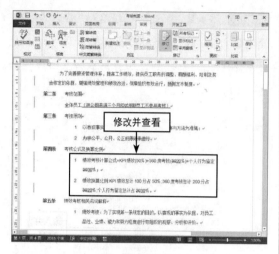

图 5-16

step 05 继续修订其他文本内容，效果如图 5-17 所示。

提示：

使用 Word 2013 的"修订"功能，除了对文字部分的修改会被记录外，修改格式、图片等也会被记录。

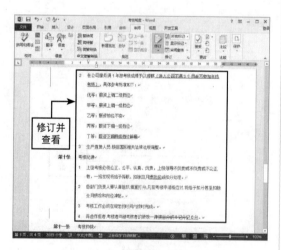

图 5-17

6. 添加批注

批注是对文档的注解或建议，在文档中可

以对某文本添加批注来说明，具体添加方法如下。

step 01 选中需要添加批注的文本，选择"审阅"选项卡，在"批注"选项组中单击"新建批注"按钮，如图 5-18 所示。

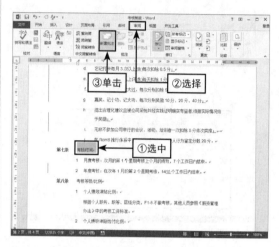

图 5-18

step 02 系统将会在文本右侧出现批注框，如图 5-19 所示。

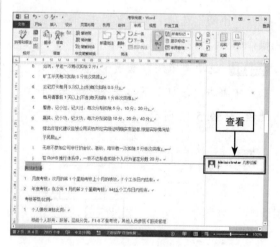

图 5-19

step 03 在文本框中输入注解内容即可成功添加批注，如图 5-20 所示。

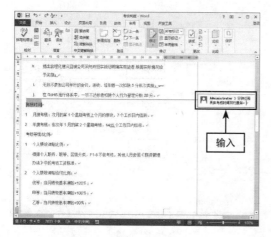

图 5-20

5.1.2　审阅考核制度

审阅是指审查阅读，即对某一文章进行浏览并批改。当其他用户修订了文档内容后，可能还需要对该文档的修订情况进行审阅。

1. 显示"修订"窗格

可以在"修订"选项组中很清楚地看到文档被修改和添加批注的地方，具体操作如下。

step 01　选中"审阅"选项卡，在"修订"选项组中选择"审阅窗格"下拉按钮中的"水平审阅窗格"选项，如图 5-21 所示。

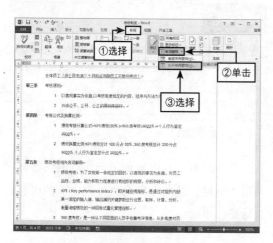

图 5-21

step 02　此时将会在文档下方弹出"修订"窗格，如图 5-22 所示。

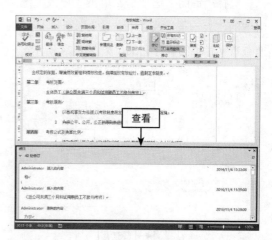

图 5-22

提示：

在弹出的"修订"窗格中单击修订的内容，将会跳转到相应位置的文本上。

step 03　单击"修订"窗格中"修订"下方的箭头符号，系统将会显示详情汇总，如图 5-23 所示。

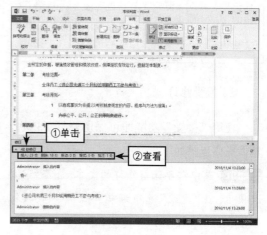

图 5-23

2. 浏览修订记录

选择"审阅"选项卡，单击"更改"选项组中的"上一条"或"下一条"按钮，即可快速查看文章中的修订记录，如图 5-24 所示。

图 5-24

提示：

在"修订"选项组的"所有标记"选项中，有四种显示标记："简单标记"是指只标记文档修改位置而不标记具体修改内容；"所有标记"是指既标记文档修改位置也标记具体修改内容；"无标记"是指既无标记文档修改位置也无标记具体修改内容；"原始状态"是指最初无任何操作的文档状态。一般默认"所有标记"。

3. 接受修订

使用"接受"功能即可保留修订后内容，具体操作步骤如下。

step 01 选中需要保留修订的文本，选择"审阅"选项卡，在"更改"选项组中单击"接受"按钮，如图 5-25 所示。

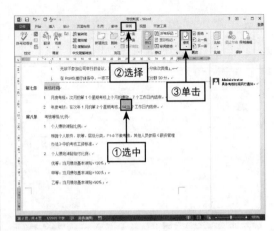

图 5-25

step 02 设置完后可以看到已经更改为新修订的文本，如图 5-26 所示。

图 5-26

提示：

单击"接受"按钮时默认"接受并移到下一条"，如过需要设置其他选项，单击"接受"下拉按钮，选择所需要的选项即可。

4. 拒绝修订

当不同意文档中其他用户修订的内容时，使用"拒绝"功能，即可恢复到之前的内容，具体操作步骤如下。

step 01　选中要拒绝修订的文本，选择"审阅"选项卡，在"更改"选项组中单击"拒绝"下拉按钮中的"拒绝并移到下一条"选项，如图5-27所示。

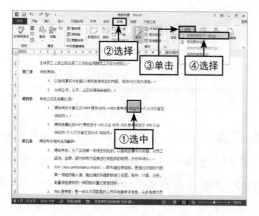

图 5-27

step 02　设置完后可以看到已经恢复到之前的文本，效果如图5-28所示。

图 5-28

提示：

除了可以在"审阅"选项卡中接受或拒绝修订外，还可以右击，在弹出的快捷菜单中选择接受或拒绝文档的修订。

5. 删除批注

当用户不需要在文档中加入批注时，可以将批注删除，具体操作方法如下。

step 01　选择批注。选择"审阅"选项卡，在"批注"选项组中单击"上一条"或"下一条"按钮，即可选择需要删除的批注，如图5-29所示。

图 5-29

step 02　选择"审阅"选项卡，在"批注"选项组中单击"删除"下拉按钮，选择"删除"选项即可删除所选批注，如图5-30所示。

图 5-30

step 03　设置完后可看到所选批注已被删除，效果如图5-31所示。

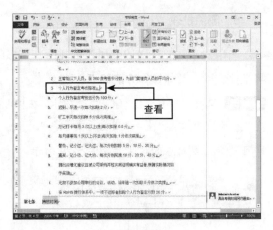

图 5-31

step 04 保存文档。将文件名改为"修订和审阅后的考核制度",如图 5-32 所示。

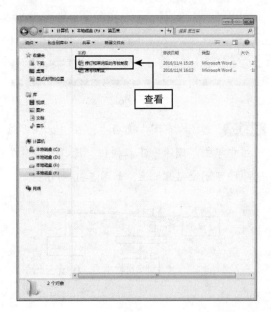

图 5-32

6. 比较文档

当对文档进行修订和审阅后,可以将修订后的文档与原文档进行比较,具体操作步骤如下。

step 01 选中"审阅"选项卡,在"比较"选项组中单击"比较"下拉按钮,选择"比较"选项,如图 5-33 所示。

图 5-33

step 02 系统弹出"比较文档"对话框,在"原文档"下拉列表中选择"5.1.1 原考核制度"文档,在"修订的文档"下拉列表中选择"5.1.2 修订和审阅后的考核制度"文档,单击"确定"按钮保存文档,如图 5-34 所示。

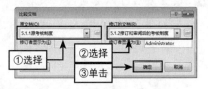

图 5-34

step 03 系统新建"比较结果"文档。在文档的左侧显示文档的"修订"窗格;中部显示文档修订状态的内容;右上角显示原文档的内容;右下角显示修订和审阅后的文档内容。在"比较结果"文档中可以看到原文档和修订后的文档之间的区别,如图 5-35 所示。

图 5-35

5.2　批量制作公司邀请函

　　邀请函是邀请亲朋好友或知名人士、专家等参加某项活动时所发的邀约性质的文件。有邀请信和邀请卡等形式，有电子档和纸质档之分。邀请函是现实生活中常用的一种日常应用写作文种，而商务活动邀请函是邀请函的一个重要部分，一般商务活动邀请函都需要制作大量邀请函，如果一份份地制作邀请函工作量会加大，造成时间和资源上的浪费。因此，本节将介绍如何快速批量制作公司邀请函。

5.2.1　设计邀请函模板

　　在制作邀请函之前，首先要确定邀请函的模板。

1. 页面设置

　　首先可以在"页面布局"选项卡中设置邀请函的纸张大小，具体操作步骤如下。

step 01 打开 Word 2013，创建一个新文档。选择"页面布局"选项卡，在"页面设置"选项组中单击"页边距"下拉按钮，选择"自定义边距"选项，如图 5-36 所示。

step 02 系统将弹出"页面设置"对话框，在"页边距"选项卡中，将"页边距"的"上""下""左""右"均设为"1 厘米"，如图 5-37 所示。

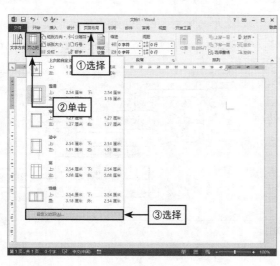

图 5-36

图 5-37

提示：

也可直接打开"页面设置"的"对话框启动器"来设置页边距和纸张大小。

step 03 在"纸张"选项卡中将"纸张大小"中的"宽度"设为"10 厘米"，"高度"设为"14.5 厘米"，单击"确定"按钮，保存设置，如图 5-38 所示。

图 5-38

step 04 设置完后可查看效果，如图 5-39 所示。

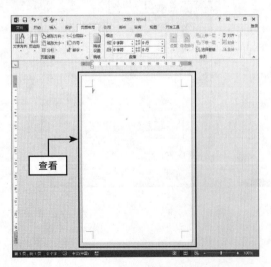

图 5-39

2. 输入文本内容并设置格式

将页面设置完后，可以对邀请函内容进行编辑和排版，具体操作步骤如下。

step 01 在鼠标光标处输入文本内容，如图 5-40 所示。

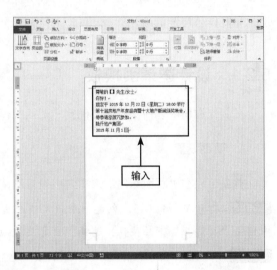

图 5-40

step 02 设置文本格式。选中文本"尊敬的【】先生 / 女士"并设为"黑体""四号"，加粗显示。选中其他文本内容，将"字体"设为"黑体"，"字号"设为"小四"，具体效果如图 5-41 所示。

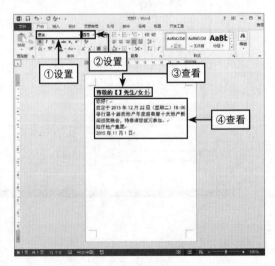

图 5-41

step 03　调整文本位置。将文本调至合适位置。选中文本最后两行，选择"开始"选项卡，在"段落"选项组中将对齐方式设为"右对齐"，如图 5-42 所示。

图 5-42

3. 设置页面边框

添加页面边框可以使邀请函更美观，具体操作如下。

step 01　选择"设计"选项卡，在"页面背景"选项组中选择"页面边框"选项，如图 5-43 所示。

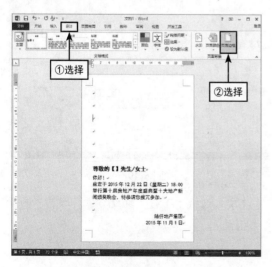

图 5-43

step 02　系统将弹出"边框和底纹"对话框，在"页面边框"选项卡中选择"方框"选项，选择满意的颜色（如蓝色，着色 1，淡色40%），将宽度设为"1.5 磅"，单击"确定"按钮，保存设置，如图 5-44 所示。

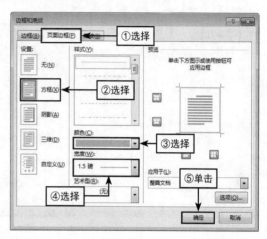

图 5-44

step 03　设置完后可查看效果，如图 5-45 所示。

图 5-45

4. 插入图片

在邀请函中插入配图可以使其更美观，内容更丰富，具体操作如下。

step 01 插入图片。选择"插入"选项卡，在"插图"选项组中单击"图片"按钮，如图 5-46 所示。

step 02 系统将自动弹出"插入图片"对话框，选择合适的图片，单击"插入"按钮，即可成功插入图片，如图 5-47 所示。

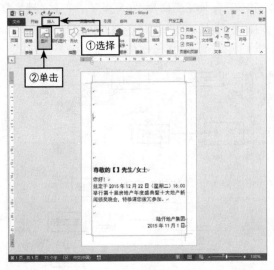

图 5-46

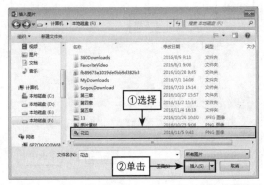

图 5-47

step 03 插入图片后可查看效果，如图 5-48 所示。

step 04 选中图片，右击，在弹出的快捷菜单中选择"大小和位置"命令，如图 5-49 所示。

图 5-48   图 5-49

step 05 系统将自动弹出"布局"对话框，在"文字环绕"选项卡下将"环绕方式"设为"衬于文字下方"，单击"确定"按钮，保存设置，如图 5-50 所示。

step 06 设置完后即可任意拖动图片至满意位置。将图片置于文档左上角，如图 5-51 所示。

图 5-50

图 5-52

图 5-51

图 5-53

step 07　选中图片，复制并粘贴图片，选中新复制的图片，选择"图片工具—格式"选项卡，在"排列"选项组中单击"旋转"下拉按钮，选择"水平翻转"选项，如图 5-52 所示。

step 08　拖动图片，将图片移至文档边框内右上角处，如图 5-53 所示。

step 09　使用同样的方法在文档边框左下角和右下角处插入图片，效果如图 5-54 所示。

图 5-54

5. 制作"邀请函"文本

邀请函内容及边框设置好后，可以对标题进行格式设置，具体操作步骤如下。

step 01 插入文本框。选择"插入"选项卡，在"文本"选项组中单击"文本框"下拉按钮，选择"绘制文本框"选项，如图 5-55 所示。

图 5-55

step 02 绘制文本框并输入标题内容，如图 5-56 所示。

图 5-56

step 03 设置标题格式。选中标题，在"开始"

选项卡中将"字体"设为"隶书"，"字号"设为"初号"，居中显示，如图 5-57 所示。

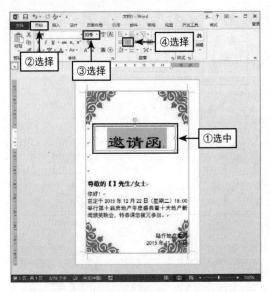

图 5-57

step 04 选中文本框，选择"绘图工具—格式"选项卡，在"形状样式"选项组中将"形状轮廓"设为"无轮廓"，如图 5-58 所示。

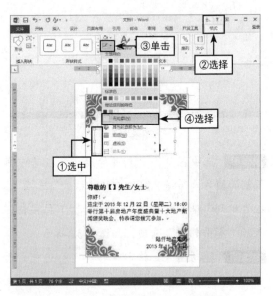

图 5-58

step 05 选中文本框内的文字，选择"绘图工具—格式"选项卡，在"艺术字字样"选项组中单击"文字效果"下拉按钮，在"发光"选项中选择满意的"发光变体"效果（如蓝色，18pt 发光，着色 5），如图 5-59 所示。

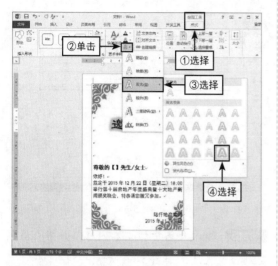

图 5-59

step 06 设置完后，可根据需要适当调整文本位置，效果如图 5-60 所示。

图 5-60

step 07 保存文档。设置文档存放位置,并将"文件名"改为"邀请函",单击"保存"按钮,保存设置,如图 5-61 所示。

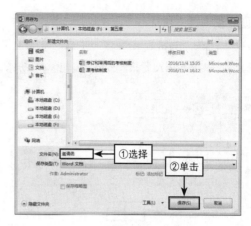

图 5-61

5.2.2　制作并导入数据表

导入数据表后可以大批量制作公司邀请函，但是要先制作数据表才能成功实现导入数据表的功能，下面将介绍如何制作数据表，以及如何导入数据表。

1. 制作数据表

可以在 Word 中插入表格来制作数据表，具体制作方法如下。

step 01 按【Ctrl+N】组合键新建文件，并设置文件保存位置，将文件名改为"邀请名单"，如图 5-62 所示。

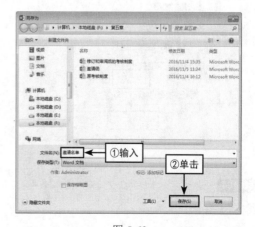

图 5-62

step 02 打开"邀请名单"文档，选择"插入"选项卡，在"表格"选项组中单击"表格"下拉按钮，选择"插入表格"选项，如图5-63所示。

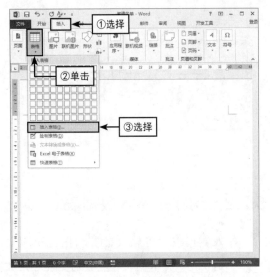

图 5-63

step 03 系统将弹出"插入表格"对话框，在"表格尺寸"选项组中将"列数"设置为"5"，"行数"设置为"6"，单击"确定"按钮，保存设置，如图5-64所示。

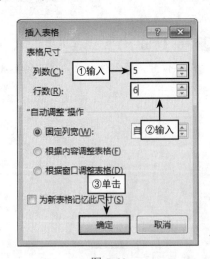

图 5-64

step 04 设置完后即可在文档中插入表格，如图5-65所示。

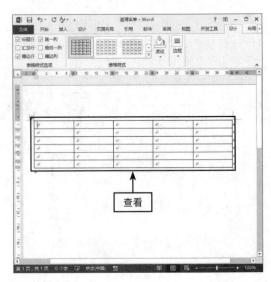

图 5-65

step 05 输入表格中的文本内容，并将表格调整到合适宽度，如图5-66所示。

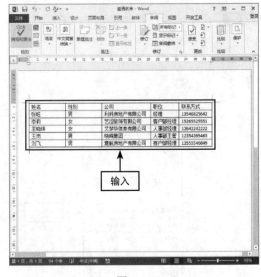

图 5-66

2. 导入数据表

在"邮件"选项卡中可以导入数据库，具体操作如下。

step 01 打开"邀请函"文档。选择"邮件"选项卡，单击"开始邮件合并"选项组中的"选择收件人"下拉按钮，选择"使用现有列表"
选项，如图 5-67 所示。

图 5-67

step 02　系统将弹出"选取数据源"对话框，
找到刚才创建的数据表，单击"打开"按钮，
即可成功导入数据表，如图 5-68 所示。

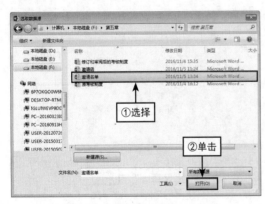

图 5-68

3．批量生成邀请函

在"邮件"选项卡中可以很快地进行批量
生成邀请函操作，具体操作步骤如下。

step 01　在邀请函中，选中文本"【】"，选择"邮
件"选项卡，单击"编写和插入域"选项组中
的"插入合并域"下拉按钮，选择"姓名"选项，
如图 5-69 所示。

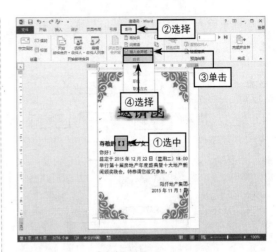

图 5-69

step 02　文档中的"【】"将会变为"《姓名》"，
效果如图 5-70 所示。

图 5-70

step 03　选中文本"先生／女士"，选择"邮件"
选项卡，在"编辑和插入域"选项组中单击"规
则"下拉按钮，选择"如果…那么…否则"选项，
如图 5-71 所示。

step 04　系统将弹出"插入 Word 域: IF"对话框，
在"如果"选项组中将"域名"设置为"性别"，
"比较条件"设置为"等于"，在"比较对象"
文本框中输入"男"，在"则插入此文字"文
本框中输入"先生"，在"否则插入此文字"

文本框中输入"女士",单击"确定"按钮,保存设置,如图 5-72 所示。

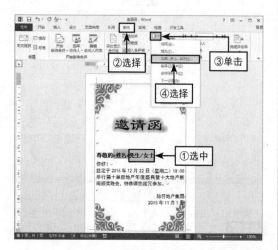

图 5-71

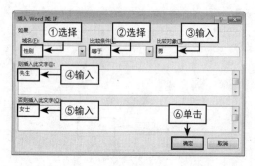

图 5-72

step 05 设置完后可查看效果,如图 5-73 所示。

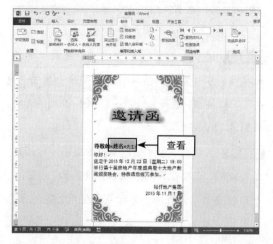

图 5-73

step 06 单击"预览结果"选项组中的"预览结果"按钮,即可预览第一个邀请函的信息,如图 5-74 所示。

图 5-74

step 07 单击"预览结果"选项组中的"下一记录"按钮,即可跳转到下一个邀请函,如图 5-75 所示。

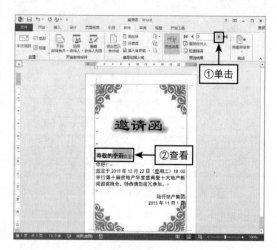

图 5-75

step 08 选择"邮件"选项卡,单击"完成"选项组中的"完成并合并"下拉按钮,选择"编辑单个文档"选项,如图 5-76 所示。

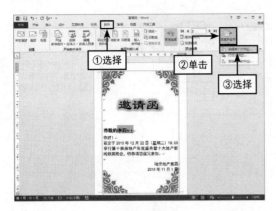

图 5-76

step 09 系统将弹出"合并到新文档"对话框，选择"全部"单选按钮，单击"确定"按钮如图 5-77 所示。

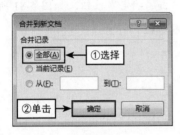

图 5-77

step 10 单击"确定"按钮，保存设置，即可成功批量生成邀请函，具体效果如图 5-78 所示。

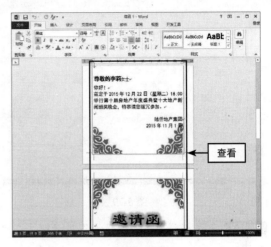

图 5-78

5.3　【Word 综合案例】制作电子调查问卷

问卷调查是社会调查的一种数据收集手段，不管是在哪个行业都需要用到问卷调查，使用问卷调查能够了解社会或公司对某件事或某个观点的看法和态度。以前多采用纸质档的文件，这样不仅造成纸张材料的浪费，也会造成人力资源的浪费，随着社会和互联网的发展，采用电子档来制作调查问卷成为社会的新风尚，使用电子调查问卷能更好地节省人力物力财力。因此，本节将以《公司员工调查问卷》为例为大家介绍如何使用 Word 来制作电子调查问卷。

1. 创建文档

首先要在 Word 中创建新文档，输入标题、引言并设置格式，具体操作步骤如下。

step 01 新建文档。打开 Word 2013，系统将新建一个文档，如图 5-79 所示。

step 02 设置页边距。选择"页面布局"选项卡，单击"页面设置"选项组中的"对话框启动器"按钮，如图 5-80 所示。

图 5-79

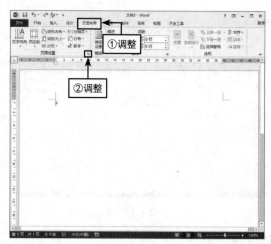

图 5-80

step 03 系统将弹出"页面设置"对话框，在"页边距"选项卡中，将"上""下""左""右"分别设为"2.5 厘米""2 厘米""2 厘米""2 厘米"，单击"确定"按钮，如图 5-81 所示。

step 04 输入问卷标题。在鼠标光标处输入问卷标题，如图 5-82 所示。

图 5-81

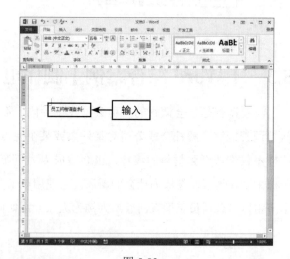

图 5-82

step 05 输入问卷引言。按【Enter】键，将另起一行，输入问卷引言，如图 5-83 所示。

step 06 设置文字格式。选中文本"员工问卷调查表"，将"字体"设为"楷体""字号"设为"二号"、加粗居中显示。选择引言内容，将"字体"设为"宋体""字号"设为"五号"，如图 5-84 所示。

图 5-83

图 5-84

图 5-85

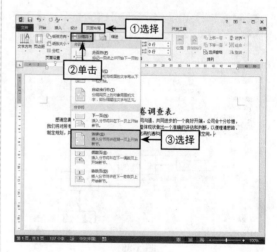

图 5-86

step 07 设置段落格式。选中引言文本，右击，在弹出的快捷菜单中选择"段落"命令，在"段落"对话框中将"特殊格式"设置为"首行缩进"，"缩进值"为"2字符"，单击"确定"按钮，保存设置，如图 5-85 所示。

step 08 设置分隔符。将光标置于引言末尾处。选择"页面布局"选项卡，在"页面设置"选项组中单击"分隔符"下拉按钮，选择"连续"选项，如图 5-86 所示。

2. 制作下拉选择题

下拉列表选择题是指通过下拉按钮选择满意答案，具体操作方法如下。

step 01 在鼠标光标处输入问卷内容，如图 5-87 所示。

图 5-87

图 5-89

step 02 保存文档，将文档保存在合适位置，并将"文件名"改为"员工问卷调查表"，单击"保存"按钮，如图 5-88 所示。

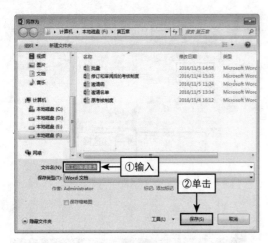

图 5-88

step 03 插入控件。将光标放置在文本后边，选择"开发工具"选项卡，在"控件"选项组中单击"下拉列表内容控件"按钮，如图 5-89 所示。

step 04 设置"控件属性"。选中该控件，单击"控件"选项组中的"设计模式"按钮，如图 5-90 所示。

step 05 添加控件属性。选中该控件，右击，在弹出的快捷菜单中选择"属性"命令，如图 5-91 所示。

图 5-90

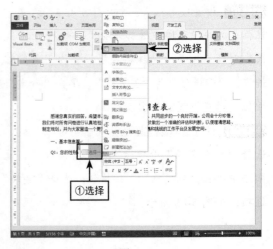

图 5-91

step 06 系统将弹出"内容控件属性"对话框，在"标题"文本框中输入"请选择"，在"下拉列表属性"选项组中单击"添加"按钮，如图 5-92 所示。

图 5-92

step 07 系统弹出"添加选项"对话框，在"显示名称"文本框中输入"男"，单击"确定"按钮，如图 5-93 所示。

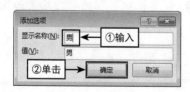

图 5-93

step 08 设置完后将返回到"内容控件属性"对话框，如图 5-94 所示。

图 5-94

step 09 使用同样的方法，添加"女"选项，效果如图 5-95 所示。

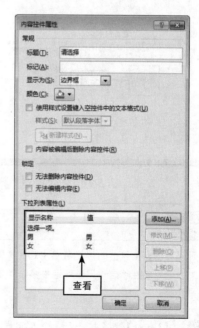

图 5-95

step 10 单击"设计模式"按钮，即可取消设计模式，如图 5-96 所示。

图 5-96

step 11 查看效果。单击控件下拉按钮，即可显示出所有选项，如图 5-97 所示。

图 5-97

提示：

除了可以右击，在弹出的快捷菜单中选择"属性"命令外，还可以在"控件"选项组中单击"属性"按钮来执行命令。

step 12 按【Enter】键另起一行，输入问卷内容，如图 5-98 所示。

step 13 使用同样的操作方法，设置"出生年代"选项内容，效果如图 5-99 所示。

图 5-98

图 5-99

step 14 设置"职务"选项，效果如图 5-100 所示。

图 5-100

step 15 设置"工作年限"选项，如图 5-101 所示。

图 5-101

3. 制作单选题

单选题是在多个选项中选择一个满意答案，具体制作步骤如下。

step 01 继续输入问卷问题，如图 5-102 所示。

图 5-102

step 02 按【Enter】键另起一行，选择"开发工具"选项卡，在"控件"选项组中单击"旧式工具"下拉按钮，选择"ActiveX 控件"选项组中的"选项按钮"，如图 5-103 所示。

step 03 设置完后可查看效果，如图 5-104 所示。

图 5-103

图 5-104

step 04 选中该按钮，右击，在弹出的快捷菜单中选择"属性"命令，如图 5-105 所示。

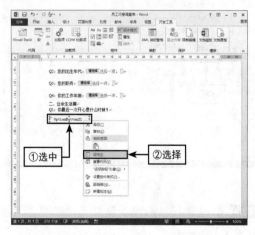

图 5-105

step 05 系统弹出"属性"对话框，在 Caption 的文本框中输入"每天"，在 GroupName 文本框中输入"1"，如图 5-106 所示。

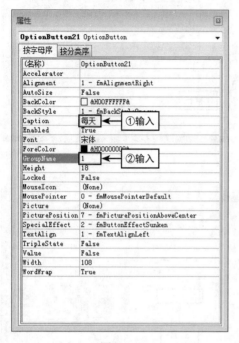

图 5-106

step 06 关闭对话框即可设置成功，效果如图 5-107 所示。

图 5-107

step 07 使用同样的方法设置其他选项，效果如图 5-108 所示。

图 5-108

step 08 继续输入问卷问题，如图 5-109 所示。

图 5-109

step 09 插入按钮，并设置按钮属性，在 Caption 文本框中输入"休息"，在 GroupName 文本框中输入"2"，如图 5-110 所示。

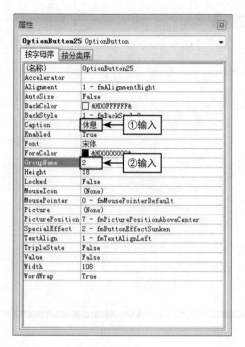

图 5-110

step 10 设置完后可查看效果,如图5-111所示。

图 5-111

step 11 继续设置其他选项及属性,如图5-112所示。

step 12 按照以上操作方法,继续输入问卷的问题,注意将"Q3""Q4"中的"GroupName"属性分别设为"3""4",效果如图5-113所示。

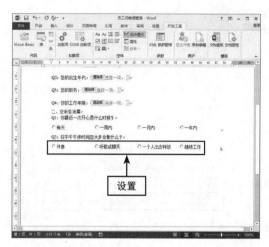

图 5-112

图 5-113

提示:

若想修改选项中的文本格式,可在"属性"对话框中的 Font 选项中修改。

step 13 继续输入问卷内容,如图5-114所示。

step 14 插入表格。在"插入"选项卡中单击"表格"选项组中的"表格"下拉按钮,选择"5×2"表格规模,如图5-115所示。

step 15 输入表格内容。将光标置于第1个单元格处,依次输入表格内容,如图5-116所示。

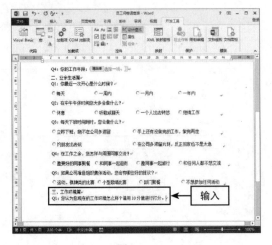

图 5-114

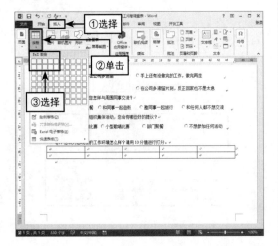

图 5-115

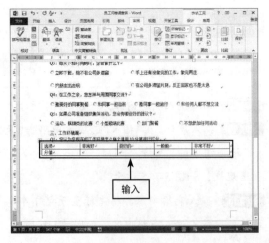

图 5-116

step 16 插入"选项按钮插件"。同样，在"开发工具"选项卡中插入"选项按钮"，如图 5-117 所示。

图 5-117

step 17 设置按钮属性。选中该按钮，右击，在弹出的快捷菜单中选择"属性"命令，弹出"属性"对话框，在 Caption 文本框中输入"10分"，在 GroupName 文本框中输入6，如图 5-118 所示。

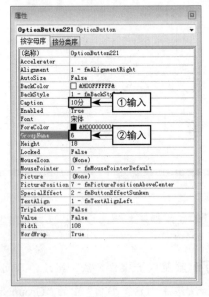

图 5-118

step 18 关闭文本框即可成功设置属性，效果如图 5-119 所示。

图 5-119

step 19 继续设置其他单元格按钮属性，效果如图 5-120 所示。

图 5-120

step 20 设置表格对齐方式。选中所有表格，选择"表格工具—布局"选项卡，在"对齐方式"选项组中将"对齐方式"设为"水平居中"，如图 5-121 所示。

step 21 继续输入问卷问题，使用同样的方法设置按钮属性，将"GroupName"设为"7"，效果如图 5-122 所示。

step 22 继续输入问卷文本问题，注意将"Q3""Q4"中的"GroupName"属性分别设为"8""9"，效果如图 5-123 所示。

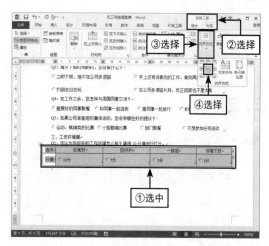

图 5-121

图 5-122

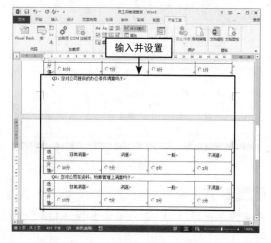

图 5-123

4. 制作多选题

有时需要选择多个选项来正确回答问题，因此就需要制作多选题，具体操作步骤如下。

step 01 输入问卷问题，如图 5-124 所示。

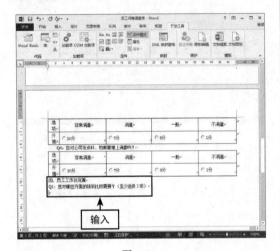

图 5-124

step 02 选择"开发工具"选项卡，在"控件"选项组中单击"旧式工具"下拉按钮，选择"复选框"选项，如图 5-125 所示。

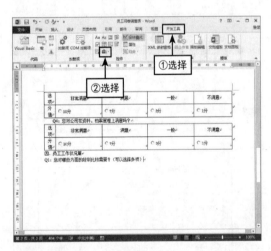

图 5-125

step 03 选中新插入控件，右击，在弹出的快捷菜单中选择"属性"命令，如图 5-126 所示。

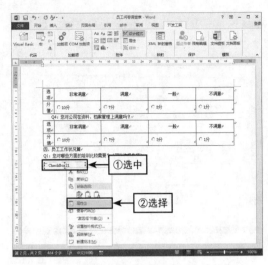

图 5-126

step 04 系统将弹出"属性"对话框，在 Caption 文本框中输入"公司文化"，在 GroupName 文本框中输入"10"，如图 5-127 所示。

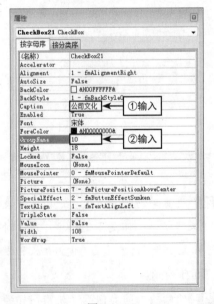

图 5-127

step 05 设置其他选项，效果如图 5-128 所示。

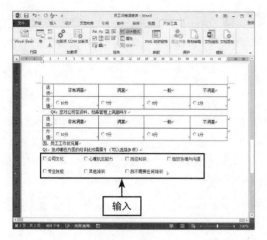

图 5-128

step 06　继续输入问卷其他多选问题，如图 5-129 所示。

图 5-129

5．设置问卷格式

选中问卷文本，在"开始"选项卡中对文本进行"加粗"显示，效果如图 5-130 所示。

图 5-130

6．保护问卷文本

如果不想让别人随意更改问卷内容，可在"限制编辑"选项组中设置保护问卷，具体操作如下。

step 01　选择"审阅"选项卡，在"保护"选项组中单击"限制编辑"按钮，如图 5-131 所示。

图 5-131

step 02　系统弹出"限制编辑"窗格，选中"仅允许在文档中进行此类型的编辑"复选框，单击"是，启动强制保护"按钮，如图 5-132 所示。

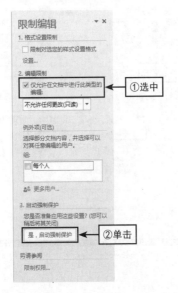

图 5-132

step 03 系统将弹出"启动强制保护"对话框，输入新密码并确认密码，单击"确定"按钮，即可保存设置，如图 5-133 所示。

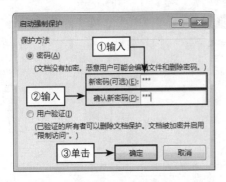

图 5-133

step 04 设置完后可查看效果，如需要取消保护，单击"停止保护"按钮即可，如图 5-134 所示。

图 5-134

step 05 弹出"取消保护文档"对话框，输入正确密码即可成功取消保护，如图 5-135 所示。

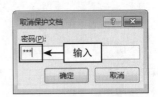

图 5-135

第 6 章
Excel: 表格公式能搞定

本章内容

Excel 2013 是 Microsoft Office 2013 办公软件的一个组件，它是一款非常优秀、功能非常强大的数据处理软件，Excel 中有大量的公式函数可以应用选择。使用 Microsoft Excel 2013 可以执行计算，分析信息并管理电子表格或网页中的数据信息列表与数据资料图表制作，可以实现许多功能，为用户带来方便。本章将以《制作应聘人员资料登记表》《制作员工能力考核表》和《制作员工薪资表》为例，为大家介绍 Excel 2013 在商务办公中的基本功能应用，如数据的输入与编辑、单元格的设置、表格边框的设置和美化，以及基本公式的运用与计算。

6.1 制作应聘人员资料登记表

在日常办公中，公司办公人员经常需要处理各类数据，制作各种各样的登记表，因此，本节将以《制作应聘人员资料登记表》为例，向大家介绍 Excel 工作表的创建与表格设置等功能。

6.1.1 新建应聘人员登记表

公司在进行招聘时，通常会让面试人员先填写应聘人员登记表，以便了解求职者的基本信息。下面将介绍如何新建登记表，具体步骤如下。

1．创建工作簿

在制作登记表之前首先要创建新的工作簿。

step 01 打开 Excel 2013，系统将进入"新建"页面，如图 6-1 所示。

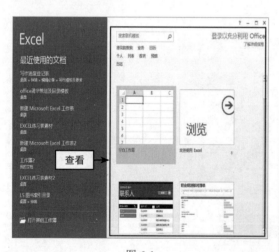

图 6-1

step 02 单击"空白工作簿"选项即可创建一个新的工作簿，如图 6-2 所示。

> **提示：**
>
> 按【Ctrl+N】组合键也可创建新的工作簿。

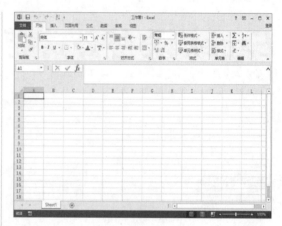

图 6-2

2．编辑工作簿内容

创建新的工作簿后即可编辑登记表内容。

step 01 将光标置于 A1 单元格处，即可选中该单元格。输入标题，如图 6-3 所示。

step 02 按键盘上的【↓】方向键，可将光标移至 A2 单元格，继续输入内容，如图 6-4 所示。

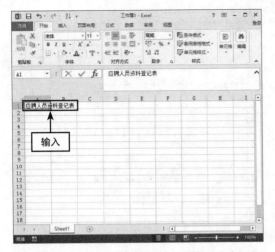

图 6-3

图 6-4

6.1.2　编辑单元格和单元格区域

工作簿内容编辑完后，需要对单元格进行编辑和格式设置，具体操作步骤如下。

1. 插入新行

有时候需要在工作簿中输入新的内容，因此，需要在表格中插入新的一行或新的一列。

step 01　单击工作簿第 2 行行号，系统将第 2 行全选，右击，在弹出的快捷菜单中选择"插入"命令，如图 6-5 所示。

图 6-5

step 02　此时，将会在所选行的上方添加一条新行，如图 6-6 所示。

图 6-6

step 03　在新插入的行中输入文本，如图 6-7 所示。

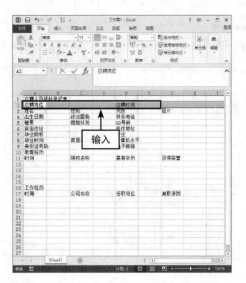

图 6-7

step 04 输入完后可查看效果，如图 6-8 所示。

图 6-8

2. 调整列宽和行高

当单元格中文字较多时，可以调整列宽及行高，使单元格保持整齐工整，具体操作如下。

step 01 选中表格 A1：G21 单元格区域，选择"开始"选项卡，在"单元格"选项组中单击"格式"下拉按钮，选择"行高"选项，如图 6-9所示。

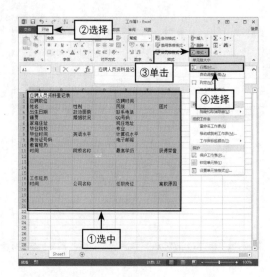

图 6-9

step 02 系统将弹出"行高"对话框，设置"行高"为"25"，单击"确定"按钮，可保存设置，如图 6-10 所示。

图 6-10

step 03 设置完后可查看效果，如图 6-11 所示。

图 6-11

step 04 将光标置于第 1 行与第 2 行的中线处，此时鼠标光标将变成双向箭头的十字形，如图 6-12 所示。

图 6-12

step 05 按住鼠标左键并向下拖动鼠标至合适位置时释放鼠标，即可完成行高的调整，效果如图 6-13 所示。

图 6-13

step 06 同样，将光标置于第 1 列与第 2 列的中线处，此时鼠标光标将变成双向箭头的十字形，按住鼠标左键并向右拖动鼠标至合适位置，即可调整列宽，效果如图 6-14 所示。

图 6-14

3. 合并单元格

合并单元格是指将一行或一列的多个单元格合并为一个单元格。当一个单元格无法显示所有的文本数据或想要调整单元格数据与其他单元格数据对齐时，可以使用"合并单元格"功能，具体操作步骤如下。

step 01 选择要合并的单元格，即选中 A1:G1 单元格区域，如图 6-15 所示。

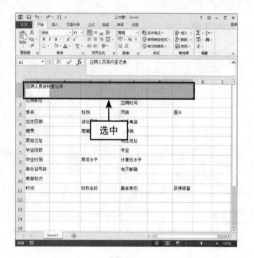

图 6-15

step 02 右击，在弹出的快捷菜单中选择"设置单元格格式"命令，如图 6-16 所示。

图 6-16

图 6-18

step 03 系统将弹出"设置单元格格式"对话框，选择"对齐"选项卡，将"水平对齐"设置为"居中"，在"文本控制"选项组中选中"合并单元格"复选框，单击"确定"按钮，保存设置，如图 6-17 所示。

step 05 使用同样的方法，合并其他单元格，效果如图 6-19 所示。

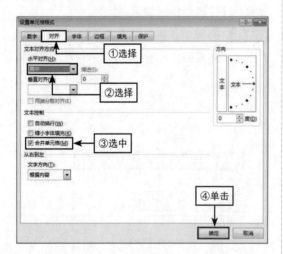

图 6-17

step 04 设置完后可查看效果，如图 6-18 所示。

图 6-19

提示：

还可以在"开始"选项卡下的"对齐方式"选项组中设置合并单元格。

6.1.3　设置单元格格式

表格内容输入完成后可以对单元格进行格式设置，包括对单元格字体、对齐方式、表格样式等进行设置，具体操作如下。

1. 设置单元格字体

设置单元格字体包括设置文本的字体样式、字号样式和字形样式。

step 01　选中标题行，在"开始"选项卡中将"字体"设置为"宋体"，"字号"设置为"22"，加粗，居中显示，如图 6-20 所示。

step 02　将"教育经历"和"工作经历"设置为"宋体""18"，居中显示，效果如图 6-21 所示。

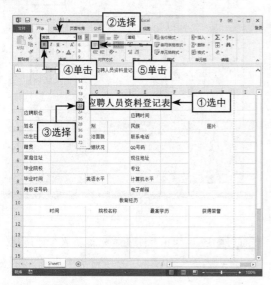

图 6-20

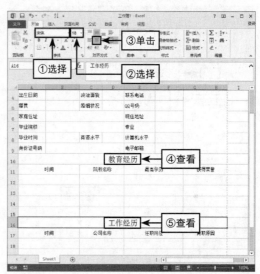

图 6-21

> **提示：**
>
> 也可以单击"开始"选项卡下的"字体"选项组的"对话框启动器"按钮，来设置文本的字体、字号等样式。

2. 设置单元格对齐方式

为了使表格中的文本内容对仗工整，可以对单元格进行对齐设置，具体操作方法如下。

step 01　选中表格中的文本，选择"开始"选项卡，单击"对齐方式"选项组下的"对话框启动器"按钮，如图 6-22 所示。

step 02　系统将弹出"设置单元格格式"对话框，选择"对齐"选项卡，将"水平对齐"设置为"居中"，单击"确定"按钮，保存设置，如图 6-23 所示。

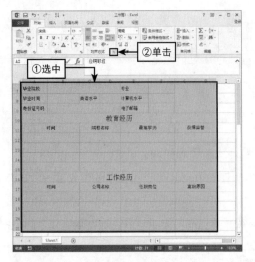

图 6-22

图 6-23

step 03 设置完后可查看效果，如图 6-24 所示。

图 6-24

3．添加边框和底纹

可以添加边框和底纹来进一步美化工作簿，具体操作如下。

step 01 选中 A1：H21 单元格区域，右击，在弹出的快捷菜单中选择"设置单元格格式"命令，如图 6-25 所示。

图 6-25

step 02 系统弹出"设置单元格格式"对话框，选择"边框"选项卡，在"预置"选项组中单击"外边框"和"内部"按钮，单击"确定"按钮，保存设置，如图 6-26 所示。

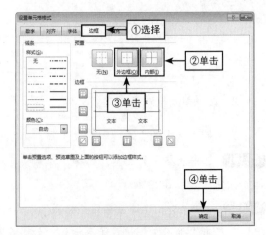

图 6-26

step 03 设置完后可查看效果,如图 6-27 所示。

图 6-27

4. 保存文档

选择"文件"→"另存为"命令,设置文件保存位置,并将文件名改为"应聘人员登记表",单击"保存"按钮,保存设置,如图 6-28 所示。

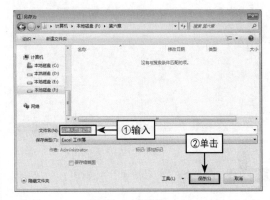

图 6-28

6.2　制作员工能力考核表

为了提高员工的工作能力,促进公司和员工共同发展,管理人员会经常对员工的工作能力进行考核,因此,行政人员就需要制作员工能力考核表。下面将介绍如何用 Excel 制作出员工考核成绩表。

6.2.1　创建表格内容

1. 创建工作簿

打开 Excel 2013,创建一个空白工作簿,如图 6-29 所示。

2. 输入工作簿内容

在新建的工作簿中输入考核表内容。

step 01 输入单元格文本标题。将光标置于 A1 单元格处,输入文本标题,如图 6-30 所示。

图 6-29

图 6-30

step 02 继续输入单元格文本，如图 6-31 所示。

图 6-31

step 03 在 B3 单元格区域中输入"1"，将光标置于单元格右下角，当鼠标光标变为"十字型"填充符号时，向下拖动鼠标至合适位置，此时，单元格中全部都是数字"1"，如图 6-32 所示。

step 04 单击"自动填充选项"下拉按钮，在弹出的下拉菜单中选择"填充序列"选项，此时，

单元格中的数字将会发生变化，效果如图 6-33 所示。

图 6-32

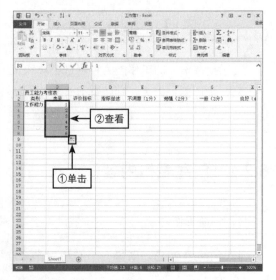

图 6-33

step 05 继续输入单元格文本，当单元格中输入的文本内容较多时，可单击"对齐方式"选项组中的"自动换行"按钮，将文本成功换行，如图 6-34 所示。

step 06 按同样的操作方法输入文本，效果如图 6-35 所示。

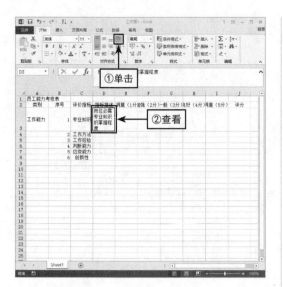

图 6-34

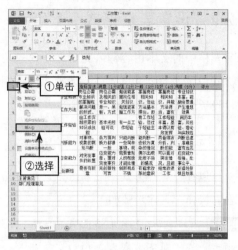

图 6-36

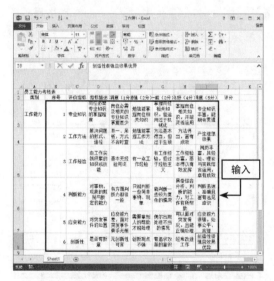

图 6-35

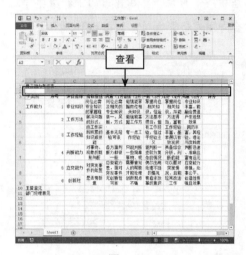

图 6-37

step 07　插入新行。将光标置于第 2 行行号处，右击，在弹出的快捷菜单中选择"插入"命令，如图 6-36 所示。

step 08　此时，将会在第 1 行下方插入一行，如图 6-37 所示。

step 09　在插入的行中输入文本，如图 6-38 所示。

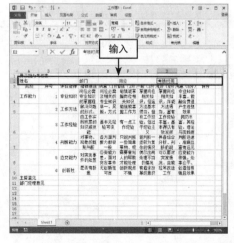

图 6-38

6.2.2 设置表格格式

表格中的文本内容输入完后即可对表格进行格式设置，如合并单元格、调整表格行高列宽、设置表格内容格式、表格对齐方式等。

1. 合并单元格

可以在"对齐方式"选项组中对单元格进行合并操作，具体步骤如下。

step 01 选中 A1：J1 单元格区域，选择"开始"选项卡，在"对齐方式"选项组中单击"合并后居中"下拉按钮，在弹出的下拉菜单中选择"合并单元格"选项，如图 6-39 所示。

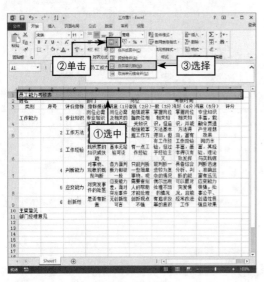

图 6-39

step 02 查看效果，如图 6-40 所示。

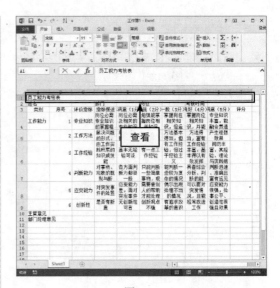

图 6-40

step 03 对其他单元格进行合并单元格操作，效果如图 6-41 所示。

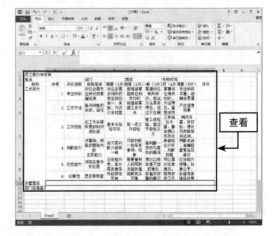

图 6-41

2. 调整表格列宽

将光标置于两列的中线处，向右拖动鼠标至合适位置，释放鼠标即可成功调整表格列宽，效果如图 6-42 所示。

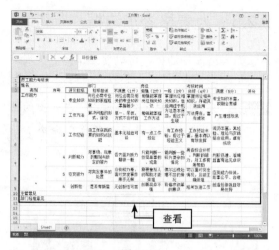

图 6-42

3. 设置单元格格式

　　对单元格格式进行设置，如设置单元格字体格式、设置对齐方式，可以使表格更美观。具体操作步骤如下。

step 01　选择表格标题，在"开始"选项卡中单击"字体"选项组的"对话框启动器"按钮，系统将弹出"设置单元格格式"对话框，在"字体"选项组中将"字体"设为"宋体"，"字形"设为"加粗"，"字号"设为"28"，单击"确定"按钮，保存设置，如图 6-43 所示。

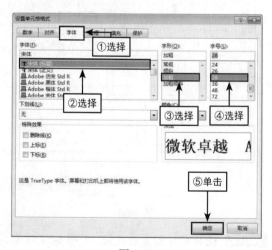

图 6-43

step 02　设置完后可查看效果，如图 6-44 所示。

图 6-44

step 03　选中 A2：J2 单元格区域，将"字体"设为"宋体"，"字号"设为"14"，加粗显示，如图 6-45 所示。

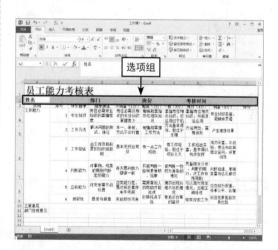

图 6-45

step 04　选中 A1：J11 单元格区域，右击，在弹出的快捷菜单中选择"设置单元格格式"命令，如图 6-46 所示。

step 05　系统弹出"设置单元格格式"对话框，在"对齐"选项卡中将"水平对齐"和"垂直对齐"均设为"居中"，单击"确定"按钮，保存设置，如图 6-47 所示。

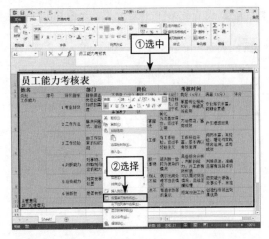

图 6-46

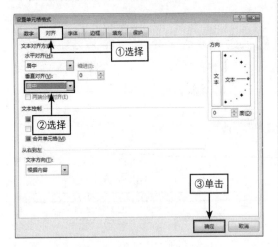

图 6-47

step 06 设置完后可查看效果，如图 6-48 所示。

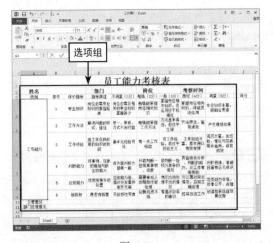

图 6-48

6.2.3 为表格添加边框

为表格添加边框，可以使工作簿更美观，具体步骤如下。

step 01 选中所有单元格，右击，在弹出的快捷菜单中选择"设置单元格格式"命令，如图 6-49 所示。

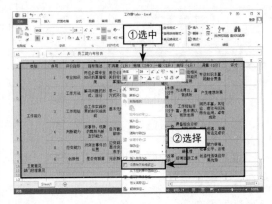

图 6-49

step 02 在弹出的"设置单元格格式"对话框中，选择"边框"选项卡，设置"外边框"和"内部"的线条样式，单击"确定"按钮，保存设置，如图 6-50 所示。

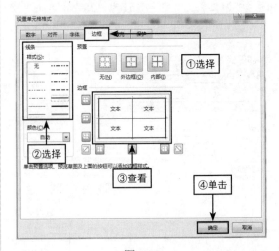

图 6-50

step 03 设置完后可查看效果，如图 6-51 所示。

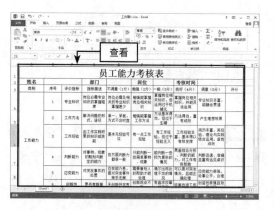

图 6-51

step 04 保存文档。将文档保存在合适的位置，并将文件名改为"员工能力考核表"，单击"保

存"按钮，如图 6-52 所示。

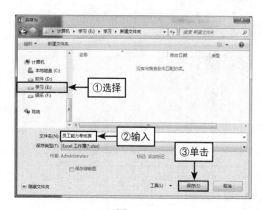

图 6-52

6.3 制作员工薪资表

因为公司每个月都需要向员工发放工资，所以，制作员工薪资表是财务人员每月必须要做的工作。本节将介绍如何在 Excel 中制作员工薪资表，以及如何打印工资条明细。

6.3.1 应用公式输入工资

在 Excel 中可以使用公式来输入工资，这样将会大大节省办公人员的工作时间，提高工作效率。

1．创建工作簿

在输入工资明细前首先需要创建一个新的工作簿，如图 6-53 所示。

2．输入工作簿内容

创建完工作簿后即可输入员工基本信息，如图 6-54 所示。

图 6-53

图 6-54

3. 设置单元格格式

员工基本信息输入完后即可对单元格进行格式设置，具体步骤如下。

step 01 选中 A2：N19 区域单元格，选择"开始"选项卡，单击"单元格"选项组中的"格式"下拉按钮，选择"行高"选项，如图 6-55 所示。

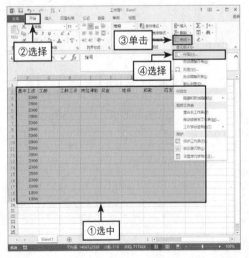

图 6-55

step 02 系统弹出"行高"对话框，将"行高"设置为"16"，单击"确定"按钮，保存设置，如图 6-56 所示。

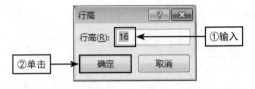

图 6-56

step 03 选中 A1：N1 区域单元格，将单元格标题进行"合并单元格"设置，并将"字号"设置"20"，加粗，居中显示，将单元格"行高"设置为"25"，效果如图 6-57 所示。

图 6-57

4. 输入员工工龄

可以在 Excel 中使用 Excel 函数来计算员工工龄，具体操作步骤如下。

step 01 计算员工工龄。选择 G3 单元格，在公式编辑框中输入"=DATEDIF(E3,TODAY(),"Y")"，如图 6-58 所示。

step 02 按【Enter】键即可输入结果，如图 6-59 所示。

step 03 选择 G3 单元格，将光标移至单元格右下角，当出现黑色十字架符号时拖动鼠标至 G19 单元格，可将该公式复制到其他单元格，效果如图 6-60 所示。

图 6-58

图 6-59

图 6-60

DATEDIF 函数表示计算两个日期之间的天数、月数或年数。语法 DATEDIF(start_date,end_date,unit)。start_date 用于表示时间段的第一个（即起始）日期的日期。日期值有多种输入方式：带引号的文本字符串（例如 "2001/1/30"）、序列号（例如 36921，在商用 1900 日期系统时表示 2001 年 1 月 30 日）或其他公式或函数的结果（例如 DATEVALUE（"2001/1/30"））。End_date 用于表示时间段的最后一个（即结束）日期的日期。unit 表示要返回的信息类型：unit 返回结果 "Y" 表示一段时期内的整年数。"M" 表示一段时期内的整月数。"D" 表示一段时期内的天数。"MD" 表示 start_date 与 end_date 之间天数之差（忽略日期中的月份和年份）。"YM" 表示 start_date 与 end_date 之间月份之差）（忽略日期中的天和年份）。"YD" 表示 start_date 与 end_date 的日期部分之差（忽略日期中的年份）。

5. 输入员工工龄工资

工龄工资，又称年功工资，是企业按照员工的工作年数，即员工的工作经验和劳动贡献的积累给予的经济补偿。工龄工资是企业分配制度的一个重要组成部分。每个企业的工龄工资计算方式不一样，下面将以工龄在 5 年以内的每年增加 50 元，工龄在 5 年以上的每年增加 100 元为标准进行计算，具体步骤如下。

step 01 计算员工工龄工资。选中 H3 单元格，在公式编辑框中输入 "=IF(G3<5,G3*50,G3*100)"，如图 6-61 所示。

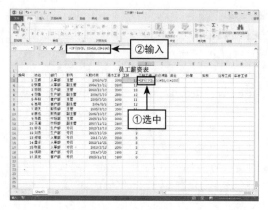

图 6-61

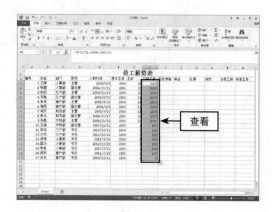

图 6-63

step 02 按【Enter】键即可输入结果，如图 6-62 所示。

图 6-62

step 03 选择 H3 单元格，将光标移至单元格右下角，当出现黑色十字架符号时拖动鼠标至 H19 单元格，可将该公式复制到其他单元格，效果如图 6-63 所示。

提示：

IF 函数是 Excel 中最常用的函数之一，它可以对值和期待值进行逻辑比较。IF 函数最简单的形式表示如下：如果内容为 True，则执行某些操作，否则就执行其他操作，因此 IF 语句可能有两个结果。第一个结果是比较结果为 True，第二个结果是比较结果为 False。

6. 输入员工岗位津贴

岗位津贴是指为了补偿员工在某些特殊岗位条件下劳动的额外消耗而建立的津贴。员工在某些劳动条件特殊的岗位劳动，需要支出更多的体力和脑力，因而需要建立津贴，对这种额外的劳动消耗进行补偿。这种类型的津贴具体种类很多，涉及的范围很广。

step 01 修改工作表名称。右击左下角的"Sheet1"，在弹出的快捷菜单中选择"重命名"命令，将工作表名称改为"员工薪资表"，如图 6-64 所示。

图 6-64

step 02 新增加工作表。单击工作簿左下角的添加符号，系统将新建一个工作表，将该工作表命名为"岗位津贴"，如图 6-65 所示。

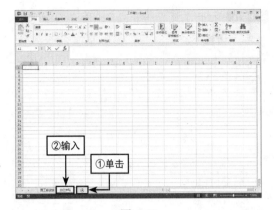

图 6-65

step 03 在新工作表中输入文本内容，如图 6-66 所示。

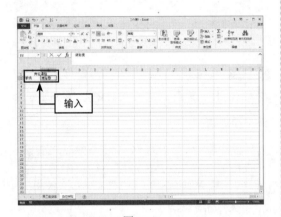

图 6-66

step 04 将"员工薪资表"中的"职务"一列的内容复制到"岗位津贴"的职务一列中，如图 6-67 所示。

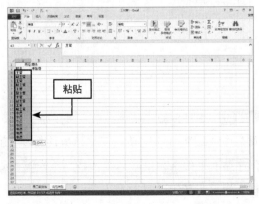

图 6-67

step 05 删除重复项。选中 A3:A19 区域单元格，选择"数据"选项卡中的"数据工具"选项组，单击"删除重复项"按钮，如图 6-68 所示。

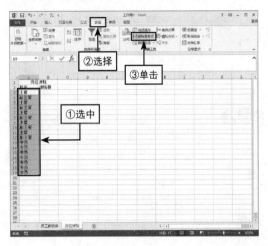

图 6-68

step 06 系统将弹出"删除重复警告"对话框，选择"以当前选定区域排序"单选按钮，单击"删除重复项"按钮，如图 6-69 所示。

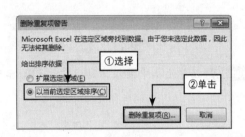

图 6-69

step 07 系统弹出"删除重复项"对话框，单击"确定"按钮，如图 6-70 所示。

图 6-70

step 08 在弹出的提示框中单击"确定"按钮，完成操作，如图 6-71 所示。

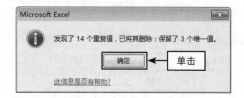

图 6-71

step 09 设置完后可查看效果，如图 6-72 所示。

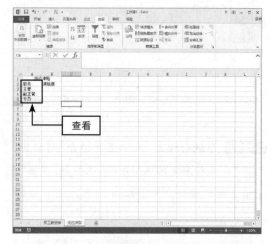

图 6-72

step 10 在单元格中输入津贴费用，如图 6-73 所示。

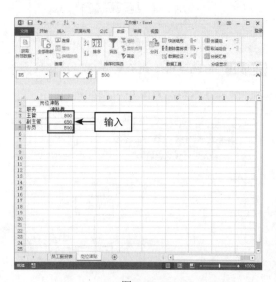

图 6-73

step 11 打开"员工薪资表"，选中 I3 单元格，单击"插入函数"按钮，如图 6-74 所示。

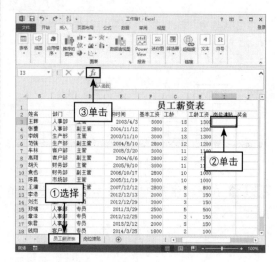

图 6-74

step 12 系统弹出"插入函数"对话框，选择"查找与引用"类别，选择 VLOOKUP 函数，如图 6-75 所示。

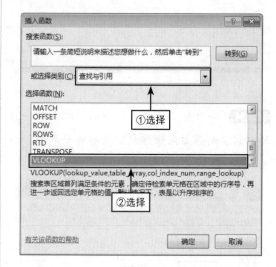

图 6-75

step 13 在弹出的"函数参数"对话框中将查找条件设置为"D3"，查询表格区域设置为"岗位津贴表中的 A2:B5 区域单元格，并将该单元格区域引用转换为绝对引用"，将 Col_index_num 参数设为"2"，Range_lookup 参数设置

为 "false"，单击 "确定" 按钮，可保存设置，如图 6-76 所示。

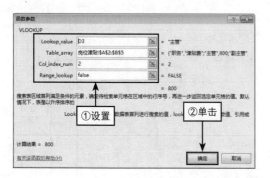

图 6-76

step 14 设置完后可查看效果，如图 6-77 所示。

图 6-77

step 15 选择 I3 单元格，将光标移至单元格右下角，当出现黑色十字架符号时拖动鼠标至 I19 单元格，可将该公式复制到其他单元格，效果如图 6-78 所示。

提示：

如果需要在表格或区域中按行查找内容，可使用 VLOOKUP 函数，它是一个查找和引用函数。在这一最简单的形式中，VLOOKUP 函数表示：=VLOOKUP（要查找的值、要在其中查找值的区域、区域中包含返回值的列号、精确匹配或近似匹配指定为 0/FALSEor1/TRUE）。

图 6-78

step 16 输入其他工资内容，如图 6-79 所示。

图 6-79

6.3.2 使用公式计算工资

应用公式输入各项工资后，需要对工资进行汇总，具体步骤如下。

1. 计算应发工资

应发工资由基本工资、工龄工资、岗位津贴、奖金组成，具体计算步骤如下。

step 01 选中 M3 单元格，在公式编辑框中输入"=F3+H3+I3+J3",如图 6-80 所示。

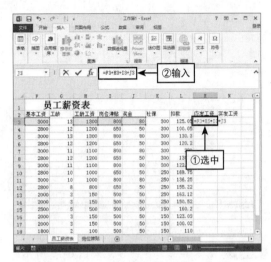

图 6-80

step 02 按【Enter】键即可输入结果,如图 6-81
所示。

图 6-81

step 03 选择 M3 单元格,将光标移至单元格
右下角,当出现黑色十字架符号时拖动鼠标至
M19 单元格,可将该公式复制到其他单元格,
效果如图 6-82 所示。

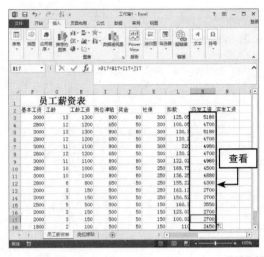

图 6-82

2. 计算实发工资

实发工资=应发工资-社保-扣款,具体
计算步骤如下。

step 01 选中 N3 单元格,在公式编辑框中输
入"=M3-K3-L3",如图 6-83 所示。

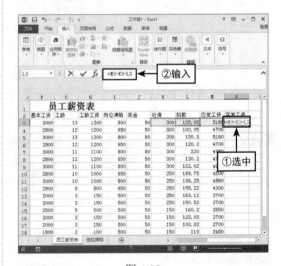

图 6-83

step 02 按【Enter】键即可输入结果,如图 6-84
所示。

图 6-84

step 03 选择 N3 单元格，将光标移至单元格右下角，当出现黑色十字架符号时拖动鼠标至 N19 单元格，可将该公式复制到其他单元格，效果如图 6-85 所示。

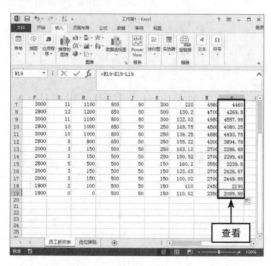

图 6-85

6.3.3 设置工作表格式

工资计算完后可以对工作表进行格式设置，具体操作步骤如下。

1. 设置对齐方式

选中 A2：N19 区域单元格，选择"开始"选项卡，在"对齐方式"选项组中将"对齐方式"设为"垂直居中"与"水平居中"，如图 6-86 所示。

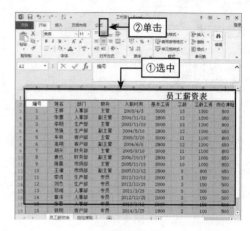

图 6-86

2. 设置数字样式

在 Excel 中，数字样式默认为"常规"，因此，用户需要根据实际情况来设置数字的样式。

step 01 选中 F3：F19 区域单元格，右击，在弹出的快捷菜单中选择"设置单元格格式"命令，如图 6-87 所示。

图 6-87

step 02 在"设置单元格格式"对话框中选择"数字"选项卡中的"货币"选项，单击"确定"按钮，保存设置，如图 6-88 所示。

图 6-88

step 03 设置完后效果如图 6-89 所示。

图 6-89

step 04 使用相同的方法，将其他工资单元格设置同样的样式，效果如图 6-90 所示。

图 6-90

3. 设置表格边框

用户可以对工作簿添加边框，使其更加美观。选择工作表内容，右击，在弹出的快捷菜单中选择"设置单元格格式"命令，在"单元格格式"对话框中设置边框样式，效果如图 6-91 所示。

图 6-91

4. 设置工作表页面

工作表边框设置完后可以对页面进行设

置，如设置页边距、设置纸张方向等，具体步骤如下。

step 01 选择"页面布局"选项卡，单击"页面设置"选项组中的"对话框启动器"按钮，在"页面设置"对话框中将"页面方向"设置为"横向"，"纸张大小"设置为"A4"，如图 6-92 所示。

图 6-92

step 02 选择"页眉/页脚"选项卡，单击"自定义页眉"按钮，如图 6-93 所示。

图 6-93

step 03 系统将弹出"页眉"对话框，在"右"文本框中输入文本，单击"确定"按钮，保存设置，如图 6-94 所示。

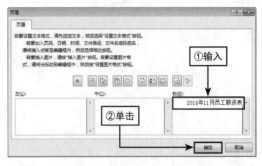

图 6-94

step 04 设置完后查看效果，如图 6-95 所示。

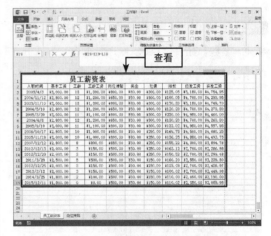

图 6-95

6.3.4　制作及打印工资条

公司在发放工资时同时也会发放工资条，工资条的发放既能保证所有人都能看到自己工资组成的各部分，又能保证自己的隐私不被侵犯。

1. 创建工资条框架

工资条和工资表的内容大致相同，具体操作步骤如下。

step 01 新建工作表，并重命名为"工资条"，如图 6-96 所示。

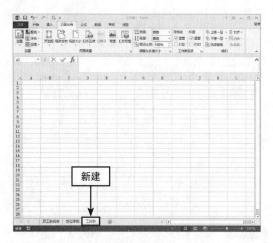

图 6-96

step 02 选中"员工薪资表"的 A2：N2 区域单元格，按【Ctrl+C】组合键进行复制，如图 6-97 所示。

图 6-97

step 03 切换至"工资条"工作表，选中 A2 单元格，按【Ctrl+V】组合键进行粘贴，效果如图 6-98 所示。

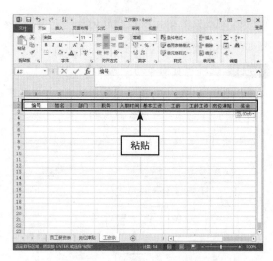

图 6-98

2. 设置单元格格式

将表头复制过来后可以对表格进行格式设置，如添加边框、添加单元格样式等，具体操作步骤如下。

step 01 为表格添加边框，效果如图 6-99 所示。

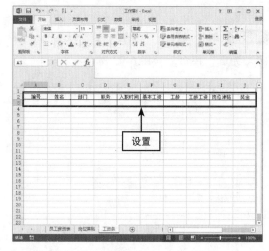

图 6-99

step 02 设置单元格样式。选中 A2：N2 区域单元格，选择"开始"选项卡，单击"样式"选项组中的"单元格样式"下拉按钮，选择满意的单元格样式（如着色 2），如图 6-100 所示。

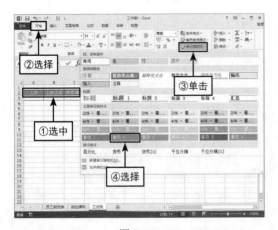

图 6-100

step 03　设置完后可查看效果，如图 6-101 所示。

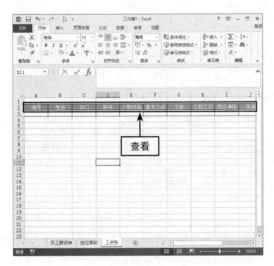

图 6-101

3．制作工资条

表格样式设置好后，即可使用函数来制作工资条，具体操作步骤如下。

step 01　选中 A3 单元格，在公式编辑框中输入"=OFFSET(员工薪资表 !$A$1,ROW()/3+1, COLUMN()-1)"，如图 6-102 所示。

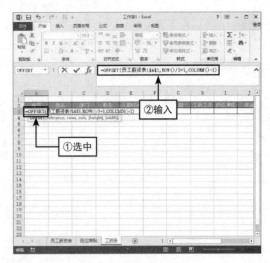

图 6-102

step 02　按【Enter】键即可输入结果，如图 6-103 所示。

> **提示：**
>
> OFFSET 表示返回对单元格或单元格区域中指定行数和列数的区域的引用。返回的引用可以是单个单元格或单元格区域，也可以指定要返回的行数和列数。语法如下：OFFSET(reference, rows, cols, [height], [width])OFFSET。函数语法具有下列参数：引用（必需），要以其为偏移量的底数的引用。引用必须是对单元格或相邻的单元格区域的引用；否则 OFFSET 返回错误值 #VALUE!。Rows（必需），需要左上角单元格引用的向上或向下行数。例如使用 5 作为 rows 参数，可指定引用中的左上角单元格为引用下方的 5 行。Rows 可为正数（这意味着在起始引用的下方）或负数（这意味着在起始引用的上方）。Cols（必需），需要结果的左上角单元格引用的从左到右的列数。例如使用 5 作为 cols 参数，可指定引用中的左上角单元格为引用右方的 5 列。Cols 可为正数（这意味着在起始引用的右侧）或负数（这意味着在起始引用的左侧）。高度（可选），需要返回的引用的行高。Height 必须为正数。宽度（可选），需要返回的引用的列宽，Width 必须为正数。

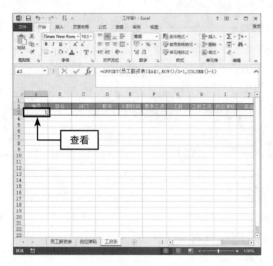

图 6-103

step 03 选择 A3 单元格，将光标移至单元格右下角，当出现黑色十字符号时拖动鼠标至 N3 单元格，可将该公式复制到其他单元格，效果如图 6-104 所示。

图 6-104

step 04 选择 A1：N3 区域单元格，将光标移至单元格右下角，当出现黑色十字架符号时向下拖动鼠标至 51 行，可将该公式复制到其他单元格，效果如图 6-105 所示。

step 05 选择 A1：N52 区域单元格，在"对齐方式"选项组中设置为"水平居中"和"垂直

居中"，效果如图 6-106 所示。

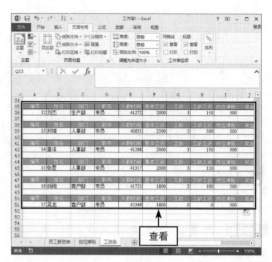

图 6-105

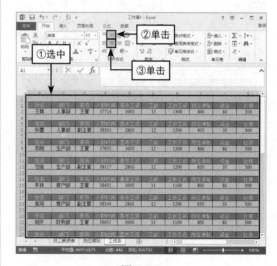

图 6-106

4. 打印工资条

工资条制作完成后，即可将工资条打印出来，具体操作如下。

step 01 隐藏不需要打印的列。在打印时有些列不需要打印，此时即可启动"隐藏"功能。选择第 C 列至第 E 列及第 G 列，右击，在弹出的快捷菜单中选择"隐藏"命令，如图 6-107 所示。

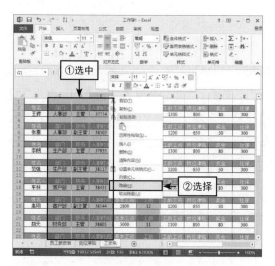

图 6-107

step 02 设置后可查看效果，如图 6-108 所示。

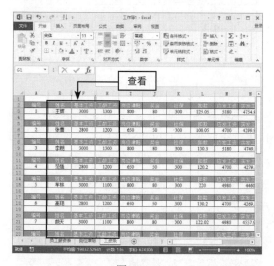

图 6-108

step 03 设置工作表纸张方向。选择"页面布局"选项卡，在"页面设置"选项组中单击"纸张方向"下拉按钮，选择"横向"选项，如图 6-109 所示。

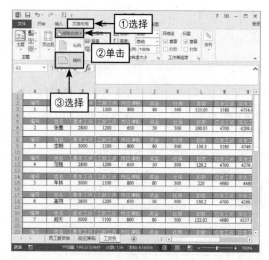

图 6-109

step 04 打印表格。选择"文件"→"打印"选项，设置相关打印选项后单击"打印"按钮，如图 6-110 所示。

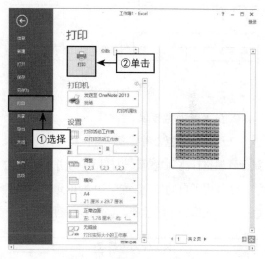

图 6-110

6.4 【精品鉴赏】

在【精品鉴赏】中，可以看到《应聘人员资料登记表》《员工能力考核表》《员工薪资表》的最终效果，具体如下。

1. 应聘人员资料登记表

在这份应聘人员资料登记表中，首先对单元格进行编辑，如插入新行、调整行高和列宽、启用合并单元格功能，还设置了单元格格式，为单元格添加边框等。具体效果如图 6-111 所示。

图 6-111

2. 员工能力考核表

在这份员工能力考核表中，同样使用了插入新行、调整行高列宽等，也使用了合并单元格功能，还使用了自动填充功能，并为单元格添加了边框，单元格居中等功能，如图 6-112 所示。

图 6-112

3. 员工薪资表

在这份员工薪资表中，使用了调整行高，使用了"DATEDIF 函数"来计算员工工龄，使用"IF 函数"来计算员工工龄工资，使用"删除重复项"功能和"VLOOKUP 函数"来输入员工岗位津贴，设置了单元格格式、数字样式，还自定义添加了页眉等，效果如图 6-113 所示。

图 6-113

在薪资表的基础上还制作了工资条，在制作工资条时使用了 OFFSET 函数，使用了"隐藏"功能，还设置了工资条样式，使其更美观，还调整了工资条页面布局，具体效果如图 6-114 所示。

图 6-114

第 7 章

Excel: 汇总排序特整齐

本章内容

在日常办公中，经常会遇到要处理各种复杂数据的情况，有时候需要对这些数据进行统计分析和汇总，以便了解公司的销售状况。使用 Excel 数据管理功能可以快速处理这些数据，如对表格数据进行排序和筛选，对数据进行汇总等。本章将以《制作产品销售统计表》和《制作电子产品销售分析表》为例，为大家介绍如何在 Excel 2013 中对数据进行汇总和排列，如何统计和分析数据等。

7.1 制作产品销售统计表

制作产品销售统计表可以很直观地了解销售人员的销售状况，如售出的产品种类、售出的金额等。销售部门也可以根据该统计表来计算公司的盈利状况。下面将介绍如何制作产品销售统计表、如何对数据进行统计及如何排序筛选数据。

7.1.1 输入数据

1．创建工作簿

在制作销售统计表之前首先要创建新的工作簿，如图 7-1 所示。

图 7-1

2．输入数据

创建完工作簿后即可输入相关数据，具体操作步骤如下。

step 01 输入基本信息，销售统计表通常包括产品编号、产品名称、成交价格、售出数量、售出金额等，如图 7-2 所示。

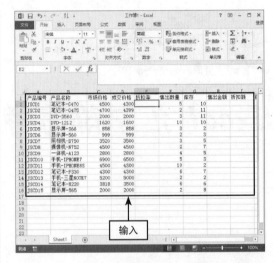

图 7-2

step 02 计算折扣率。选中 E2 单元格，在公式编辑框中输入"=(C2-D2)/C2"，如图 7-3 所示。

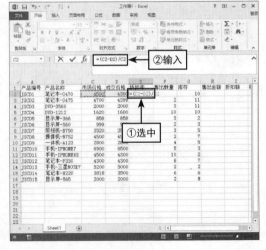

图 7-3

step 03　按【Enter】键即可完成计算，效果如图 7-4 所示。

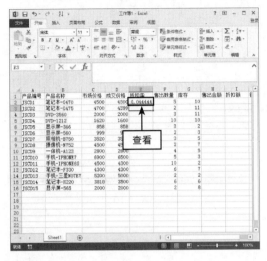

图 7-4

step 04　选中 E2 单元格，将光标移至单元格右下角，当出现黑色十字符号时向下拖动鼠标至 E16 单元格，将公式复制到其他单元格，效果如图 7-5 所示。

图 7-5

step 05　选中 E2：E16 区域单元格，右击，在弹出的快捷菜单中选择"设置单元格格式"命令，如图 7-6 所示。

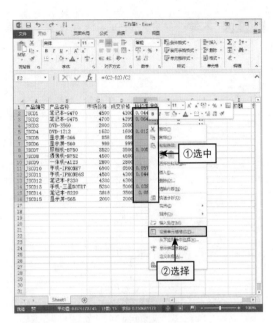

图 7-6

step 06　在弹出的"设置单元格格式"对话框中选择"数字"选项卡中的"百分比"选项，将数字设为百分比形式，如图 7-7 所示。

图 7-7

提示：

也可以单击"开始"选项卡下"数字"选项组的"对话框启动器"按钮，打开"设置单元格格式"对话框。

step 07 单击"确定"按钮，保存设置，效果如图 7-8 所示。

图 7-8

step 08 计算售出金额。选中 H2 单元格，在公式编辑框中输入"=D2*F2"，如图 7-9 所示。

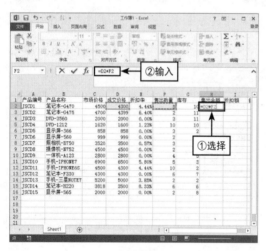

图 7-9

step 09 按【Enter】键即可完成计算，并将公式复制到其他单元格，效果如图 7-10 所示。

step 10 计算折扣额。选中 I2 单元格，在公式编辑框中输入"=E2*H2"，如图 7-11 所示。

step 11 按【Enter】键即可完成计算，并将公式复制到其他单元格，效果如图 7-12 所示。

图 7-10

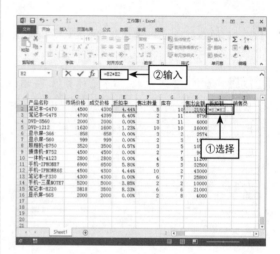

图 7-11

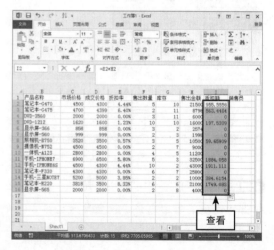

图 7-12

step 12 选中 I2：I16 区域单元格，启动"设置单元格格式"对话框，选择"数值"选项，将"小数位数"设为"2"，如图 7-13 所示。

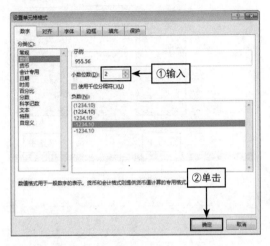

图 7-13

step 13 单击"确定"按钮，保存设置，I2：I16 区域单元格的数值将会保留小数点后面两位，效果如图 7-14 所示。

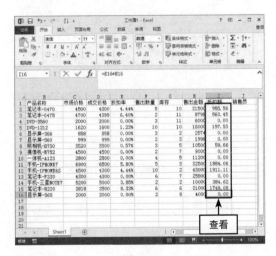

图 7-14

step 14 在 J2：J5 区域单元格中依次输入销售人员的姓名，并选中 J2：J16 区域单元格，选择"数据"选项卡，在"数据工具"选项组中单击"数据验证"下拉按钮，选择"数据验证"选项，如图 7-15 所示。

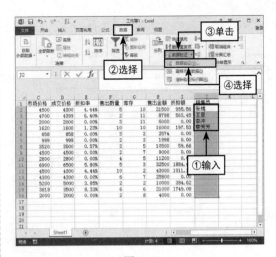

图 7-15

step 15 系统弹出"数据验证"对话框，选择"设置"选项卡，在"允许"下拉列表中选择"序列"选项，单击"来源"文本框右侧的选取按钮，如图 7-16 所示。

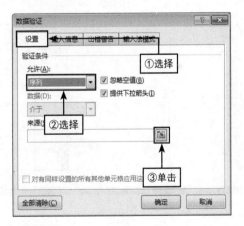

图 7-16

提示：

为了在输入数据时尽量少出错，可以通过使用 Excel 的"数据验证"来设置单元格中允许输入的数据类型或有效数据的取值范围。默认情况下，输入单元格的有效数据为任意值。

step 16 选择工作表中的 J2：J5 区域单元格，如图 7-17 所示。

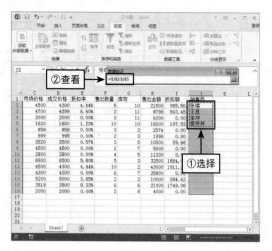

图 7-17

step 17 单击"确定"按钮，保存设置，完成数据的输入，效果如图 7-18 所示。

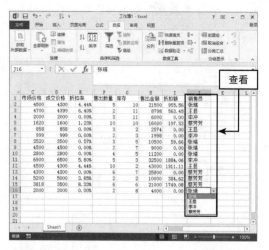

图 7-18

step 18 选中 C2:D16 和 H2:I16 区域单元格，选择"开始"选项卡，在"数字"选项组中选择"货币"选项，如图 7-19 所示。

step 19 设置完后可查看效果，如图 7-20 所示。

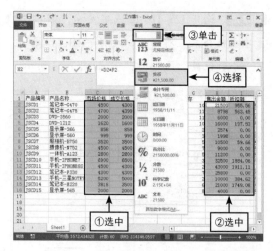

图 7-19

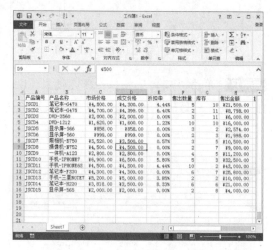

图 7-20

7.1.2 为表格数据添加格式

表格数据输入完后可以对表格添加格式，如设置对齐方式、设置行高，还可以添加条件格式等。

1. 设置对齐方式

选中 A1：J16 区域单元格，在"开始"选项组中将"对齐方式"设为"垂直居中"和"水平居中"，如图 7-21 所示。

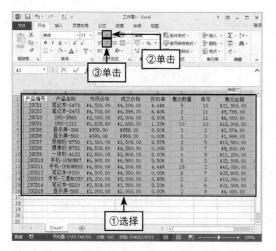

图 7-21

2．调整行高

选中 A1：J16 区域单元格，选择"开始"选项卡，在"单元格"选项组中将"行高"设为"18"，效果如图 7-22 所示。

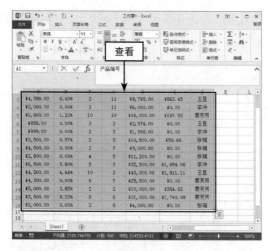

图 7-22

3．添加表格边框

选中 A1：J16 区域单元格，在"设置单元格格式"对话框中设置表格边框，效果如图 7-23所示。

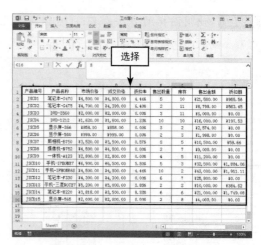

图 7-23

4．添加条件格式

为了突显出表格中的一些数据，可以在"样式"选项组中添加条件格式，条件格式除了可以突显单元格中的一些规则外，还可以使用色阶、数据条和图标集来显示数据的不同范围。具体操作步骤如下。

step 01 启用"色阶"功能。选中 E2：E16 区域单元格，选择"开始"选项卡，在"样式"选项组中单击"条件格式"下拉按钮，选择"色阶"选项，并在其级联列表中选择满意的色阶样式（如白 - 红色阶），如图 7-24 所示。

图 7-24

step 02 使用同样的方法为 I2：I16 区域单元格添加满意的色阶，如图 7-25 所示。

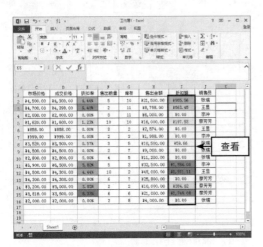

图 7-25

step 03 启用"数据条"功能。选中 D2：D16 区域单元格，选择"开始"选项卡，在"样式"选项组中单击"条件格式"下拉按钮，选择"数据条"选项，并在其级联列表中选择满意的数据条填充样式(如橙色数据条)，如图 7-26 所示。

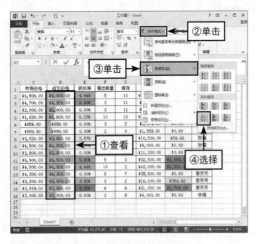

图 7-26

提示：

颜色刻度是一种很直观的指示，用户可以很清楚地看到数据分布及数据变化，双色刻度可以通过颜色深浅程度来观察值的大小变化。

step 04 设置完后可查看效果，如图 7-27 所示。

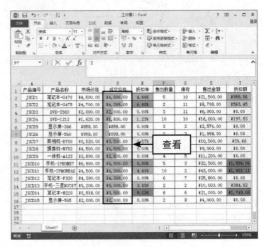

图 7-27

step 05 启用"突出显示单元格规则"。选中 H2：H16 区域单元格，选择"开始"选项卡，在"样式"选项组中单击"条件格式"下拉按钮，选择"突出显示单元格规则"选项，并在其级联列表中选择合适的选项（如大于），如图 7-28 所示。

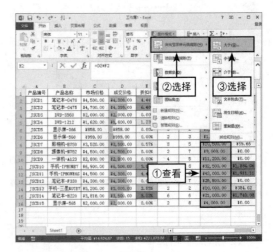

图 7-28

step 06 系统弹出"大于"对话框，在左边的文本框中输入"¥30,000.00"，右边的文本框设置为"自定义格式"，选择填充颜色为"红色"，如图 7-29 所示。

图 7-29

step 07 同样，在"突出显示单元格规则"选项中选择"小于"选项，并设置条件规则，选择填充颜色为"绿色"，如图 7-30 所示。

图 7-30

step 08 单击"确定"按钮，保存设置，效果如图 7-31 所示。

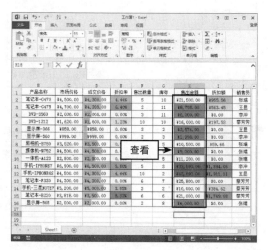

图 7-31

step 09 新建条件规则。选中 F2：F16 区域单元格，选择"开始"选项卡，在"样式"选项组中单击"条件格式"下拉按钮，选择"新建规则"选项，如图 7-32 所示。

step 10 系统将弹出"新建格式规则"对话框，在"选择规则类型"选项组中选择"只为包含以下内容的单元格设置格式"选项，在"编辑规则说明"选项组中设置规则参数，如图 7-33 所示。

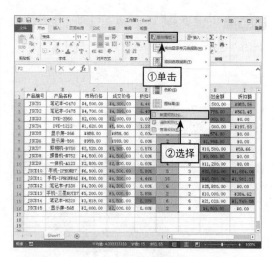

图 7-32

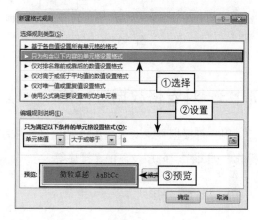

图 7-33

step 11 同样，在"编辑规则说明"选项组中设置另一组规则参数，如图 7-34 所示。

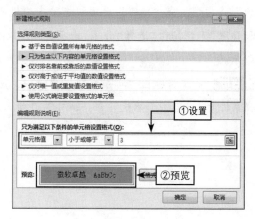

图 7-34

step 12 设置完后，单击"确定"按钮，保存设置，如图 7-35 所示。

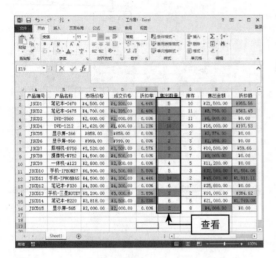

图 7-35

7.1.3 对表格数据进行排序

用户可根据需求对表格中的数据进行排序操作，如升序、降序及自定义排序等。

1. 进行升序排列

可以在"编辑"选项组中对"成交价格"进行"升序"排列，具体操作如下。

step 01 选中 D2：D16 区域单元格，选择"开始"选项卡，在"编辑"选项组中单击"排序和筛选"下拉按钮，选择"升序"选项，如图 7-36 所示。

step 02 系统将弹出"排序提醒"提示框，选择"扩展选定区域"单选按钮，如图 7-37 所示。

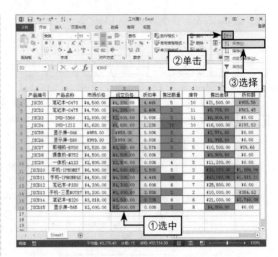

图 7-36

图 7-37

step 03 单击"排序"按钮，保存设置，此时"成交价格"将会按照从小到大的顺序排列，效果如图 7-38 所示。

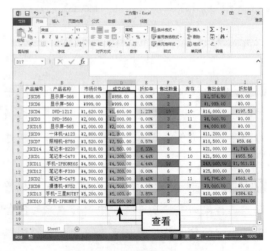

图 7-38

2. 进行降序排列

同样，可以在"编辑"选项组中对"售出数量"进行"降序"排列，具体操作如下。

step 01 选中 F2: F16 区域单元格，选择"开始"选项卡，在"编辑"选项组中单击"排序和筛选"下拉按钮，选择"降序"选项，如图 7-39 所示。

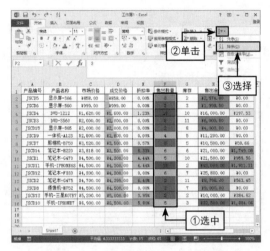

图 7-39

step 02 系统将弹出"排序提醒"提示框，选择"扩展选定区域"单选按钮，如图 7-40 所示。

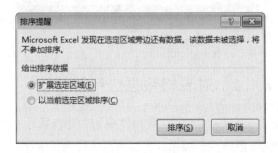

图 7-40

step 03 单击"排序"按钮，保存设置，此时"售出数量"将会按照从大到小的顺序排列，效果如图 7-41 所示。

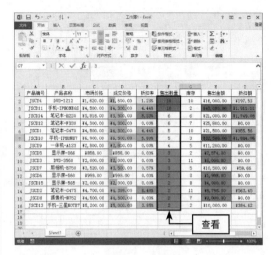

图 7-41

提示：

在进行升序排列时，数字是按照从最小的负数到最大的正数顺序进行排列；日期是按照从最早的日期到最晚的日期顺序进行排列；汉字是按照汉字拼音首字母进行排序，如果第一个汉字相同，则按照第二个汉字拼音首字母顺序进行排序；在逻辑值中，False 排在 True 前面；空白单元格排在最后。

3. 进行自定义排序

在对数据进行排序时，可能会在排列的字段中出现相同的数据，此时可以采用"自定义排序"功能对数据进行更准确的排序，具体步骤如下。

step 01 选中 H2: H16 区域单元格，选择"开始"选项卡，在"编辑"选项组中单击"排序和筛选"下拉按钮，选择"自定义排序"选项，如图 7-42 所示。

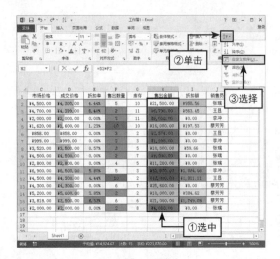

图 7-42

step 02 系统将弹出"排序"对话框，在"主要关键字"下拉列表中选择"售出金额"选项，"次序"设置为"升序"，如图 7-43 所示。

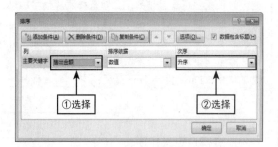

图 7-43

step 03 单击左上角的"添加条件"按钮，将"次要关键字"设置为"销售员"，"次序"设置为"降序"，单击"选项"按钮，如图 7-44 所示。

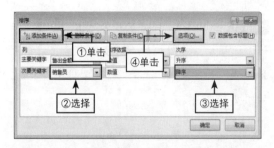

图 7-44

step 04 系统将弹出"排序选项"对话框，选择"笔划排序"单选按钮，如图 7-45 所示。

图 7-45

step 05 单击"确定"按钮，保存设置，效果如图 7-46 所示。

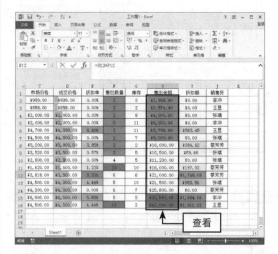

图 7-46

7.1.4 对表格数据进行筛选

可以在 Excel 中使用"筛选"功能筛选出需要的数据。筛选分为自动筛选和按条件自定义筛选，具体操作如下。

1．自动筛选数据

使用自动筛选数据功能可以快速找到所需的数据，并且其他无关项会被隐藏。

step 01 选中 J1 单元格，在"编辑"选项组中单击"排序和筛选"下拉按钮，选择"筛选"选项，如图 7-47 所示。

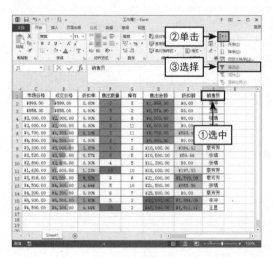

图 7-47

step 02 单击"销售员"筛选按钮，在筛选列表中选中所需筛选人员名称前的复选框，如图 7-48 所示。

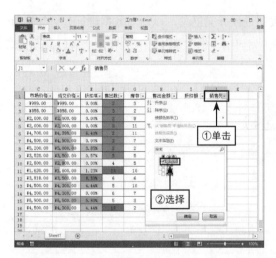

图 7-48

step 03 单击"确定"按钮，保存设置，完成自动筛选操作，效果如图 7-49 所示。

图 7-49

2. 按条件筛选数据

除了可以自动筛选外还可以按条件自定义筛选数据，具体操作步骤如下。

step 01 单击"售出数量"筛选按钮，选择"数字删选"选项下的"大于或等于"选项，如图 7-50 所示。

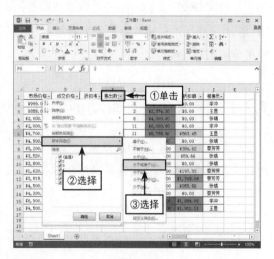

图 7-50

step 02 系统将弹出"自定义自动筛选方式"对话框，设置筛选条件，如图 7-51 所示。

step 03 单击"确定"按钮，保存设置，此时按条件筛选数据操作完成，效果如图 7-52 所示。

图 7-51

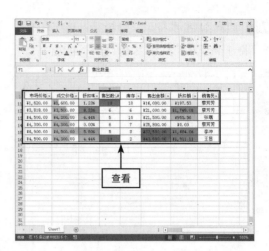

图 7-52

提示:

在"自定义自动筛选方式"对话框中可以设置两个筛选条件,"与"表示并列关系,即两个条件均满足才能被显示出来,"或"表示选择关系,即任一条件满足就能被显示出来。

7.2 制作电子产品销售分析表

在日常办公中,通常需要对数据按照不同的类别进行分类汇总,以便对数据进行分析。本节将以制作《电子产品销售分析表》为例,为大家介绍如何制作销售分析表,如使用合并计算功能、使用分类汇总功能等。

7.2.1 使用合并计算功能汇总销售金额

可以在 Excel 2013 的"数据"选项卡下运用合并功能来汇总销售金额,具体步骤如下。

1. 创建工作簿

打开 Excel 2013,创建新的工作簿,并输入数据,如图 7-53 所示。

2. 按产品汇总销售金额

工作簿创建完后即可对销售金额进行汇总计算,具体操作如下。

图 7-53

step 01　新建工作表。将工作表"Sheet1"重命名为"原始数据表"，并新建"各产品销售金额汇总表"，如图 7-54 所示。

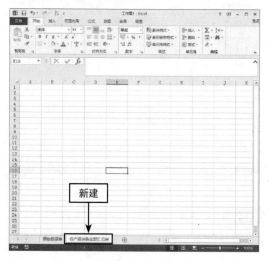

图 7-54

step 02　选择"各产品销售金额汇总表"，在 A1、B2 单元格中分别输入"产品名称""销售总额"，如图 7-55 所示。

图 7-55

step 03　选中 A2 单元格，选择"数据"选项卡，在"数据工具"选项组中单击"合并计算"按钮，如图 7-56 所示。

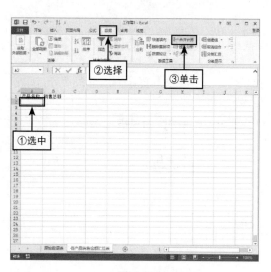

图 7-56

step 04　系统弹出"合并计算"对话框，在"函数"下拉列表中选择"求和"函数，在"引用位置"选项组选择"原始数据表 !$B$2:$G$21"区域，在"标签位置"选项组中选中"最左列"和"创建指向源数据的链接"复选框，单击"所有引用位置"选项组中的"添加"按钮，如图 7-57 所示。

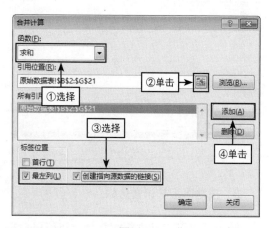

图 7-57

step 05　单击"确定"按钮，保存设置，如图 7-58 所示。

Office 2013 商务办公从新手到高手

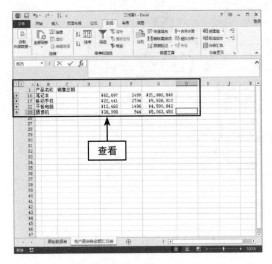

图 7-58

step 06 删除多余的单元格，即可完成汇总，效果如图 7-59 所示。

图 7-59

3. 按地区汇总销售金额

除了可以对产品进行汇总外，还可以对地区进行合并汇总，计算销售总额，具体操作如下。

step 01 新建工作表，并命名为“各地区销售金额汇总表”，并在 A1、B1 单元格中输入内容，如图 7-60 所示。

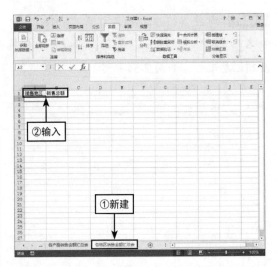

图 7-60

step 02 选中 A2 单元格，选择“数据”选项卡，在“数据工具”选项组中单击“合并计算”按钮，如图 7-61 所示。

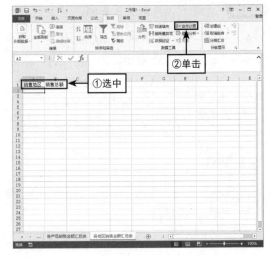

图 7-61

step 03 系统弹出“合并计算”对话框，在“函数”下拉列表中选择“求和”，在“引用位置”选项组中选择“原始数据表!$D$2:$G$21”区域，在“标签位置”选项组中选中“最左列”和“创建指向源数据的链接”复选框，单击“所有引用位置”选项组中的“添加”按钮，如图 7-62 所示。

184

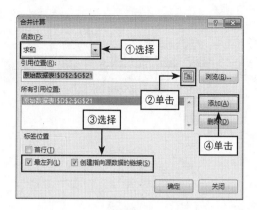

图 7-62

step 04 单击"确定"按钮，保存设置，删除多余的单元格，即可完成按地区汇总销售金额操作，如图 7-63 所示。

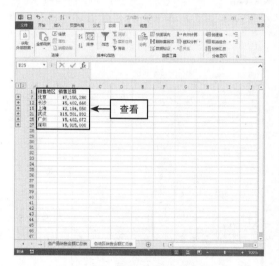

图 7-63

7.2.2　使用分类汇总功能汇总数据

分类汇总是数据处理的一种重要工具。用户可以在 Excel 2013 的"数据"选项卡下快速地运用分类汇总功能来汇总销售金额，具体步骤如下。

1. 按产品名称分类汇总销售总额

按照"产品名称"字段进行分类，并汇总

销售总额，可以很清楚地看到各产品的销售情况。

step 01 新建工作表，并命名为"按产品分类"，复制"原始数据表"中的数据并粘贴到该表中，如图 7-64 所示。

图 7-64

step 02 选中 A2 单元格，选择"开始"选项卡，在"编辑"选项组中单击"排列和筛选"下拉按钮，选择"升序"选项，如图 7-65 所示。

图 7-65

step 03 设置完后可查看效果，如图 7-66 所示。

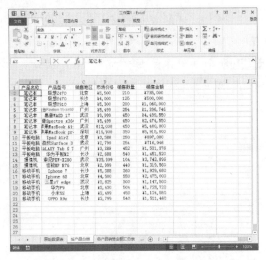

图 7-66

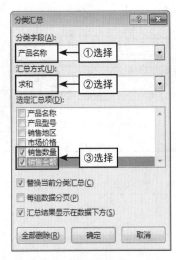

图 7-68

step 04 选中 A2 单元格，选择"数据"选项卡，单击"分级显示"选项组下的"分类汇总"按钮，如图 7-67 所示。

step 06 单击"确定"按钮，保存设置，即可完成按产品名称分类汇总销售总额操作，如图 7-69 所示。

图 7-67

图 7-69

step 05 系统弹出"分类汇总"对话框，在"分类字段"下拉列表中选择"产品名称"选项，"汇总方式"选择"求和"，在"选定汇总项"列表框中选中"销售数量"和"销售金额"复选框，如图 7-68 所示。

step 07 此时工作表中的数据将会分级显示，单击左侧的"-"按钮，可隐藏明细数据，单击"+"按钮，可以显示明细数据，如图 7-70 所示。

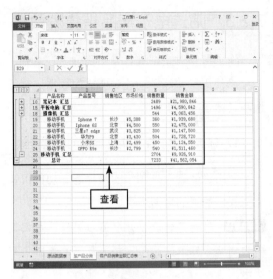

图 7-70

2. 按销售地区分类汇总平均销售额

除了可以对总数进行分类汇总外，还可以对平均数、最大值和最小值等进行分类汇总。

step 01 新建工作表，并命名为"按地区分类"，复制"原始数据表"中的数据并粘贴到该表中，如图 7-71 所示。

图 7-71

step 02 选中 D2 单元格，选择"开始"选项卡，在"编辑"选项组中单击"排列和筛选"下拉按钮，选择"升序"选项，如图 7-72 所示。

图 7-72

step 03 选中 D2 单元格，选择"数据"选项卡，单击"分级显示"选项组中的"分类汇总"按钮，如图 7-73 所示。

图 7-73

step 04 在"分类汇总"对话框中将"分类字段"设置为"销售地区"选项，"汇总方式"选择"平均值"，在"选定汇总项"下拉列表中选中"销售金额"复选框，如图 7-74 所示。

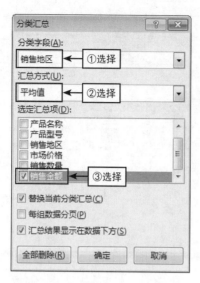

图 7-74

step 05 单击"确定"按钮,保存设置,即可完成按销售地区分类汇总平均销售额操作,效果如图 7-75 所示。

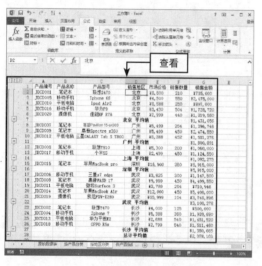

图 7-75

> **提示:**
>
> 如果想取消分类汇总操作,只需要在"分类汇总"对话框中单击"全部删除"按钮,即可删除所有分类汇总操作。

7.2.3 筛选电子产品销售表数据

除了可以对数据进行排序和分类汇总外,还可以使用"筛选"功能对所需的数据进行筛选,具体步骤如下。

1. 筛选指定产品和销售地区的销售金额

使用"数据"选项组的"筛选"功能可快速查找出想要的数据。

step 01 新建工作表,并命名为"筛选指定商品的销售金额表",输入相关数据,如图 7-76 所示。

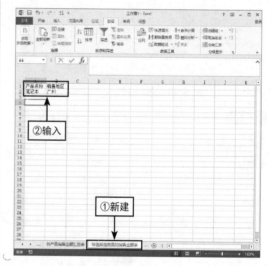

图 7-76

step 02 选中 A4 单元格,选择"数据"选项卡,单击"排序和筛选"选项组中的"高级"按钮,如图 7-77 所示。

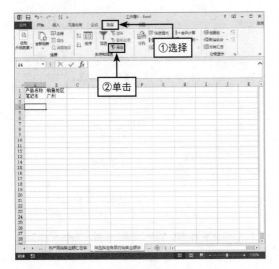

图 7-77

查询筛选结果，如图 7-79 所示。

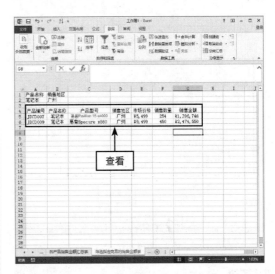

图 7-79

step 03　系统弹出"高级筛选"对话框，选择"将筛选结果复制到其他位置"单选按钮。"列表区域"选择"原始数据表 !$A$1:$G$21"，即原始数据表中 A1 到 G21 区域单元格。"条件区域"选择"筛选指定商品的销售金额表 !$A$1:$B$2"，即筛选指定商品的销售金额表中 A1 到 B2 区域单元格。"复制到"选择"筛选指定商品的销售金额表 !$A$4"，即筛选指定商品的销售金额表中 A4 单元格，如图 7-78 所示。

图 7-78

step 04　单击"确定"按钮，保存设置，即可

提示：

在"高级筛选"对话框中，"在原有区域显示筛选结果"表示筛选的结果显示在原数据位置，并覆盖原有数据；"将筛选结果复制到其他位置"表示筛选的结果显示在其他位置，原有数据不会被覆盖；"列表区域"表示要进行筛选的单元格区域；"条件区域"表示包含筛选条件的单元格区域；"复制到"表示放置筛选结果的单元格区域；"选择不重复的记录"表示取消筛选结果中的重复值。

2．筛选销售金额最高的 5 项数据

可以通过快捷选项来筛选销售金额最高的 5 项数据。

step 01　新建工作表，并命名为"销售金额前 5 位筛选表"，复制"原始数据表"中 A1：G21 区域单元格数据并粘贴到该表中，如图 7-80 所示。

图 7-80

step 02 选中该表中的G1单元格，选择"数据"选项卡，单击"排序和筛选"选项组中的"筛选"按钮，如图7-81所示。

图 7-81

step 03 此时已开启"筛选"功能。单击"销售金额"单元格筛选按钮，选择"数字筛选"选项下的"前10项"选项，如图7-82所示。

图 7-82

step 04 在弹出的"自动筛选前10个"对话框中将"10"改为"5"，如图7-83所示。

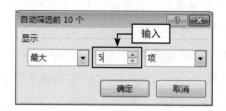

图 7-83

step 05 单击"确定"按钮，保存设置，此时系统将自动筛选销售金额最大的5项数据，如图7-84所示。

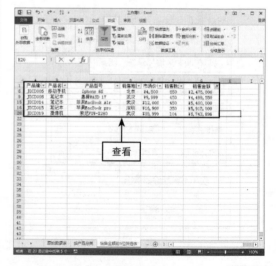

图 7-84

step 06　保存工作簿。将工作簿保存在合适的位置，并将文件名改为"电子产品销售分析表"，如图 7-85 所示。

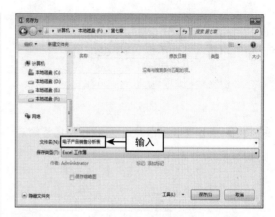

图 7-85

提示：

当用户不需要显示筛选结果时，可以采用两种方式来清除筛选状态：一是通过单击筛选下拉按钮来选择"清除筛选"命令，二是选择"数据"选项卡，在"排列和筛选"选项组中单击"清除"按钮来清除已经设置的筛选结果。

7.3　【精品鉴赏】

在本章的【精品鉴赏】中，可以看到《产品销售统计表》及《电子产品销售分析表》的制作过程、使用方法及最后产生的效果，具体如下。

1. 产品销售统计表

step 01　在制作产品销售统计表时，首先使用了函数计算相关数据，如计算折扣率、折扣额及售出价格。然后为表格数据添加条件格式，对"售出数量""售出金额"等列启用了色阶功能，对"成交价格"启用了"数据条"功能，还启用了"突出显示单元格规则"和"新建规则"功能来显示特殊数据，还对"成交价格"一列进行了"升序"排列操作等，效果如图 7-86 所示。

图 7-86

step 02　使用"自动筛选"功能筛选出名为"蔡

芳芳"的销售员的产品销售情况，效果如图 7-87 所示。

图 7-87

step 03　使用"按条件筛选"功能筛选出"售出数量大于等于 5"的产品销售情况，具体效果如图 7-88 所示。

图 7-88

2. 电子产品销售分析表

step 01　在制作电子产品销售分析表时，首先在"数据工具"选项组中使用"合并计算"功能汇总销售金额，首先按产品种类来汇总销售金额，效果如图 7-89 所示。

产品名称	销售总额
笔记本	¥21,980,846
移动手机	¥9,926,910
平板电脑	¥4,590,842
摄像机	¥5,063,456

图 7-89

step 02 制作了按销售地区来汇总销售总额表，效果如图 7-90 所示。

	A	B
1	销售地区	销售总额
7	北京	¥7,155,280
12	长沙	¥5,402,660
15	上海	¥2,184,550
21	武汉	¥15,501,892
25	广州	¥5,402,672
27	深圳	¥5,915,000

图 7-90

step 03 在"分级显示"选项组中使用"分类汇总"功能来汇总数据，例如，按产品名称来分类汇总销售金额，效果如图 7-91 所示。

产品名称	产品型号	销售地区	市场价格	销售数量	销售金额
笔记本	联想Z470	北京	¥3,500	210	¥735,000
笔记本	联想Y470	长沙	¥4,000	125	¥500,000
笔记本	联想Y910	上海	¥5,300	200	¥1,060,000
笔记本	惠普Pavilion 15-ak000	广州	¥5,499	254	¥1,396,746
笔记本	惠普WASD 17	武汉	¥9,999	450	¥4,499,550
笔记本	惠普Spectre x360	广州	¥5,499	450	¥2,474,550
笔记本	苹果MacBook Air	武汉	¥12,000	450	¥5,400,000
笔记本	苹果MacBook pro	深圳	¥16,900	350	¥5,915,000
笔记本 汇总				2489	¥21,980,846
平板电脑	Ipad Air2	北京	¥3,588	250	¥897,000
平板电脑	微软Surface 3	武汉	¥2,799	254	¥710,946
平板电脑	三星GALAXY Tab S T80	广州	¥3,388	452	¥1,531,376
平板电脑	华为平板M2	长沙	¥2,688	540	¥1,451,520
平板电脑 汇总				1496	¥4,590,842
摄像机	索尼PXW-X280	武汉	¥35,999	104	¥3,743,896
摄像机	佳能HF R76	北京	¥2,999	440	¥1,319,560
摄像机 汇总				544	¥5,063,456
移动手机	Iphone 7	长沙	¥5,388	360	¥1,939,680
移动手机	Iphone 6S	北京	¥4,500	550	¥2,475,000
移动手机	三星s7 edge	武汉	¥3,825	300	¥1,147,500
移动手机	华为P9	北京	¥3,430	504	¥1,728,720
移动手机	小米5S	上海	¥2,499	450	¥1,124,550
移动手机	OPPO R9s	长沙	¥2,799	540	¥1,511,460
移动手机 汇总				2704	¥9,926,910
总计				7233	¥41,562,054

图 7-91

step 04 还制作了按销售地区分类汇总平均销售额，效果如图 7-92 所示。

产品编号	产品名称	产品型号	销售地区	市场价格	销售数量	销售金额
JDCD001	笔记本	联想Z470	北京	¥3,500	210	¥735,000
JDCD005	移动手机	Iphone 6S	北京	¥4,500	550	¥2,475,000
JDCD010	平板电脑	Ipad Air2	北京	¥3,588	250	¥897,000
JDCD016	移动手机	华为P9	北京	¥3,430	504	¥1,728,720
JDCD020	摄像机	佳能HF R76	北京	¥2,999	440	¥1,319,560
			北京 平均值			¥1,431,056
JDCD003	笔记本	惠普Pavilion 15-ak000	广州	¥5,499	254	¥1,396,746
JDCD009	笔记本	惠普Spectre x360	广州	¥5,499	450	¥2,474,550
JDCD012	平板电脑	三星GALAXY Tab S T800	广州	¥3,388	452	¥1,531,376
			广州 平均值			¥1,800,891
JDCD003	笔记本	联想Y910	上海	¥5,300	200	¥1,060,000
JDCD017	移动手机	小米5S	上海	¥2,499	450	¥1,124,550
			上海 平均值			¥1,092,275
JDCD015	笔记本	苹果MacBook pro	深圳	¥16,900	350	¥5,915,000
			深圳 平均值			¥5,915,000
JDCD006	移动手机	三星s7 edge	武汉	¥3,825	300	¥1,147,500
JDCD008	笔记本	惠普WASD 17	武汉	¥9,999	450	¥4,499,550
JDCD011	平板电脑	微软Surface 3	武汉	¥2,799	254	¥710,946
JDCD014	笔记本	苹果MacBook Air	武汉	¥12,000	450	¥5,400,000
JDCD019	摄像机	索尼PXW-X280	武汉	¥35,999	104	¥3,743,896
			武汉 平均值			¥3,100,378
JDCD002	笔记本	联想Y470	长沙	¥4,000	125	¥500,000
JDCD004	移动手机	Iphone 7	长沙	¥5,388	360	¥1,939,680
JDCD013	平板电脑	华为平板M2	长沙	¥2,688	540	¥1,451,520
JDCD018	移动手机	OPPO R9s	长沙	¥2,799	540	¥1,511,460
			长沙 平均值			¥1,350,665
			总计 平均值			¥2,078,103

图 7-92

step 05 使用"筛选"功能来筛选所需数据，如筛选指定产品和销售地区的销售金额，效果如图 7-93 所示。

产品名称	销售地区
笔记本	广州

产品编号	产品名称	产品型号	销售地区	市场价格	销售数量	销售金额
JDCD007	笔记本	惠普Pavilion 15-ak000	广州	¥5,499	254	¥1,396,746
JDCD009	笔记本	惠普Spectre x360	广州	¥5,499	450	¥2,474,550

图 7-93

step 06 还筛选出了销售金额最高的5项数据，如图 7-94 所示。

产品编号	产品名称	产品型号	销售地区	市场价格	销售数量	销售金额
JDCD005	移动手机	Iphone 6S	北京	¥4,500	550	¥2,475,000
JDCD008	笔记本	惠普WASD 17	武汉	¥9,999	450	¥4,499,550
JDCD014	笔记本	苹果MacBook Air	武汉	¥12,000	450	¥5,400,000
JDCD015	笔记本	苹果MacBook pro	深圳	¥16,900	350	¥5,915,000
JDCD019	摄像机	索尼PXW-X280	武汉	¥35,999	104	¥3,743,896

图 7-94

第 8 章
Excel: 透视图表来分析

本章内容

图表是一种很直观的表达方式，它可以很生动地描述数据，将数据转化为各种图形数据，方便用户对数据的观察与研究。在 Excel 2013 中，可以将单元格中的数据用图表表示出来。透视图表是指从数据源中提炼想要的各种统计数据，以表或图的方式表现出来。Excel 数据透视表是数据汇总、优化数据显示和数据处理的强大工具。本章将以《制作电子产品销售图表》和《制作电子产品透视图表》为例，为大家介绍如何制作图表和透视图表。

8.1 制作电子产品销售图表

在 Excel 2013 中将工作表中的数据以图表的方式展现出来，用户可以很直观地观察到数据的变化情况及数据之间的差距。本节将介绍常用的图表种类、如何制作图表及如何设置图表格式等。

8.1.1 常用图表种类介绍

Excel 2013 为用户提供了很多图表类型，每种图表类型中还包含若干个子图表类型，常用的图表有柱形图、折线图、饼图、面积图、条形图、XY 散点图、组合图等，用户可以根据需要创建合适的图表，下面简单介绍这些图表的用法及特点。

1. 柱形图

柱形图是 Excel 2013 中默认的图表类型，用于显示一段时间内的数据变化或各项之间的比较情况，此图形可以很直观地比较各组数据之间的差别。在柱形图中，通常沿水平轴组织类别，而沿垂直轴组织数值。柱形图主要用于数据的统计与分析，有二维柱形图和三维柱形图等展示效果。二维柱形图又包括簇状柱形图、堆积柱形图和百分比堆积柱形图等。三维柱形图包括三维簇状柱形图、三维堆积柱形图和三维百分比堆积柱形图等，如图 8-1 所示。

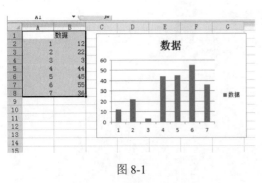

图 8-1

2. 折线图

工作表的列或行中的数据可以绘制到折线图中。在折线图中，类别数据沿水平轴均匀分布，所有值数据沿垂直轴均匀分布。折线图可以显示随时间（根据常用比例设置）而变化的连续数据，因此，适用于显示在相等时间间隔下数据的变化及其变化趋势。折线图有二维折线图和三维折线图等展示效果。二维折线图包括折线图、堆积折线图、百分比堆积折线图及带数据标记的折线图等，如图 8-2 所示。

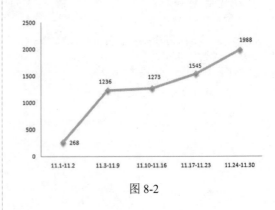

图 8-2

3．饼图

仅排列在工作表的一列或一行中的数据可以绘制到饼图中。饼图显示一个数据系列（数据系列：在图表中绘制的相关数据点，这些数据源自数据表的行或列。图表中的每个数据系列具有唯一的颜色或图案并且在图表的图例中表示。可以在图表中绘制一个或多个数据系列。饼图只有一个数据系列）中各项的大小与各项总和的比例。饼图中的数据点（数据点：在图表中绘制的单个值，这些值由条形、柱形、折线、饼图或圆环图的扇面、圆点和其他被称为数据标记的图形表示。相同颜色的数据标记组成一个数据系列）显示为整个饼图的百分比。整个饼图代表数据的总和。饼图有二维饼图、三维饼图和圆环饼图等展示效果。二维饼图还包括饼图、复合饼图和复合条饼图等，如图 8-3 所示。

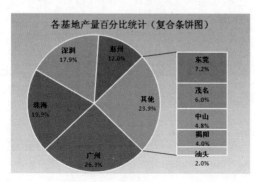

图 8-3

4．面积图

面积图又称区域图，强调数量随时间而变化的程度，也可用于引起人们对总值趋势的关注。堆积面积图还可以显示部分与整体的关系。通过显示所绘制的值的总和，面积图还可以显示部分与整体的关系。面积图有二维面积图和三维面积图等展示效果。二维面积图包括面积图、堆积面积图、百分比堆积面积图等，三维面积图主要包括三维面积图、三维堆积面积图和三维百分比堆积面积图等，如图 8-4 所示。

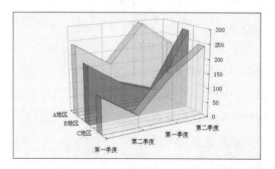

图 8-4

5．条形图

排列在工作表的列或行中的数据可以绘制到条形图中。条形图类似于柱形图，条形图显示各个项目之间的比较情况。描绘条形图的要素有 3 个：组数、组宽度、组限。在轴标签过长或者显示的数值是持续型的情况下可以使用条形图。条形图有二维条形图和三维条形图等展示效果。二维条形图包括簇状条形图、堆积条形图、百分比堆积条形图等。三维条形图主要包括三维簇状条形图、三维堆积条形图和三维百分比堆积条形图等，如图 8-5 所示。

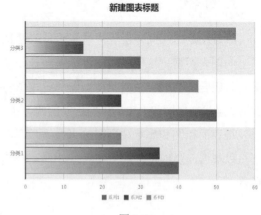

图 8-5

6．XY 散点图

XY 散点图有两个数值轴，沿水平轴（x 轴）方向显示一组数值数据，沿垂直轴（y 轴）方向显示另一组数值数据。散点图将这些数值合并到单一数据点并以不均匀间隔或显示它们。散点图通常用于显示和比较数值，如科学数据、统计数据和工程数据。在要更改水平轴的刻度的、要将轴的刻度转换为对数刻度、水平轴的数值不是均匀分布的、水平轴上有许多数据点的情况下可以使用 XY 散点图。XY 散点图主要有散点图和气泡图等表现形式。散点图又包括散点图、带平滑线和数据标记的散点图、带直线和数据标记的散点图等。气泡图包括气泡图和三维气泡图等，如图 8-6 所示。

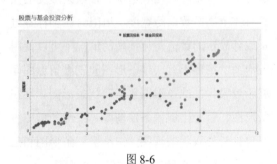

图 8-6

7．组合图

组合图是指在同一图表中显示两种或两种以上的图表类型，这便于用户进行多样式数据分析。组合图主要包括簇状柱形图和折线图的组合、簇状柱形图和次坐标上的折线图的组合，以及堆积面积图和簇状柱形图的组合等，用户还可以根据需要创建自定义组合图形，如图 8-7 所示。

图 8-7

8.1.2　创建销售图表

上一节中介绍了常用图表种类，下面将介绍如何在 Excel 2013 中创建这些图表。

1．输入数据

以 7.2 节中的表格数据为例，为大家介绍如何创建销售金额统计图表，具体步骤如下。

step 01　复制表格数据。打开"电子产品销售分析表"，复制 A1：G21 区域单元格数据，并粘贴至新建工作簿中，将工作表重命名为"原始数据表"，如图 8-8 所示。

图 8-8

step 02　新建工作表，命名为"创建金额统计

图表"，并在该工作表中输入表格内容，如图 8-9
所示。

图 8-9

step 03　合并汇总数据。选中 A2 单元格，选
择"数据"选项卡，在"数据工具"选项组中
单击"合并计算"按钮，如图 8-10 所示。

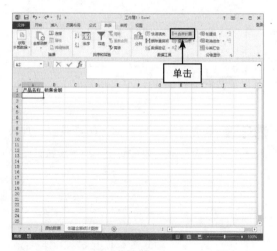

图 8-10

step 04　系统弹出"合并计算"对话框，将"函
数"设置为"求和"选项，"引用位置"设置
为"原始数据 !$B$2:$G$21"，"所有引用位置"
设置为"原始数据 !$B$2:$G$21"，选中"最
左列"复选框，如图 8-11 所示。

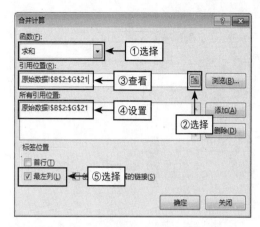

图 8-11

step 05　单击"确定"按钮，保存设置，删除
多余数据，效果如图 8-12 所示。

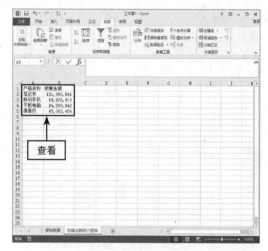

图 8-12

2. 创建销售金额统计图表

工作表中的数据输入完后，即可创建统计
图表，具体操作如下。

step 01　选中 A1：B4 区域单元格，选择"插入"
选项卡，在"图表"选项组中选择合适的图表
类型（如簇状柱形图），如图 8-13 所示。

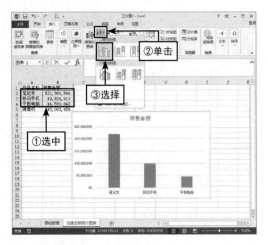

图 8-13

<step 02> 选择完成后可查看图表创建效果，如图 8-14 所示。

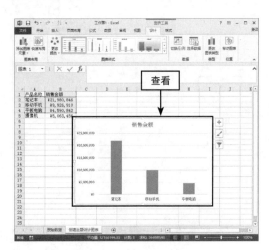

图 8-14

3. 添加图表数据

如果图表已经制作完成，但还需要在图表中添加数据，可以在"图表工具—设计"选项卡中继续添加数据，具体操作如下。

<step 01> 选择"图表工具—设计"选项卡，在"数据"选项组中单击"选择数据"按钮，如图 8-15 所示。

<step 02> 系统弹出"选择数据源"对话框，在"图表数据区域"中输入"=创建金额统计图

表 !$A$1:$B$5"，或拖动鼠标选择 A1：B5 区域单元格，即"创建金额统计图表"中 A1 至 B5 的单元格数据，如图 8-16 所示。

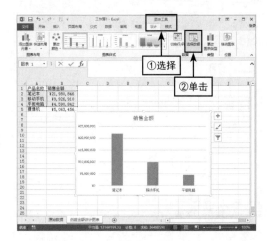

图 8-15

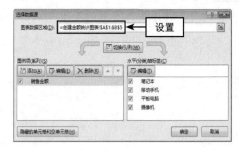

图 8-16

<step 03> 单击"确定"按钮，保存设置，即可成功添加图表数据，效果如图 8-17 所示。

图 8-17

4．更改图表类型

如果对已经创建好的图表类型不满意，可以在"图表工具—设计"选项卡中更改图表类型，具体操作如下。

step 01 选中图表，选择"图表工具—设计"选项卡，单击"类型"选项组中的"更改图表类型"按钮，如图 8-18 所示。

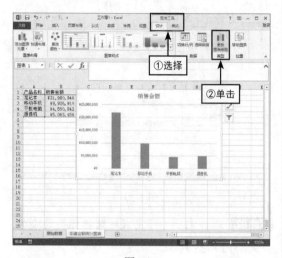

图 8-18

step 02 系统弹出"更改图表类型"对话框，选择新的图表类型，如图 8-19 所示。

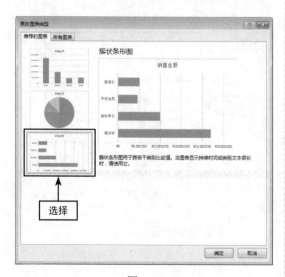

图 8-19

step 03 单击"确定"按钮，可保存设置，效果如图 8-20 所示。

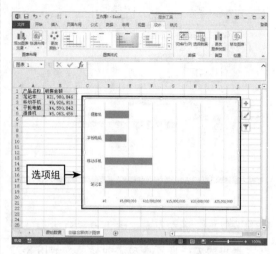

图 8-20

8.1.3　调整图表布局

图表创建完后可对图表布局进行调整，如添加图表标题、添加数据标签等，使图表更美观，数据更直观。

1．添加图表标题

可以在"图表工具—设计"选项卡下对图表进行添加标题操作，具体操作步骤如下。

step 01 选中图表，选择"图表工具—设计"选项卡，单击"图表布局"选项组下的"添加图表元素"下拉按钮，选择"图表标题"选项，并在其级联列表中选择"图表上方"选项，如图 8-21 所示。

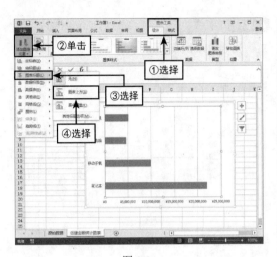

图 8-21

step 02 此时将在图表上方出现虚线方框，修改方框中的文字即可成功添加标题，如图 8-22 所示。

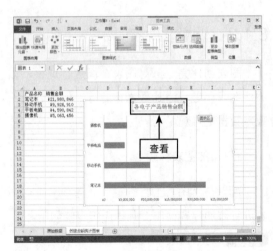

图 8-22

提示：

如果创建的新图表中已有默认标题，可以直接在标题中修改标题。

2．添加数据标签

为了使图表数据显示更直观，可以在图表中添加数据标签，具体操作步骤如下。

step 01 选中图表，选择"图表工具—设计"选项卡，单击"图表布局"选项组下的"添加图表元素"下拉按钮，选择"数据标签"，并在其级联列表中选择满意的选项（如数据标签外），如图 8-23 所示。

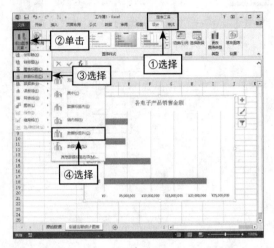

图 8-23

step 02 选择完后即可完成对数据标签的添加，效果如图 8-24 所示。

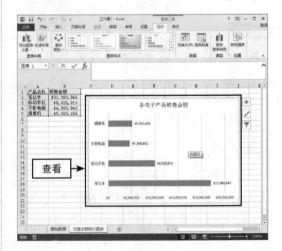

图 8-24

3．添加图表坐标轴标题

可以在"图表工具—设计"选项卡下对图表坐标轴添加标题，具体操作步骤如下。

step 01 选择图表,单击图表外侧右上角的"十"符号(即"图表元素"),选中"坐标轴标题"复选框,成功添加坐标轴标题,如图 8-25 所示。

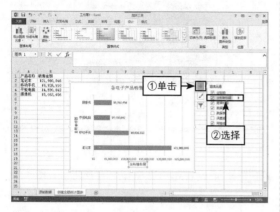

图 8-25

step 02 修改标题文本。选中"坐标轴标题",右击,在弹出的快捷菜单中选择"编辑文字"命令,如图 8-26 所示。

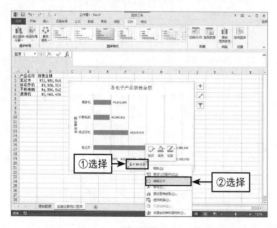

图 8-26

step 03 删除文本"坐标轴标题",并输入相应的标题内容,效果如图 8-27 所示。

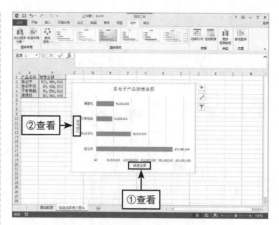

图 8-27

8.1.4　美化图表

图表创建完后可以对图表进行美化,如设置图表标题样式、设置图标样式、设置图表背景等。

1. 设置图表样式

可以在"图表工具—设计"选项卡下对图表进行样式设置,具体操作步骤如下。

step 01 选中图表。选择"图表工具—设计"选项卡,在"图表样式"选项组中选择满意的样式(如样式 7),如图 8-28 所示。

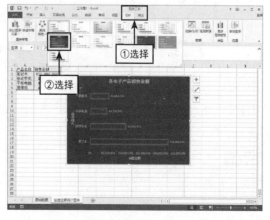

图 8-28

step 02 更改颜色。可以在"图表样式"选项组中单击"更改颜色"下拉按钮，选择满意的颜色来进行装饰（如颜色8），如图8-29所示。

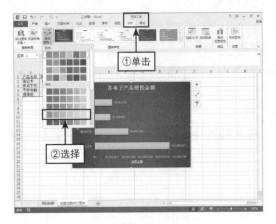

图 8-29

step 03 设置后可查看效果，如图8-30所示。

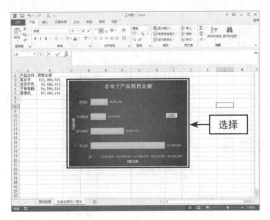

图 8-30

2. 设置图表标题样式

可以对标题进行样式设置，如设置字体、字号等，还可以对标题文本框进行设置，具体操作如下。

step 01 选择图表标题文本框，右击，在弹出的快捷菜单中选择"字体"命令，如图8-31所示。

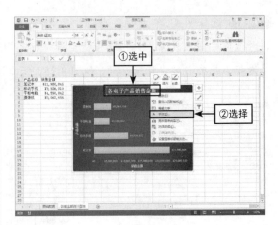

图 8-31

step 02 系统将弹出"字体"对话框，设置"西文字体"为"Times New Roman"，"中文字体"为"楷体"，"字体样式"为"加粗"，"大小"为"19"，"字体颜色"为"红色"，如图8-32所示。

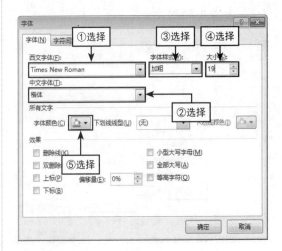

图 8-32

step 03 单击"确定"按钮，保存设置，效果如图8-33所示。

提示：

还可以在"图表工具—格式"选项卡中设置标题样式。

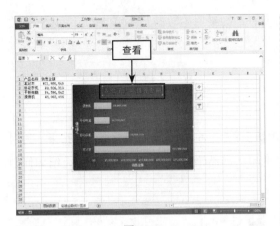

图 8-33

step 04 填充图表标题文本框。选择图表标题文本框，右击，在弹出的快捷菜单中选择"设置图表标题格式"命令，如图 8-34 所示。

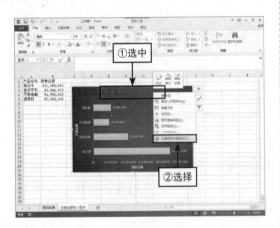

图 8-34

step 05 在弹出的"设置图表标题样式"窗格中选择满意的填充样式（如渐变填充），如图 8-35 所示。

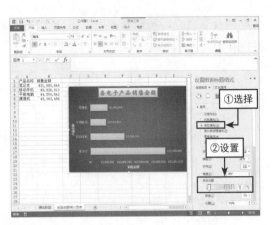

图 8-35

提示：

如果想填充图表区域，可选中图表，右击，在弹出的快捷菜单中选择"设置图表区域格式"命令，以同样的操作方法来填充图表。

3．保存工作簿

选择"文件"→"另存为"命令，将文件保存在合适位置，并命名为"销售金额统计图表"，如图 8-36 所示。

图 8-36

8.2　制作电子产品销售透视图表

数据透视表是一种交互式的表，可以进行某些计算，如求和与计数等，还可以对数据进行筛选。所进行的计算与数据与数据透视表中的排列有关。数据透视表可以动态地改变它们的版面布置，以便按照不同方式分析数据，也可以重新安排行号、列标和页字段。每一次改变版面布置时，数据透视表会立即按照新的布置重新计算数据。另外，如果原始数据发生更改，则可以更新数据透视表。

8.2.1　创建产品销售透视表

使用数据透视表可以汇总、分析、浏览和提供摘要数据，很直观地显示数据汇总结果，为用户查询和分类数据提供了方便。本节将以上一节的电子产品销售数据为例，为大家介绍如何创建产品销售透视表。

1．创建工作簿

打开上一节的"原始数据表"，复制A1：G21区域单元格数据，并粘贴至新建工作簿中，将工作表重命名为"原始数据"，新建工作表，并命名为"产品销售透视表"如图8-37所示。

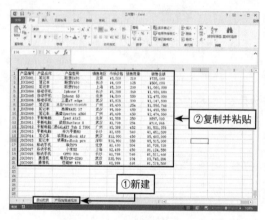

图 8-37

2．启用透视表功能

可以在"插入"选项组中启用透视表功能，具体操作如下。

step 01 选择"产品销售透视表"，选中A1单元格，选择"插入"选项卡，单击"表格"选项组中的"数据透视表"按钮，如图8-38所示。

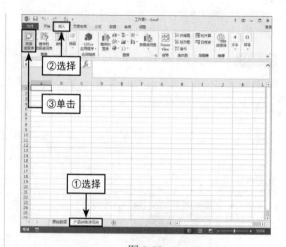

图 8-38

step 02 系统将弹出"创建数据透视表"对话框，单击"表/区域"右侧的选取按钮，选择"原始数据 !$A$1:$G$21"，即"原始数据"表中的A1：G21单元格区域，选择"现有工作表"单选按钮，单击"位置"右侧的选取按钮，选择"产品销售透视表 !$A$1"，如图8-39所示。

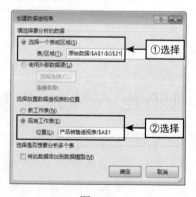

图 8-39

step 03　单击"确定"按钮，保存设置，此时已成功执行创建透视表操作，如图 8-40 所示。

图 8-40

step 04　在右侧的"数据透视表字段"窗格中选中"选择要添加到报表的字段"列表框中需要显示的复选框，如图 8-41 所示。

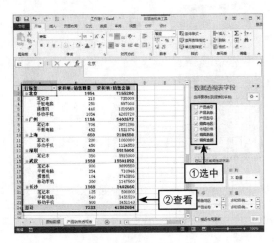

图 8-41

8.2.2　处理透视表数据信息

创建数据透视表后用户可以根据需要来处理数据表数据，如筛选字段、更改字段、排序等操作。

1. 按"销售地区"筛选数据

可以在"数据透视表字段"窗格中进行按"销售地区"筛选数据操作，具体步骤如下。

step 01　单击"数据透视表字段"窗格下"行"列表框中的"销售地区"下拉按钮，然后选择"移动到报表筛选"命令，如图 8-42 所示。

图 8-42

step 02　此时"筛选器"列表框中出现"销售地区"字段，即可对销售地区进行筛选，如图 8-43 所示。

图 8-43

step 03　在透视表中单击"销售地区"筛选器，即可显示出所有销售地区，如图 8-44 所示。

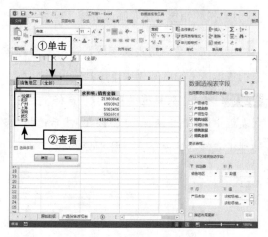

图 8-44

step 04 选择所需筛选的地区，单击"确定"按钮，即可筛选出该地区的信息，而其他地区数据会被隐藏，如图 8-45 所示。

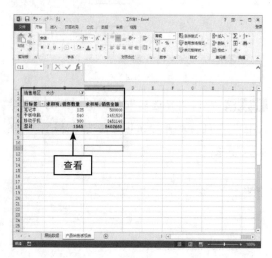

图 8-45

2. 更改"销售数量"汇总类型

透视表中的汇总类型默认情况下是汇总求和，可以根据需要更改字段汇总类型，如最大值汇总、最小值汇总、平均值汇总等，具体操作步骤如下。

step 01 在"数据透视表字段"窗格中单击"值"列表框中的"求和项：销售数量"下拉按钮，

选择"值字段设置"选项，如图 8-46 所示。

图 8-46

step 02 系统弹出"值字段设置"对话框，选择"值汇总方式"选项卡，在"计算类型"列表框中选择"最大值"选项，如图 8-47 所示。

图 8-47

提示：

也可以通过右击，在弹出的快捷菜单中选择"值字段设置"命令。

step 03 单击"确定"按钮，保存设置，即可查看到各种商品销售数量的最大值汇总，效果如图 8-48 所示。

图 8-48

3. 更改"销售数量"显示方式

在"值字段设置"对话框中，除了可以设置"值汇总方式"外还可以设置"值显示方式"，如按总计的百分比显示、按某列的百分比显示、按差异显示等，具体操作步骤如下。

step 01 在弹出的"值字段设置"对话框中选择"值显示方式"选项卡，在"值显示方式"列表框中选择"总计的百分比"，如图 8-49 所示。

图 8-49

step 02 单击"确定"按钮，保存设置，即可查看到各种商品销售数量占总销售数量的百分比，效果如图 8-50 所示。

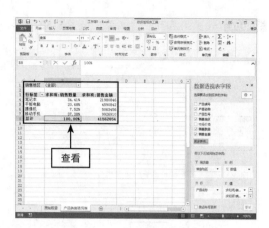

图 8-50

8.2.3　设置透视表样式

为了使透视表更美观，可以在"数据透视表工具—设计"选项卡中设置透视表样式。

1. 使用内置透视表样式

系统内置了很多透视表样式，用户可以自行选择满意的样式。

step 01 选中透视表中的任意单元格，选择"数据透视表工具—设计"选项卡，单击"数据透视表样式"选项组的下拉按钮，选择满意的透视表样式（如数据透视表样式中等深浅 10），如图 8-51 所示。

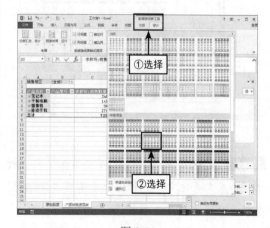

图 8-51

step 02 设置完后可查看效果，如图 8-52 所示。

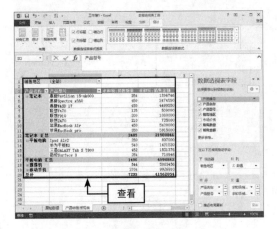

图 8-52

2. 自定义透视表样式

除了可以使用内置的数据表样式外，用户还可以自定义透视表样式，具体操作步骤如下。

step 01 选中透视表中的任意单元格，选择"数据透视表工具—设计"选项卡，单击"数据透视表样式"下拉按钮，选择"新建数据透视表样式"选项，如图 8-53 所示。

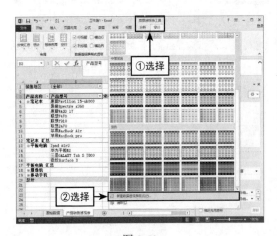

图 8-53

step 02 系统弹出"新建数据透视表样式"对话框，在"表元素"下拉列表中选择"标题行"选项，单击"格式"按钮，如图 8-54 所示。

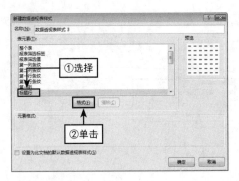

图 8-54

step 03 系统弹出"设置单元格格式"对话框，选择"填充"选项卡，选择满意的填充颜色（如红色），如图 8-55 所示。

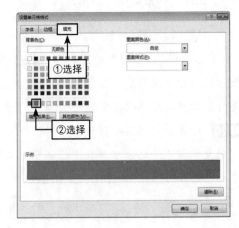

图 8-55

step 04 单击"确定"按钮，保存设置，将返回到"新建数据透视表样式"对话框，在"表元素"列表框中继续选择"第一列"选项，如图 8-56 所示。

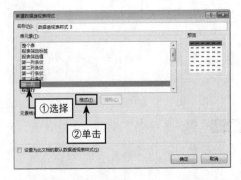

图 8-56

step 05 在"设置单元格格式"对话框中选择"字体"选项卡，将"字形"设置为"加粗倾斜"，如图 8-57 所示。

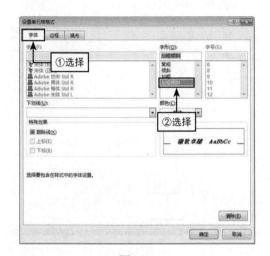

图 8-57

step 06 选择"填充"选项卡，单击"填充效果"按钮，如图 8-58 所示。

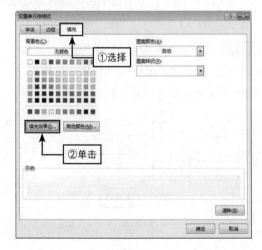

图 8-58

step 07 在弹出的"填充效果"对话框中选择满意的填充颜色（如颜色 1 为白色，颜色 2 为黄色）及底纹样式（如斜上），如图 8-59 所示。

step 08 返回到"新建数据透视表样式"对话框，选择"整个表"选项，单击"格式"按钮，如图 8-60 所示。

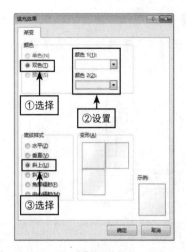

图 8-59

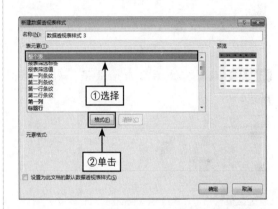

图 8-60

step 09 在"设置单元格格式"对话框中选择"边框"选项卡，设置边框样式，如图 8-61 所示。

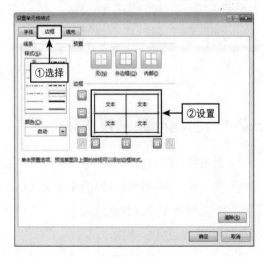

图 8-61

step 10 单击"确定"按钮，保存设置。单击"数据透视表样式"下拉按钮，选择"自定义"选项组中的样式，如图 8-62 所示。

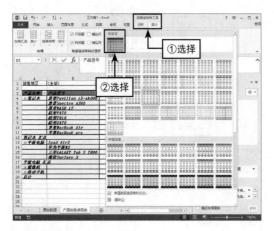

图 8-62

step 11 设置完成后可查看效果，如图 8-63 所示。

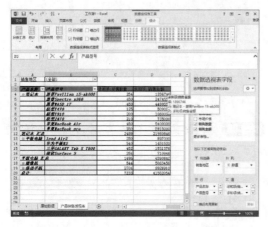

图 8-63

8.2.4 创建产品销售透视图

数据透视图是数据的另一种表现形式，数据透视图可认为是数据透视表的图表化，是以图表的形式分析和表现数据的关系，下面将介绍如何创建产品销售透视图。

1. 新建工作表

新建工作表，并重命名为"产品销售透视图"，如图 8-64 所示。

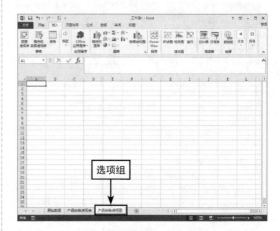

图 8-64

2. 启用透视图功能

可以在"插入"选项组中启用透视图功能，具体操作如下。

step 01 选中 A1 单元格，选择"插入"选项卡，单击"图表"选项组中的"数据透视图"下拉按钮，选择"数据透视图"选项，如图 8-65 所示。

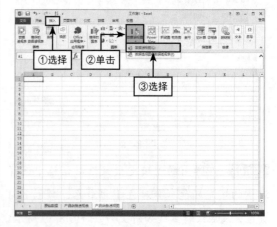

图 8-65

step 02 系统将弹出"创建数据透视图"对话框，单击"表/区域"右侧的选取按钮，选择"原

始数据 !\$A\$1:\$G\$21", 即 "原始数据" 表中的 A1: G21 单元格区域, 选择 "现有工作表" 单选按钮, 单击 "位置" 右侧的选取按钮, 选择 "产品销售透视图 !\$A\$1", 如图 8-66 所示。

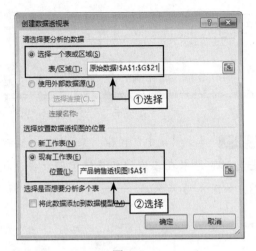

图 8-66

step 03　单击 "确定" 按钮, 保存设置, 如图 8-67 所示。

图 8-67

step 04　在右侧的 "数据透视图字段" 窗格中选中 "选择要添加到报表的字段" 列表框中需要显示的复选框, 如图 8-68 所示。

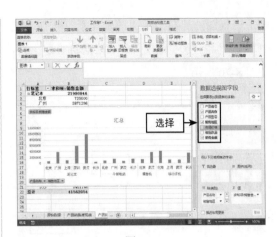

图 8-68

step 05　字段添加完成后即成功创建产品销售透视图, 效果如图 8-69 所示。

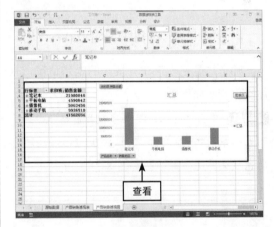

图 8-69

8.2.5　筛选透视图数据

数据透视图创建完成后, 可以对所需数据进行筛选操作, 从而使数据透视图可以根据不同的筛选条件显示不同的数据汇总和分析结果。

1. 添加数据标签

启用数据标签功能可以使用户更容易观察具体数据及销售情况。选中 "数据透视图",

单击透视图外部右上角"图表元素"按钮，选中"数据标签"复选框，此时，数据将显示出来，如图 8-70 所示。

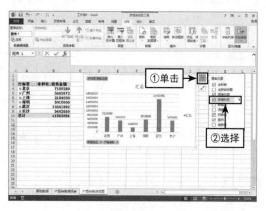

图 8-70

2. 筛选单个产品各地区的销售情况

筛选"笔记本"在各地区的销售情况，具体操作步骤如下。

step 01 单击"数据透视表字段"窗格下"行"列表框中的"产品名称"下拉按钮，然后选择"移动到报表筛选"命令，如图 8-71 所示。

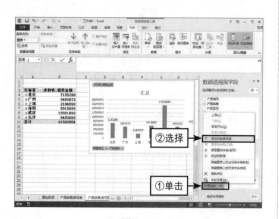

图 8-71

step 02 此时"筛选器"列表框中出现"产品名称（全部）"字段，单击"产品名称（全部）"筛选按钮，选择"笔记本"选项，如图 8-72 所示。

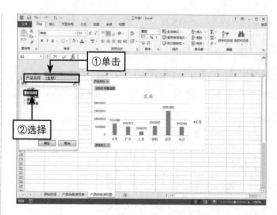

图 8-72

step 03 单击"确定"按钮，保存设置，即可查看到笔记本在各地的销售情况的数据透视图，如图 8-73 所示。

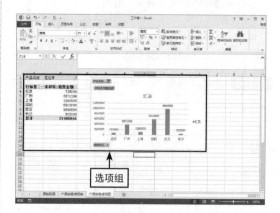

图 8-73

3. 利用切片器查看电子产品销售情况

如果想要快速查看各个地区的销售情况，可以使用 Excel 2013 中的"切片器"功能。切片器提供了一种可视性极强的筛选方法来筛选透视图表中的数据，使用"切片器"功能后可以直接使用按钮对数据进行快速分段和筛选，具体操作方法如下。

step 01 选中数据透视图，选择"插入"选项卡，在"筛选器"选项组中单击"切片器"按钮，如图 8-74 所示。

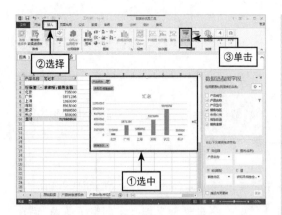

图 8-74

step 02 在弹出的"插入切片器"对话框中选中"产品名称"复选框，如图 8-75 所示。

图 8-75

step 03 单击"确定"按钮，保存设置，即可成功添加"切片器"，调整如图 8-76 所示。

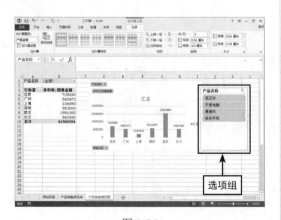

图 8-76

step 04 在切片器中单击某一产品名称，即可快速筛选出该产品的销售情况，如图 8-77 所示。

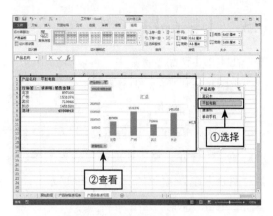

图 8-77

step 05 若需要显示多个产品的销售总额，可按住【Shift】键单击选择连续的多个选项，或按住【Ctrl】键单击选择不连续的多个选项，如图 8-78 所示。

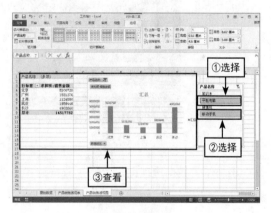

图 8-78

8.3 【精品鉴赏】

在本章【精品鉴赏】中，可以看到制作《电子产品销售图表》和《电子产品销售透视图表》时使用的技巧和功能，具体如下。

1. 电子产品销售图表

在制作《电子产品销售图表》过程中，首先介绍了常用的图表种类，以及它们的特点和用法；然后使用"合并计算"功能，并插入了图表，进行了更换图表类型操作；还调整了图表布局，并对图表进行美化操作，如图 8-79 所示。

2. 电子产品销售透视图表

在制作《电子产品销售透视图表》过程中，首先利用数据制作数据透视表，启用了数据透视表功能，并且处理了透视表数据信息，如筛选数据、更改汇总类型、更改显示方式等，还设置了透视表样式，如图 8-80 所示。

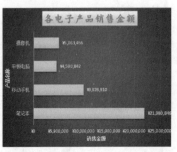

图 8-79

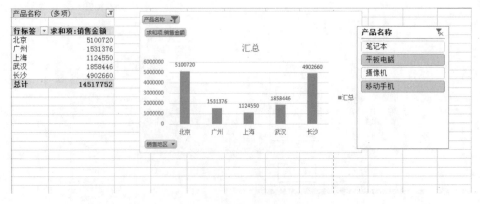

图 8-80

还制作了数据透视图，启用了数据透视图功能，还使用切片器功能筛选所需要的数据，如图 8-81 所示。

图 8-81

第 9 章

Excel: 数据共享真神奇

本章内容

在 Excel 2013 中除了可以对大量数据进行计算分析和存储、制作各种各样的图表等基本操作外，还可以使用高级功能使 Excel 具有交互性，如数据共享、数据有效性设置、录制和编辑宏、对数据进行保护等。本章将以《制作员工信息录入系统》为例，为大家介绍如何使用这些功能。

9.1 制作员工信息录入系统

每个公司为了更好地管理公司人员，都要保存员工的基本信息，根据实际情况，大部分的公司人事部门都没有配备专门的人事管理软件，如果一份份地录入员工信息，将是一项很烦琐又容易出错的任务。用 Excel 来建立适于本企业具体需求的信息录入系统是一个不错的选择。Excel 的功能强大，操作方便，在 Excel 中制作员工信息录入系统，将会大大提高公司人事部门的工作效率。下面将介绍如何制作员工信息录入系统。

9.1.1 制作录入系统界面

在制作录入系统前首先要制作界面，即搭建出一个基本框架，具体操作步骤如下。

1. 创建工作簿

创建新的工作簿，并将"Sheet1"命名为"员工信息表"，如图 9-1 所示。

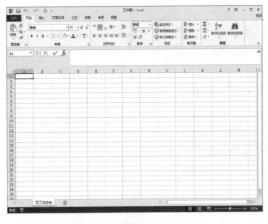

图 9-1

2. 输入单元格内容

在新的工作表中输入相关信息，如图 9-2 所示。

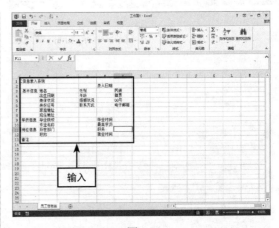

图 9-2

3. 设置单元格格式

基本信息输入完后，可以对单元格进行格式设置，如设置字体、合并单元格、设置对齐方式、调整行高列宽等。

step 01 合并单元格。在"设置单元格"对话框中进行"字体（如黑体、20）""对齐方式"（如居中对齐）设置，以及"合并单元格"操作，如图 9-3 所示。

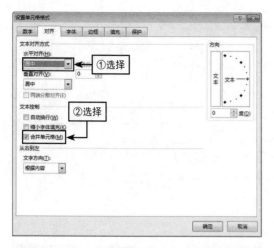

图 9-3

step 02 单击"确定"按钮，保存设置，效果如图 9-4 所示。

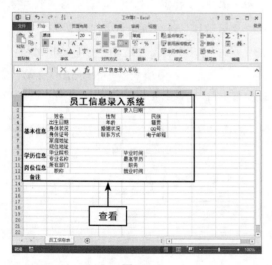

图 9-4

step 03 设置表格标题颜色（如紫色，着色 2，淡色 40%），为表格添加边框，并在"开始"选项卡的"单元格"选项组中调整行高，效果如图 9-5 所示。

图 9-5

4．设置数据验证

为了防止数据输入错误，可对部分有规则的单元格设置数据有效性验证，具体操作步骤如下。

step 01 对"身份证号"设置数据有效性验证，如对身份证号设置为输入位数限制在 15 位或 18 位。选中 C6 单元格，选择"数据"选项卡，单击"数据工具"选项组下的"数据验证"下拉按钮，选择"数据验证"选项，如图 9-6 所示。

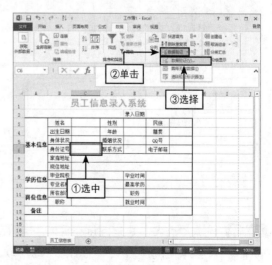

图 9-6

step 02 系统弹出"数据验证"对话框，选择"设置"选项卡，在"允许"下拉列表中选择"自定义"选项，在"公式"文本框中输入"=OR(LEN(C6)=15,LEN(C6)=18)"，如图 9-7 所示。

图 9-7

step 03 选择"出错警告"选项卡，在"样式"下拉列表中选择"停止"选项，在"标题"文本框中输入"录入错误"，在"错误信息"文本框中输入"身份证号限为 15 位或 18 位"，如图 9-8 所示。

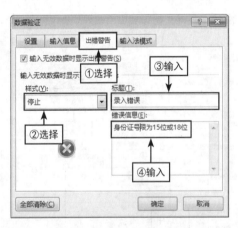

图 9-8

step 04 单击"确定"按钮，保存设置，若输入错误，则会弹出"录入错误"对话框，如图 9-9 所示。

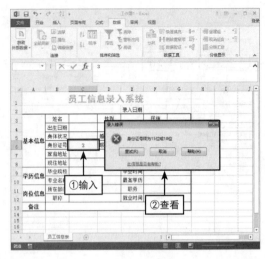

图 9-9

step 05 对"年龄"设置数据有效性验证，如年龄只能录入数字。选中 E4 单元格，在弹出的"数据验证"对话框中选择"设置"选项卡，在"允许"下拉列表中选择"自定义"选项，在"公式"文本框中输入"=ISNUMBER(E4)"，如图 9-10 所示。

图 9-10

step 06 选择"出错警告"选项卡，在"样式"下拉列表中选择"停止"选项，在"标题"文本框中输入"录入错误"，在"错误信息"文本框中输入"年龄只能输入数字！"，如图 9-11 所示。

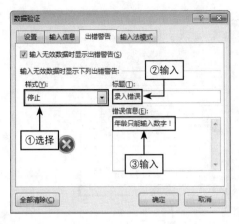

图 9-11

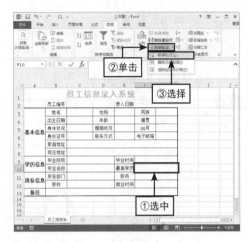

图 9-13

step 07 单击"确定"按钮，保存设置，若输入错误，则会弹出"录入错误"对话框，如图 9-12 所示。

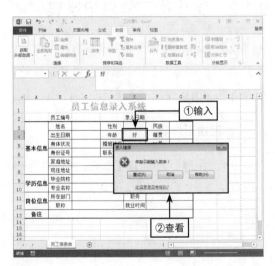

图 9-12

图 9-14

step 10 单击"确定"按钮，保存设置。选中 F10 单元格，将会出现下拉按钮，员工可以根据实际情况选择选项，如图 9-15 所示。

step 08 设置"最高学历"验证。选中 F10 单元格，选择"数据"选项卡，单击"数据工具"选项组下的"数据验证"下拉按钮，选择"数据验证"选项，如图 9-13 所示。

step 09 在弹出的"数据验证"对话框中选择"设置"选项卡，在"允许"下拉列表中选择"序列"选项，在"来源"文本框中输入"高中及以下，大专，大学本科，研究生及以上"，如图 9-14 所示。

图 9-15

5. 检测表格完整性

为保证员工信息录入完整，可添加公式来检测表格数据的完整性，具体操作如下。

step 01 选中 B13 单元格，在公式编辑器中输入 "=IF(AND(C2<>"",F2<>"",C3<>"",E3<>"",G3<>"",C4<>"",E4<>"",G4<>"",C5<>"",E5<>"",G5<>"",C6<>"",E6<>"",G6<>"",C7<>"",C8<>"",C9<>"",F9<>"",C10<>"",F10<>"",C11<>"",F11<>"",C12<>"",F12<>"")," 员工信息录入完整"," 员工信息录入不完整 !!!")"，如图 9-16 所示。

图 9-16

step 02 若表格中数据填写完整，则在 B13 单元格中显示"员工信息录入完整"，否则显示"员工信息录入不完整 !!!"，效果如图 9-17 所示。

图 9-17

9.1.2 制作员工信息记录表

员工信息录入系统框架完成后，可以制作员工信息记录表，员工信息记录表是存放员工基本信息的工作表。

1. 新建工作表

在"工作簿 1"中新建工作表，并命名为"员工信息记录表"，如图 9-18 所示。

图 9-18

2. 输入表格内容

工作表创建完成后，可以在单元格中输入内容，如图 9-19 所示。

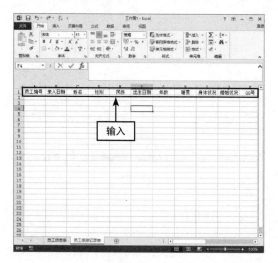

图 9-19

3. 设置表格样式

表格内容输入完成后可对表格进行样式设置，具体操作步骤如下。

step 01 选中表格，选择"开始"选项卡，在"样式"选项组中单击"套用表格格式"下拉按钮，选择满意的表格样式（如表样式中等深浅 3），如图 9-20 所示。

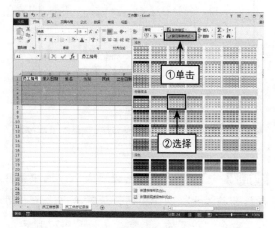

图 9-20

step 02 系统弹出"套用表格式"对话框，选中"表包含标题"复选框，如图 9-21 所示。

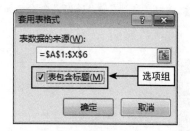

图 9-21

step 03 单击"确定"按钮，保存设置，效果如图 9-22 所示。

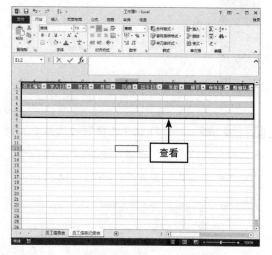

图 9-22

9.1.3 录制与编辑宏命令

宏（Macro），是一种批量批处理的称谓。一般说来，宏是一种规则或模式，或称为语法替换。解释器或编译器在遇到宏时会自动进行这一模式替换。

1. 设置"开发工具"选项卡

录制宏需要在"开发工具"选项卡中执行，如果菜单栏中没有显示"开发工具"选项卡，可在"文件"菜单中进行设置，具体操作步骤如下。

step 01 选择"文件"→"选项"命令，如图9-23所示。

图 9-23

step 02 在弹出的"Excel 选项"对话框中，选择"自定义功能区"选项，选中"主选项卡"下的"开发工具"复选框，如图9-24所示。

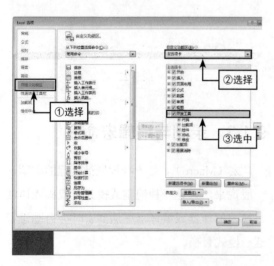

图 9-24

step 03 单击"确定"按钮保存，此时工作簿菜单栏中将会显示"开发工具"选项卡，如图9-25所示。

图 9-25

2. 录制宏

为了将"员工信息表"中的数据信息添加到"员工信息记录表"中，可使用录制宏的操作功能将步骤记录下来，具体操作步骤如下。

step 01 在"员工信息表"中输入员工信息，如图9-26所示。

图 9-26

step 02 选择"员工信息记录表"，选中第2行行号并右击，在弹出的快捷菜单中选择"插入"命令，即可插入新空行，如图9-27所示。

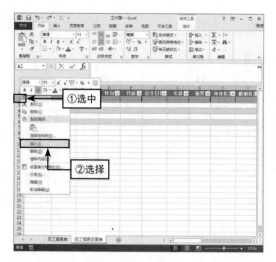

图 9-27

step 03　选中"员工信息表",选择"开发工具"选项卡,单击"代码"选项组下的"录制宏"按钮,如图 9-28 所示。

图 9-28

step 04　系统弹出"录制宏"对话框,将"宏名"设置为"录入数据到员工信息记录表",单击"确定"按钮,保存设置,此时已经启动录制宏功能,如图 9-29 所示。

图 9-29

step 05　复制"员工信息表"中的 C2 单元格数据,并粘贴至"员工信息记录表"中的 A2单元格中,在"粘贴(按 Ctrl 键)"下拉列表中选择"值"选项,表示粘贴为无格式文本,如图 9-30 所示。

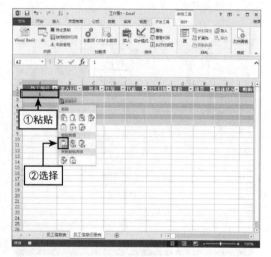

图 9-30

step 06　复制"员工信息表"中的 C3 单元格数据,并粘贴至"员工信息记录表"中的 C2单元格中,在"粘贴(按 Ctrl 键)"下拉列表中选择"值"选项,表示粘贴为无格式文本,如图 9-31 所示。

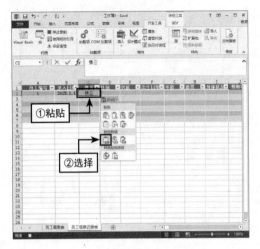

图 9-31

step 07 使用同样的操作方法,将"员工信息表"中其他单元格数据复制并粘贴至"员工信息记录表"中的相对位置,复制完后,单击"代码"选项组中的"停止录制"按钮,即可停止宏的录制,如图 9-32 所示。

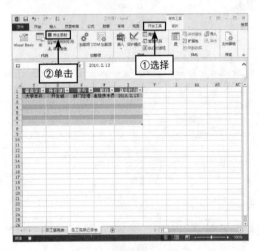

图 9-32

3. 测试宏命令

宏命令录制完后可以对其可执行性进行测试。

step 01 修改"员工信息表"数据,如图 9-33 所示。

图 9-33

step 02 选择"开发工具"选项卡,单击"代码"选项组中的"宏"按钮。在弹出的"宏"对话框中单击"执行"按钮,如图 9-34 所示。

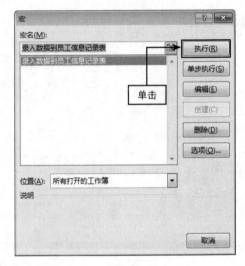

图 9-34

step 03 执行宏命令后,将会在"员工信息记录表"新增一条数据,该数据即为更改后的"员工信息表"中的数据,如图 9-35 所示。

图 9-35

4. 录制清除"员工信息表"数据的宏

如果要在"员工信息表"中录入新数据，则需要将该表中之前的数据清除才能录入新的数据，为方便录入新数据，可将清除数据的过程录制为宏，具体操作步骤如下。

step 01 选中"员工信息表"，选择"开发工具"选项卡下的"代码"选项组，单击"录制宏"按钮，如图 9-36 所示。

图 9-36

step 02 在弹出的"录制宏"对话框中将"宏名"设置为"清除数据"，单击"确定"按钮，保存设置，如图 9-37 所示。

图 9-37

step 03 此时已经启动录制宏操作，删除"员工信息表"中的相关数据，如图 9-38 所示。

图 9-38

step 04 删除完成后单击"代码"选项组中的"停止录制"按钮，如图 9-39 所示。

图 9-39

图 9-41

5. 编辑宏命令

为了防止"员工信息表"中的数据不完整时就执行宏命令，可对"录入数据到员工信息记录表"宏命令进行编辑，具体操作如下。

step 01 录入员工信息，如图 9-40 所示。

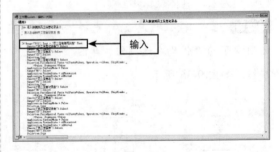

图 9-40

step 02 在"代码"选项组中单击"宏"按钮，在"宏"对话框中，选择"录入数据到员工信息记录表"选项，单击"编辑"按钮，如图 9-41 所示。

step 03 系统将打开"宏代码"窗口，在代码相应位置添加"if range("B13").Text = " 工信息填写完整 "Then"，即判断单元格 B13 中的文本内容是否为"员工信息填写完整"，如图 9-42 所示。

图 9-42

step 04 在代码末尾处添加代码"清除数据 Else MsgBox '员工信息输入不完整！！！不能添加到记录表中' End IF"，表示当条件满足时执行该宏命令，然后再选择"清除数据"宏命令，当条件不满足时使用对话框显示"员工信息输入不完整！！！不能添加到记录表中"提示信息，如图 9-43 所示。

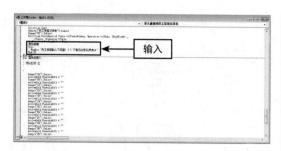

图 9-43

step 05　关闭窗口即可保存设置，选择"录入数据到员工信息记录表"命令，此时会显示提示框，如图 9-44 所示。

图 9-44

9.1.4　添加宏命令执行按钮

在"员工信息表"数据录入完成后，可以添加宏命令执行按钮来快速调用"录入数据到员工信息记录表"宏命令，同样，也可以添加执行按钮快速选择"清除数据"宏命令。

1. 制作"录入数据"按钮

可以插入控件来制作"录入数据"按钮，具体操作步骤如下。

step 01　选择"员工信息表"，在"开发工具"

选项卡下选择"控件"选项组，单击"插入"下拉按钮，选择"表单控件"下的"按钮（窗体控件）"选项，如图 9-45 所示。

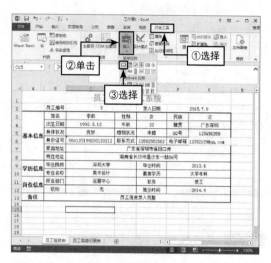

图 9-45

step 02　在 C15 单元格中绘制按钮，在弹出的"指定宏"对话框中将"宏名"设置为"录入数据到员工信息记录表"，如图 9-46 所示。

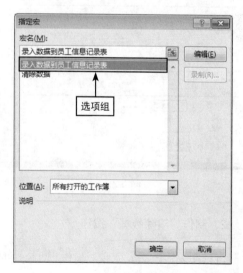

图 9-46

step 03　单击"确定"按钮，保存设置。选中该按钮，右击，在弹出的快捷菜单中选择"编辑文字"命令，如图 9-47 所示。

图 9-47

step 04 编辑按钮文字，效果如图 9-48 所示。

图 9-48

2. 制作"清除数据"按钮

可以在表格中插入控件来制作"清除数据"按钮，具体操作如下。

step 01 选择"员工信息表"，在"开发工具"选项卡下选择"控件"选项组，单击"插入"下拉按钮，选择"表单控件"下的"按钮（窗

体控件）"选项，如图 9-49 所示。

图 9-49

step 02 在 E15 单元格中绘制按钮，在弹出的"指定宏"对话框中将"宏名"设置为"清除数据"，如图 9-50 所示。

图 9-50

step 03 将按钮名称更改为"清除数据"，如图 9-51 所示。

step 04 保存工作簿。将工作簿保存在合适位置，将文件名改为"员工信息录入系统"，保存类型设置为"Excel 启用宏的工作簿"，如图 9-52 所示。

图 9-51

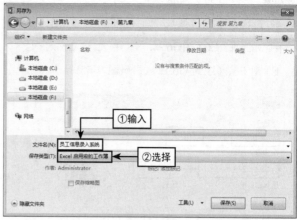

图 9-52

9.1.5　保护与共享"员工录入系统"工作簿

在使用 Excel 编辑数据时，有时会出现需要别人提供数据或者将数据提供给别人的情况，那么就可以启用 Excel 2013 中的保护和共享工作簿功能。

1. 设置工作簿可编辑区域

为了使对工作簿进行保护后，其他用户可对允许编辑的区域进行修改，可以设置可编辑区域，具体操作如下。

step 01 选择"审阅"选项卡，在"更改"选项组中单击"允许用户编辑区域"按钮，如图 9-53 所示。

step 02 系统弹出"允许用户编辑区域"对话框，单击"新建"按钮，如图 9-54 所示。

图 9-53

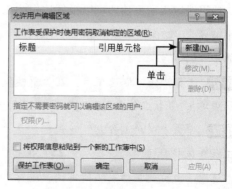

图 9-54

step 03 在弹出的"新区域"对话框中将"标题"设置为"可编辑区域"，引用单元格设置为"=C3:C6,E3:E6,G3:G6"，即单元格 C3 到 C6、E3 到 E6、G3 到 G6 区域，如图 9-55 所示。

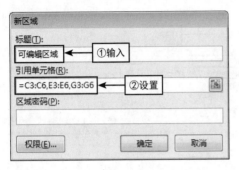

图 9-55

step 04 单击"确定"按钮，保存设置，如图 9-56 所示。

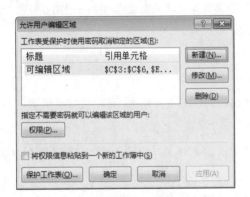

图 9-56

2. 保护工作表

启用保护工作表功能可以很好地保护工作表不被篡改，如保护单元格格式、插入行列等，具体步骤如下。

step 01 选择"审阅"选项卡，在"更改"选项组中单击"保护工作表"按钮，如图 9-57 所示。

step 02 弹出"保护工作表"对话框，在"取消工作表保护时使用的密码"文本框中输入密码，选中"允许此工作表的所有用户进行"列表框中的复选框，如图 9-58 所示。

图 9-57

图 9-58

step 03 单击"确认"按钮，在"确认密码"对话框中再次输入密码，如图 9-59 所示。

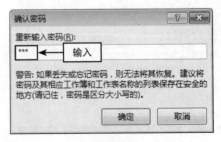

图 9-59

3. 保护并共享工作簿

可以使用"保护并共享工作簿"命令对工作簿进行共享，具体操作如下。

step 01 选择"审阅"选项卡，在"更改"选项组中单击"保护并共享工作簿"按钮，如图 9-60 所示。

图 9-60

step 02 在"保护共享工作簿"对话框中选中"以跟踪修订方式共享"复选框，并输入密码，如图 9-61 所示。

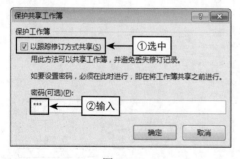

图 9-61

step 03 单击"确认"按钮，在"确认密码"对话框中再次输入密码，如图 9-62 所示。

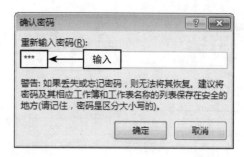

图 9-62

> **提示:**
>
> 若工作簿中的"保护并共享工作簿"按钮呈灰色，则无法共享工作簿，这是因为此工作簿中包含 Excel 表或 XML 映射，可将表转换为区域并删除所有 XML 映射。具体操作方法如下：选中 Excel 表，选择"表格工具—设计"选项卡中的"工具"选项组，单击"转换为区域"按钮，即可成功将表转换为区域。

9.1.6 保护与撤销保护工作簿

1. 保护工作簿结构

当多个用户共同编辑一个工作簿时，为防止工作簿中的数据被恶意篡改，可以对工作簿进行保护设置，具体操作如下。

step 01 打开"员工录入系统"工作簿，选择"审阅"选项卡，在"更改"选项组中单击"保护工作簿"按钮，如图 9-63 所示。

step 02 系统将弹出"保护结构和窗口"对话框，选中"结构"复选框，并输入密码，如图 9-64 所示。

图 9-63

图 9-64

step 03 单击"确定"按钮，在弹出的"确认密码"对话框中重新输入密码，单击"确定"按钮保存，即可保护工作簿结构，防止别人对工作簿进行添加或删除行等操作，如图 9-65 所示。

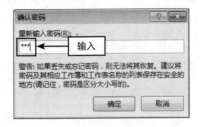

图 9-65

2. 设置打开工作簿的打开和修改密码

为了进一步保护工作簿，可以对工作簿的打开和修改进行密码设置，具体操作如下。

step 01 选择"文件" → "另存为"命令，如图 9-66 所示。

图 9-66

step 02 系统将弹出"另存为"对话框，单击"工具"下拉按钮，选择"常规选项"选项，如图 9-67 所示。

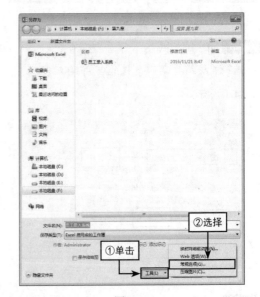

图 9-67

step 03 系统弹出"常规选项"对话框，输入"打开权限密码"和"修改权限密码"，选中"建议只读"复选框，如图 9-68 所示。

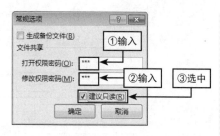

图 9-68

step 04 单击"确定"按钮，保存设置，在弹出的"确认密码"对话框中重新输入密码，如图 9-69 所示。

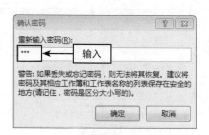

图 9-69

step 05 单击"保存"按钮，保存设置，即可成功设置密码。重新打开工作簿，系统则会弹出"密码"对话框，如图 9-70 所示。

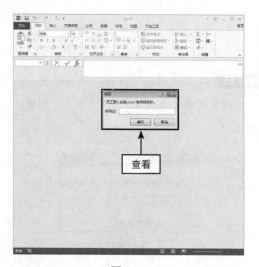

图 9-70

step 06 输入正确密码，单击"确定"按钮，在弹出的"密码"对话框中再次输入正确密码，如图 9-71 所示。

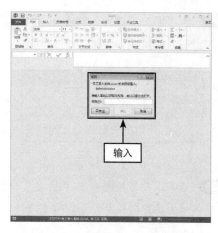

图 9-71

step 07 单击"确定"按钮，在弹出的信息提示框中单击"否"按钮，即可打开工作簿，如图 9-72 所示。

图 9-72

3. 撤销保护工作簿

可在"审阅"选项卡中撤销保护工作簿，具体操作如下。

step 01 选择"审阅"选项卡，单击"更改"选项组中的"保护工作簿"按钮，如图 9-73 所示。

图 9-73

step 02 在弹出的"撤销工作簿保护"对话框中输入密码，如图9-74所示。

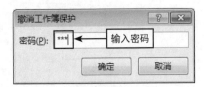

图 9-74

step 03 输入正确密码并单击"确定"按钮，即可撤销对工作簿的保护，如图9-75所示。

图 9-75

9.1.7 共享工作簿

当工作簿信息量较大时，用户可以通过共享工作簿来实现信息的同步录入。可以在"审阅"选项卡中实现对工作簿的共享。

step 01 选择"审阅"选项卡，单击"更改"选项组中的"共享工作簿"按钮，如图9-76所示。

step 02 在弹出的"共享工作簿"对话框中选中"允许多用户同时编辑，同时允许工作簿合并"复选框，如图9-77所示。

图 9-76

图 9-77

step 03 单击"确定"按钮，保存设置，在弹出的信息提示框中单击"确定"按钮，如图9-78所示。

图 9-78

提示：

若想撤销共享工作簿，取消选中"允许多用户同时编辑，同时允许工作簿合并"复选框即可。

9.2 【Excel 综合案例】分析员工工资数据

前面几章为大家介绍了 Excel 2013 中的基本功能和技巧，如输入数据、计算公式、汇总排序、创建透视图表及保护和共享数据等，下面将以如何制作《分析员工工资数据》为例，综合运用 Excel 2013 的相关功能。

1. 创建工作簿

在输入数据之前要在 Excel 中创建工作簿，并将 "Sheet1" 命名为 "员工工资表"，如图 9-79 所示。

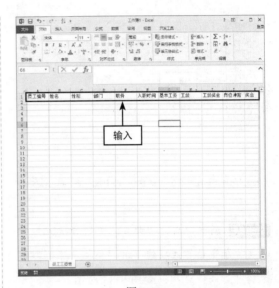

图 9-80

step 02 输入员工编号，如图 9-81 所示。

图 9-79

2. 输入数据

创建工作簿后即可在表中输入数据，具体操作如下。

step 01 输入标题行，如图 9-80 所示。

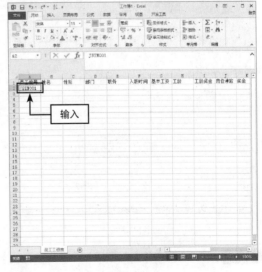

图 9-81

step 03 选中 A2 单元格，选中单元格右下角区域的填充按钮，按住鼠标左键，并向下拖动鼠标至 A22 单元格，释放鼠标即可完成对员工编号的填充，如图 9-82 所示。

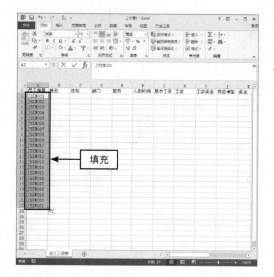

图 9-82

step 04 调整行高。选中 A1：P22 单元格区域，单击"单元格"选项组下的"格式"下拉按钮，选择"行高"选项，如图 9-83 所示。

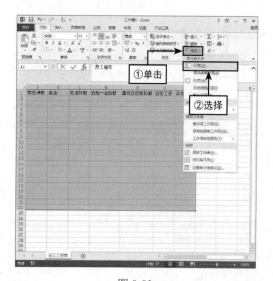

图 9-83

step 05 在弹出的"行高"对话框中设置"行高"为"18"，如图 9-84 所示。

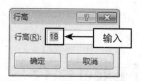

图 9-84

step 06 输入员工姓名，如图 9-85 所示。

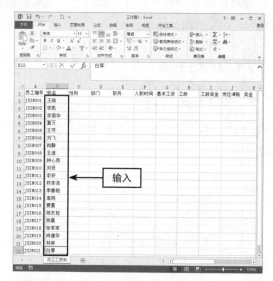

图 9-85

step 07 输入员工性别。按住【Ctrl】键，选择 C 列中的多个单元格（深色单元格即为选中的单元格），如图 9-86 所示。

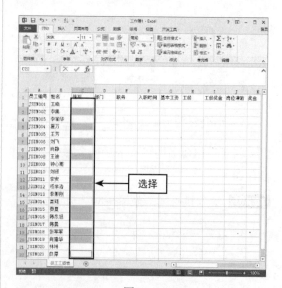

图 9-86

step 08　在"公式编辑栏"中输入"男"，按【Ctrl+Enter】组合键，即可快速输入到被选中的单元格中，如图9-87所示。

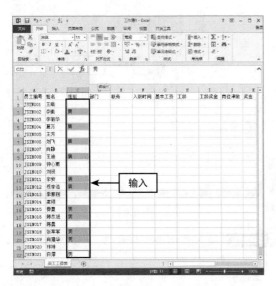

图 9-87

step 09　使用同样的操作方法，在 C 列其他单元格中输入"女"，如图9-88所示。

图 9-88

step 10　设置数据验证。选中 D2：D22 单元格区域，选择"数据"选项卡，单击"数据工具"选项组下的"数据验证"下拉按钮，选择"数

据验证"选项，如图9-89所示。

图 9-89

step 11　在"数据验证"对话框中将"允许"设置为"序列"，在"来源"文本框中输入"人事部,市场部,客户部,财务部"，如图9-90所示。

图 9-90

step 12　单击"确定"按钮，保存设置，单击 D 列单元格的下拉按钮，选择合适的职位名称，如图9-91所示。

图 9-91

step 13 选中 E2：E22 单元格区域，在"数据验证"对话框中，将"允许"设置为"序列"，在"来源"文本框中输入"经理,主管,专员"，如图 9-92 所示。

图 9-92

step 14 单击"确定"按钮，保存设置，单击 E 列单元格的下拉按钮，选择合适的职位名称，如图 9-93 所示。

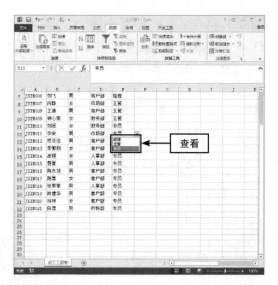

图 9-93

step 15 输入其他单元格数据，如图 9-94 所示。

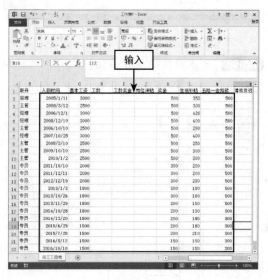

图 9-94

step 16 选中 F2：F22 单元格区域，右击，在弹出的快捷菜单中选择"设置单元格格式"命令，在弹出的"设置单元格格式"对话框中选择"数字"选项卡，将"分类"设为"日期"选项，如图 9-95 所示。

图 9-95

step 17 选中 G2：G22、K2：N22 单元格区域，在"设置单元格格式"对话框中将"分类"设为"货币"选项，并将"小数位数"设为"0"，如图 9-96 所示。

图 9-96

step 18 单击"确定"按钮，保存设置，效果如图 9-97 所示。

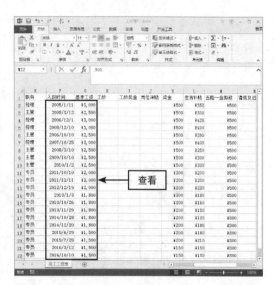

图 9-97

3. 设置表格格式

数据输入完后可以对表格进行格式设置，使表格更美观，具体操作步骤如下。

step 01 设置对齐方式。选中 A1：P22 单元格区域，在"对齐方式"选项组中将表格设置为"水平居中"和"垂直居中"，如图 9-98 所示。

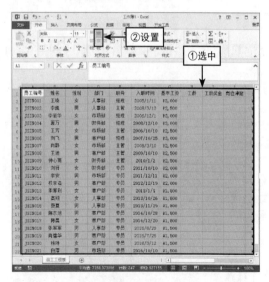

图 9-98

step 02 选中单元格区域，选择"开始"选项卡，在"样式"选项组中单击"套用表格格式"下拉按钮，选择满意的表格样式（如表样式中等深浅6），如图9-99所示。

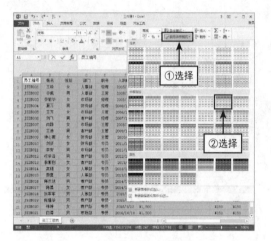

图9-99

step 03 在弹出的"套用表格式"对话框中单击"确定"按钮，保存设置，如图9-100所示。

图9-100

step 04 设置完后可查看效果，如图9-101所示。

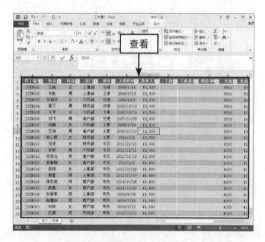

图9-101

step 05 转换为区域。选择"表格工具—设计"选项卡，单击"工具"选项组中的"转换为区域"按钮，如图9-102所示。

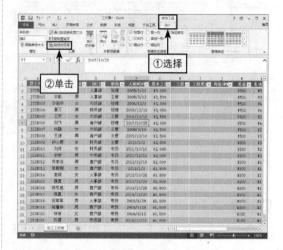

图9-102

提示:

"表"功能是Excel 2013中一个增强行的功能，可以通过设置成"表"来设置样式、自动汇总等。启用"转换成区域"功能，就是将"表"转换为普通单元格，不具备"表"的功能了。

step 06 在弹出的信息提示框中单击"是"按钮，如图9-103所示。

图9-103

step 07 设置完后即可查看效果，如图9-104所示。

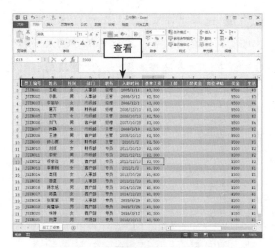

图 9-104

4．计算表格数据

表格格式设置完后可对表格中的数据计算，如计算工龄、工龄奖金、实发工资、应发工资等，具体操作如下。

step 01 计算工龄。选中 H2 单元格，在公式编辑栏中输入公式"=DATEDIF(F2,TODAY(),"Y")"，如图 9-105 所示。

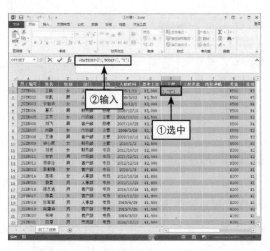

图 9-105

step 02 按【Enter】键即可输出结果，单击 H2 单元格右下角的填充符号，将公式复制到此列其他单元格，如图 9-106 所示。

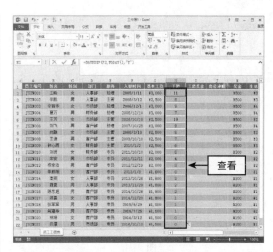

图 9-106

step 03 计算工龄奖金。当工龄未满 5 年时，工龄奖金每年增加 30 元；工龄在 5 年以上则每年增加 80 元。选中 I2 单元格，在公式编辑栏中输入公式"=IF(H2<5,H2*30,H2*80)"，如图 9-107 所示。

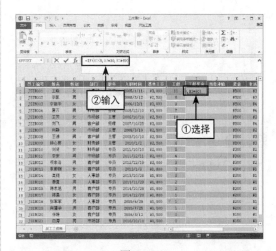

图 9-107

step 04 按【Enter】键即可输出结果，单击 I2 单元格右下角的填充符号，将公式复制到此列其他单元格，如图 9-108 所示。

step 05 计算岗位津贴。新建工作表，并命名为"岗位津贴表"，如图 9-109 所示。

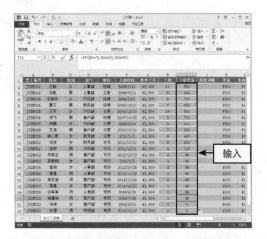

图 9-108

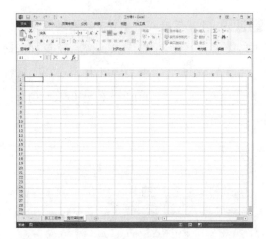

图 9-109

step 06 在"岗位津贴表"中输入文本内容，如图 9-110 所示。

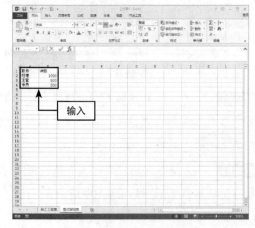

图 9-110

step 07 选择"员工工资表"的 J2 单元格，单击"插入函数"按钮，在弹出的"插入函数"对话框中，将"或选择类型"设为"查找与引用"，选择"VLOOKUP"函数，如图 9-111 所示。

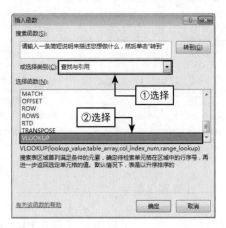

图 9-111

step 08 在"函数参数"对话框中进行设置，如图 9-112 所示。

图 9-112

step 09 同样，按【Enter】键即可输出结果，单击 J2 单元格右下角的填充符号，将公式复制到此列其他单元格，如图 9-113 所示。

step 10 计算应发工资。选中 O2 单元格，在公式编辑栏中输入"=G2+I2+J2+K2+L2"，如图 9-114 所示。

step 11 按【Enter】键即可输出结果，单击 O2 单元格右下角的填充符号，将公式复制到此列其他单元格，如图 9-115 所示。

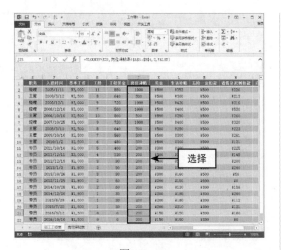

图 9-113

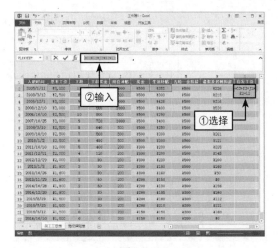

图 9-114

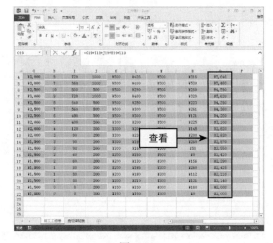

图 9-115

step 12 计算实发工资。选中 P2 单元格，在公式编辑栏中输入"=O2-M2-N2"，如图 9-116 所示。

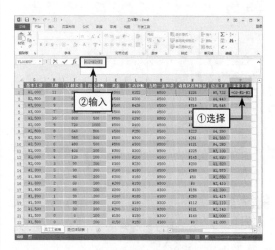

图 9-116

step 13 按【Enter】键即可输出结果，单击 P2 单元格右下角的填充符号，将公式复制到此列其他单元格，如图 9-117 所示。

图 9-117

step 14 选中 I2：J22 单元格区域，选择"设置单元格格式"命令，在"设置单元格格式"对话框中将"分类"设为"货币"选项，并将"小数位数"设为"0"，效果如图 9-118 所示。

图 9-118

step 15 使用合并计算功能计算合计金额。选中 P23 单元格，选择"公式"选项卡，在"函数库"选项组中单击"自动求和"下拉按钮，选择"求和"选项，如图 9-119 所示。

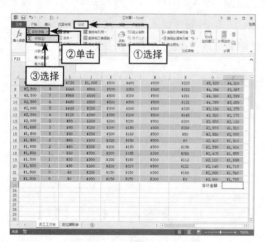

图 9-119

step 16 按【Enter】键即可输出合计金额，如图 9-120 所示。

step 17 计算平均金额。选中 P24 单元格，选择"公式"选项卡，在"函数库"选项组中单击"自动求和"下拉按钮，选择"平均值"选项，如图 9-121 所示。

step 18 选择 P2：P22 单元格区域，按【Enter】键即可输入平均金额，如图 9-122 所示。

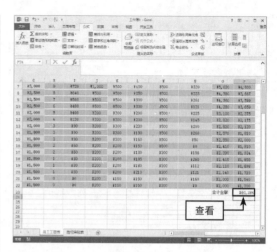

图 9-120

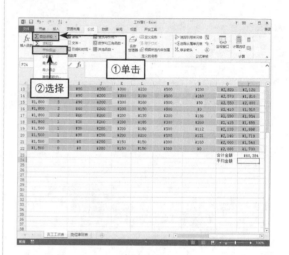

图 9-121

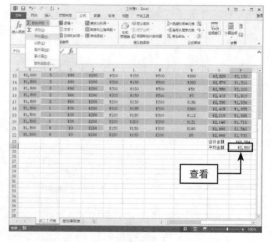

图 9-122

5. 设置条件格式

设置条件格式可以使表格更美观，数据更清晰，具体操作如下。

step 01 启用色阶功能。选中 P2: P22 区域单元格，选择"开始"选项卡，单击"样式"选项组下的"条件格式"下拉按钮，选择"色阶"选项，并在其级联列表中选择满意的样式（如绿-白-红色阶），如图 9-123 所示。

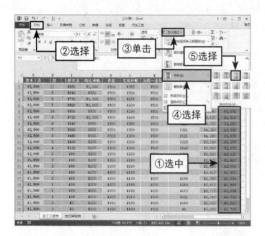

图 9-123

step 02 设置完成后可查看效果，如图 9-124 所示。

图 9-124

step 03 突出显示"请假及迟到扣款"下的前 5 项数据。选中 N2: N22 单元格区域，选择"条件格式"下拉列表中的"项目选取规则"选项，在其级联列表中选择"前 10 项"，如图 9-125 所示。

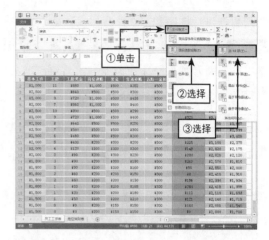

图 9-125

step 04 系统弹出"前 10 项"对话框，设置参数，如图 9-126 所示。

图 9-126

step 05 单击"确定"按钮，保存设置，效果如图 9-127 所示。

图 9-127

6. 数据排序和筛选

可以在"编辑"选项组中对数据进行排序和筛选操作。下面对"部门"和"实发工资"两列数据进行排序和筛选，具体步骤如下。

step 01 选择 D2 单元格，单击"编辑"选项组中的"排序和筛选"下拉按钮，选择"自定义排序"选项，如图 9-128 所示。

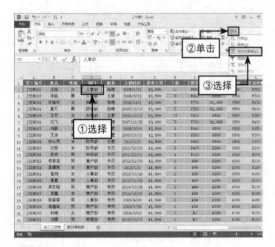

图 9-128

step 02 在弹出的"排序"对话框中，将"主要关键字"设为"部门"，"次序"设为"降序"，"次要关键字"设为"实发工资"，"次序"设为"升序"，如图 9-129 所示。

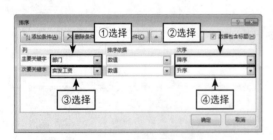

图 9-129

step 03 单击"确定"按钮，即可保存设置，此时已经完成排列操作，效果如图 9-130 所示。

step 04 在表中输入筛选条件，如图 9-131 所示。

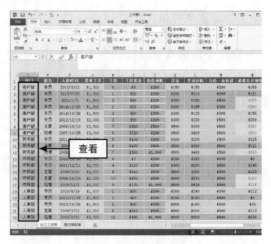

图 9-130

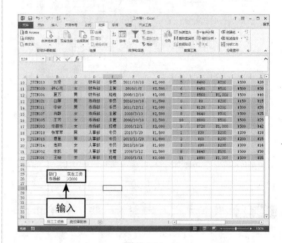

图 9-131

step 05 选择"数据"选项卡，单击"排序和筛选"选项组下的"高级"按钮，系统将弹出"高级筛选"对话框，设置相关参数，如图 9-132 所示。

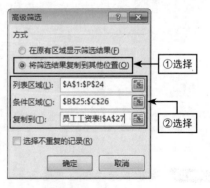

图 9-132

step 06　单击"确定"按钮，即可保存设置，效果如图 9-133 所示。

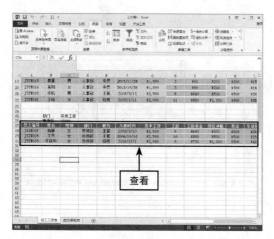

图 9-133

7. 创建市场部工资图表

可以在"插入"选项组中创建市场部工资图表，具体操作步骤如下。

step 01　新建工作表，并命名为"市场部工资图表"，从"员工工资表"中复制市场部员工相关数据并粘贴在该表 A1 单元格处，如图 9-134 所示。

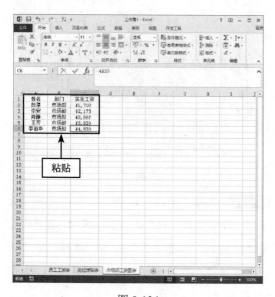

图 9-134

step 02　选中 A1：C6 单元格区域，选择"插入"选项卡，单击"图表"选项组中的"插入柱形图"下拉按钮，选择满意的柱形图样式（簇状柱形图），如图 9-135 所示。

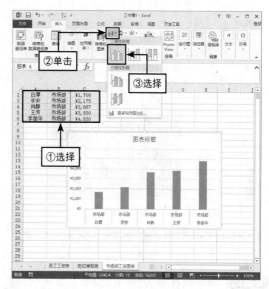

图 9-135

step 03　选择"图表工具—设计"选项卡，在"图表样式"选项组中选择满意的图表样式（如样式 14），如图 9-136 所示。

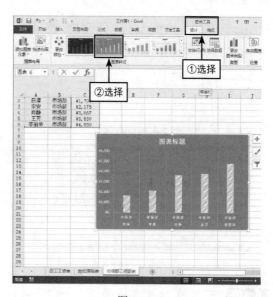

图 9-136

step 04 添加图表标题，选择"图表标题"，右击，在弹出的快捷菜单中选择"编辑文字"命令，将"图表标题"修改为"市场部员工工资图表"，如图 9-137 所示。

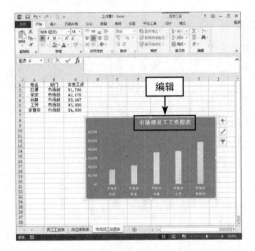

图 9-137

step 05 添加数据标签。选择"图表工具—设计"选项卡，单击"图表布局"选项组中的"添加图表元素"下拉按钮，选择"数据标签"选项，在其级联列表中选择"数据标签外"选项，如图 9-138 所示。

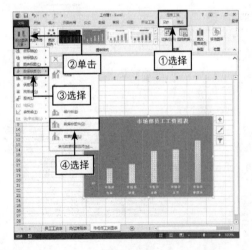

图 9-138

step 06 设置完后可查看效果，如图 9-139 所示。

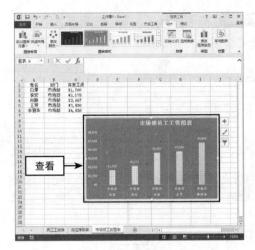

图 9-139

8. 创建员工工资透视图表

可以在"插入"选项组中员工工资透视图表，具体操作步骤如下。

step 01 新建工作表，并重命名为"员工工资透视图表"，复制"员工工资表"中 B1：P22 单元格区域文本并粘贴至"员工工资透视图表"中 A1 单元格处，并将粘贴格式改为"值"，即无格式文本，如图 9-140 所示。

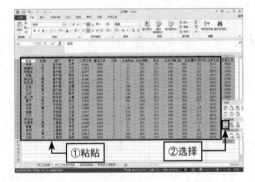

图 9-140

step 02 选择"插入"选项卡，在"图表"选项组中单击"数据透视图"下拉按钮，选择"数据透视图和数据透视表"选项。在弹出的"创建数据透视表"对话框中设置相关参数，如图 9-141 所示。

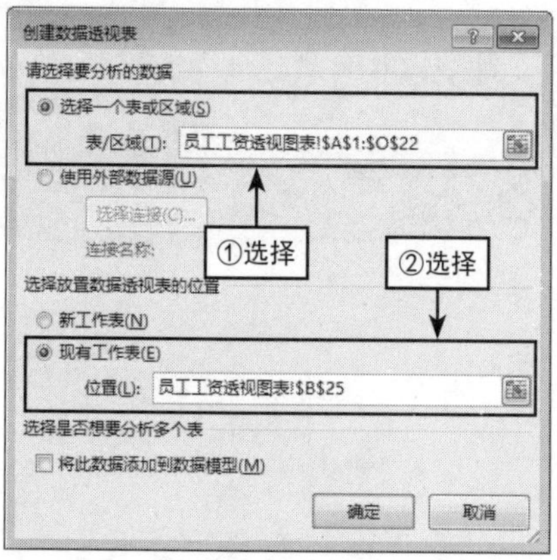

图 9-141

step 03 单击“确定”按钮，保存设置，在右侧“数据透视图字段”窗格中选中“姓名”“部门”“实发工资”复选框，此时被选中的字段已添加到透视图表中，如图 9-142 所示。

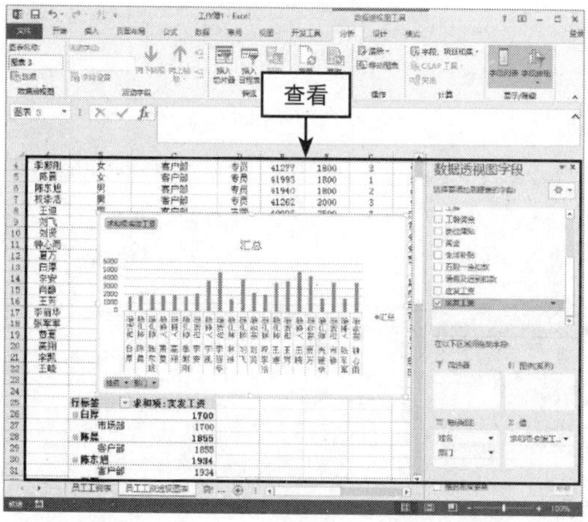

图 9-142

step 04 按“部门”筛选“实发工资”。在“数据透视表字段”窗格中，在“行”标签中选择“部门”选项，选择“移动到报表筛选”命令，如图 9-143 所示。

step 05 在透视表中单击“部门”筛选器，选择“人事部”，如图 9-144 所示。

step 06 单击“确定”按钮，即可筛选出“人事部”员工的工资情况，数据透视图表如图 9-145 所示。

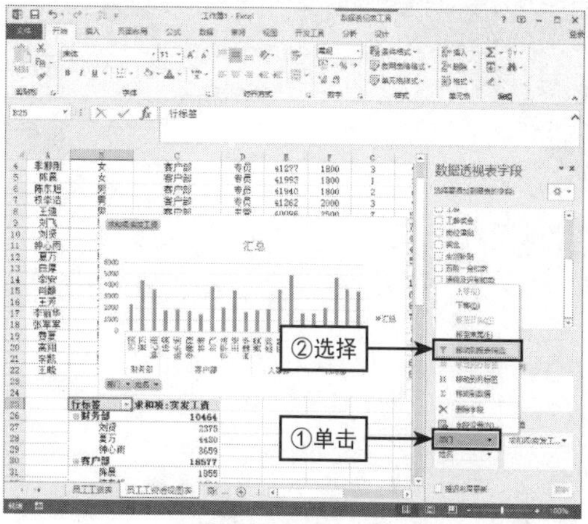

图 9-143

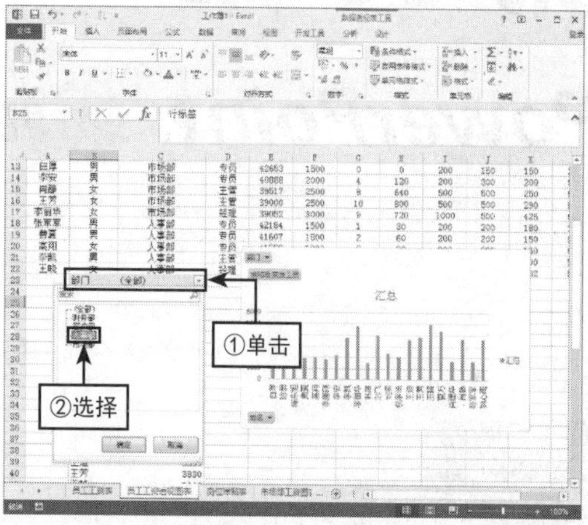

图 9-144

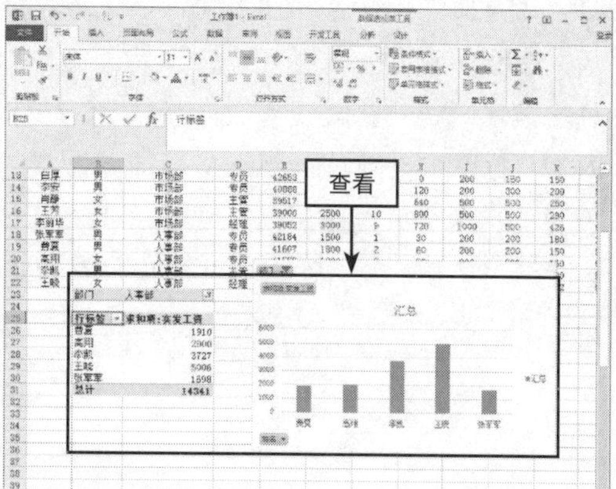

图 9-145

第 10 章
PowerPoint: 编辑设计挺有趣

本章内容

Microsoft PowerPoint 2013 简称 PPT 2013,是一款多媒体演示设计与播放软件。用 PPT 制作的文件称为演示文稿,演示文稿主要由幻灯片组成,在幻灯片中可以编辑文字、插入图片、插入表格、设置背景样式等,演示文稿可以在投影仪、计算机上演示,是一款很强大的办公软件。PPT 2013 与旧版本的PPT 相比具有全新的外观,界面布局方便快捷,工作界面新颖优美。本章将以《制作公司会议演示文稿》和《制作公司宣传演示文稿》为例,为大家介绍如何在 PPT 中制作演示文稿。

10.1　制作公司会议演示文稿

为了实现有效管理，促进公司上下的沟通与合作，提高公司各部门执行工作目标的效率，追踪各部门工作进度。集思广益，提出改进性及开展性的工作方案。协调各部门的工作方法、工作进度、人员及设备的调配。开展公司会议是每个公司必做的一项工作，在开公司会议时采用展示演示文稿的方式，可以令与会者更加清晰会议流程及会议内容。下面将介绍如何制作公司会议演示文稿，主要包括如何创建演示文稿、如何应用大纲添加内容等。

10.1.1　创建演示文稿

在制作演示文稿之前要先在 PPT 2013 软件中创建演示文稿，创建演示文稿可以直接创建空白演示文稿，也可以根据样本模板创建演示文稿。

1. 创建空白演示文稿

用户可以直接创建空白演示文稿，空白演示文稿界面简单，可操作性较强，具体操作如下。

step 01　打开 PPT 2013，在"新建"页面中选择"空白演示文稿"选项，即可创建空白演示文稿，如图 10-1 所示。

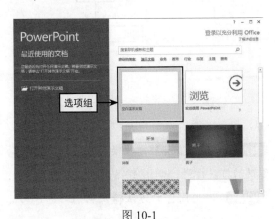

图 10-1

step 02　查看效果，如图 10-2 所示。

图 10-2

2. 根据样本模板创建演示文稿

为了使演示文稿更美观，还可以使用模板创建演示文稿，具体操作如下。

step 01　打开 PPT 2013，在"新建"页面的"建议搜索"列表中搜索"会议"，如图 10-3 所示。

step 02　在搜索出的结果中选择满意的模板(如公司会议演示文稿)，如图 10-4 所示。

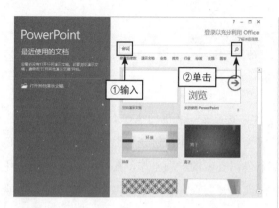

图 10-3

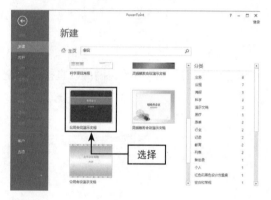

图 10-4

step 03 可查看效果，如图 10-5 所示。

图 10-5

10.1.2 应用大纲添加内容

在编辑演示文稿时，可以使用"大纲视图"添加内容。

1. 启用"大纲视图"功能

可以先在"大纲视图"下添加每张幻灯片的标题，具体操作如下。

step 01 选择"视图"选项卡，在"演示文稿视图"选项组中单击"大纲视图"按钮，如图 10-6 所示。

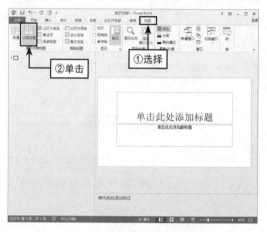

图 10-6

step 02 在"大纲视图"模式下，在"1"后面输入第 1 张幻灯片标题，如图 10-7 所示。

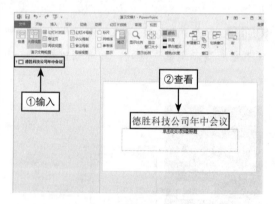

图 10-7

step 03 按【Enter】键切换至下一行，输入第 2 张幻灯片标题，如图 10-8 所示。

step 04 使用同样的方法输入剩余幻灯片的标题，如图 10-9 所示。

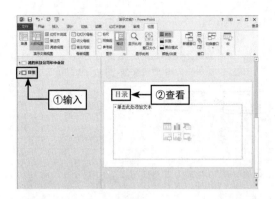

图 10-8

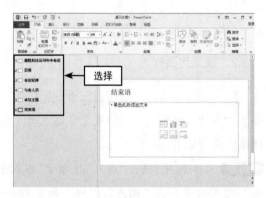

图 10-9

2．更改文本级别

在幻灯片中一般都会有"副标题"，可以在"大纲视图"中更改文本级别，添加文稿"副标题"，具体操作步骤如下。

step 01 将光标置于"1"标题后，按【Enter】键，切换至下一行，并输入文本，如图 10-10 所示。

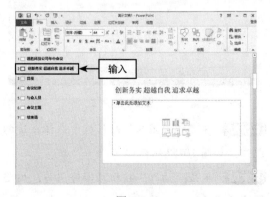

图 10-10

step 02 将光标置于文本"创新务实 超越自我 追求卓越"后面，按【Tab】键即可更改其级别，效果如图 10-11 所示。

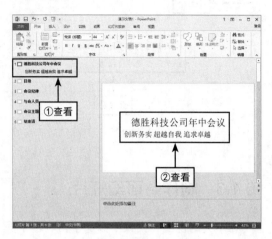

图 10-11

step 03 使用同样的操作方法，输入其他幻灯片文本，如图 10-12 所示。

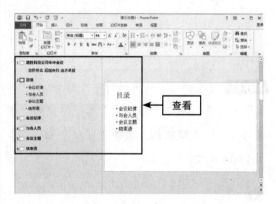

图 10-12

step 04 选择"视图"选项卡，单击"演示文稿视图"选项组中的"普通"按钮，退出"大纲视图"模式，效果如图 10-13 所示。

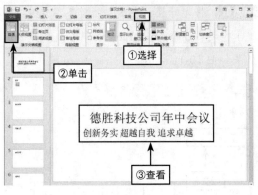

图 10-13

10.1.3 制作封面幻灯片

在"大纲视图"模式中添加了内容，下面即可制作封面幻灯片，可以在封面幻灯片中输入文本内容、设置封面样式、添加图片等。

1. 添加封面

可以在"插入"选项卡中添加封面，具体操作如下。

step 01 将光标置于第 1 张幻灯片前，选择"插入"选项卡，单击"幻灯片"选项组中的"新建幻灯片"下拉按钮，选择"空白"选项，如图 10-14 所示。

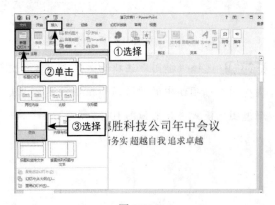

图 10-14

step 02 此时将会插入一张空白幻灯片，如图

10-15 所示。

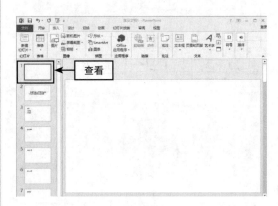

图 10-15

2. 设置封面样式

封面插入完成后可以在封面中设置样式，如添加图片、编辑文字、设置文字格式等，具体操作步骤如下。

step 01 添加图片。选择"插入"选项卡，在"图像"选项组中单击"图片"按钮，如图 10-16 所示。

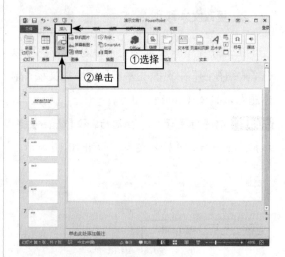

图 10-16

step 02 在"插入图片"对话框中选择合适的图片，如图 10-17 所示。

step 03 单击"插入"按钮，保存图片，调整图片位置及大小，效果如图 10-18 所示。

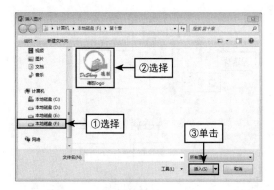

图 10-17

图 10-18

step 04　插入艺术字。选择"插入"选项卡，单击"文本"选项组中的"艺术字"下拉按钮，选择满意的艺术字样式（如填充为白色，轮廓为着色 1，发光为着色 1），如图 10-19 所示。

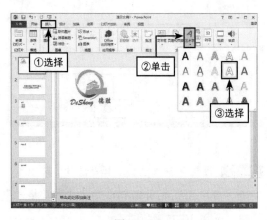

图 10-19

step 05　输入内容，如图 10-20 所示。

图 10-20

step 06　设置艺术字格式。选择文本，在"开始"选项卡的"字体"选项组中设置艺术字大小（如 66），如图 10-21 所示。

图 10-21

step 07　选择"绘图工具—格式"选项卡，在"艺术字样式"选项组中设置"文本轮廓"及"文本填充"，选择满意的颜色（如文本轮廓设为深蓝，文本填充设为红色），如图 10-22 所示。

step 08　插入"文本框"。选择"插入"选项卡，在"文本"选项组中单击"文本框"下拉按钮，选择"横排文本框"选项，如图 10-23 所示。

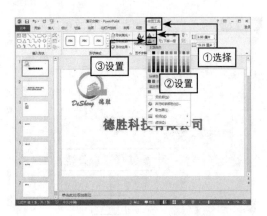

图 10-22

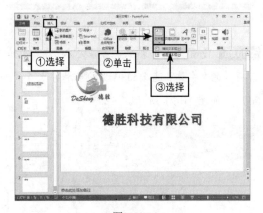

图 10-23

step 09 在幻灯片中绘制文本框，输入文本内容，如图 10-24 所示。

图 10-24

step 10 选中文本框中的内容，在"开始"选项卡中设置文本字体为"黑体"，"字号"为"32"，颜色为"红色""加粗"，如图 10-25 所示。

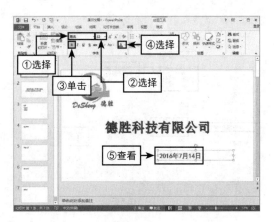

图 10-25

10.1.4 制作内容幻灯片

封面幻灯片制作完后，可以对内容幻灯片进行制作设计，例如，可以添加文本内容、设置文本字体格式、插入图片、设置幻灯片背景等。

step 01 选中第 2 张幻灯片，选中文本标题，将"字体"设置为"楷体"，"字号"设置为"66"，加粗居中显示。选中文本副标题，文字格式设置为"宋体"、"36"、"红色"、加粗居中显示，效果如图 10-26 所示。

图 10-26

step 02 设置背景颜色。选择"设计"选项卡，单击"自定义"选项组中的"设置背景格式"按钮，如图 10-27 所示。

图 10-27

step 03　在弹出的"设置背景格式"窗格中设置满意的填充方式（如渐变填充，颜色设为深蓝，着色4，淡色40%），如图 10-28 所示。

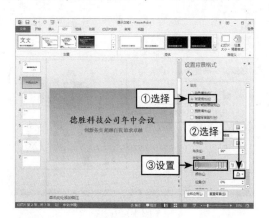

图 10-28

step 04　关闭"设置背景格式"窗格，即可保存设置，效果如图 10-29 所示。

图 10-29

step 05　选中第 3 张幻灯片，输入文本内容，并设置文本格式（如"目录"为黑体、72，其他文本为宋体、44），如图 10-30 所示。

图 10-30

step 06　插入图片。在"插入"选项卡中执行图片插入操作，选择合适图片，如图 10-31 所示。

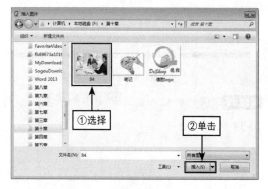

图 10-31

step 07　插入图片后，选中图片边框，拖动鼠标调整图片大小及位置，如图 10-32 所示。

step 08　切换至第 4 张幻灯片，在文本插入点处单击"图片"图标按钮，如图 10-33 所示。

图 10-32

图 10-33

step 09 调整新插入图片的大小和位置，如图 10-34 所示。

图 10-34

step 10 插入文本框，输入文本内容，并设置文本格式（如"会议纪律"设置为黑体、60，其他字体设置为宋体、28），如图 10-35 所示。

图 10-35

step 11 选中第 5 张幻灯片，在文本中插入图片，并调整图片大小及位置，如图 10-36 所示。

图 10-36

step 12 插入文本框，输入内容，并设置字体格式（如华文楷体、24），如图 10-37 所示。

图 10-37

step 13 插入艺术字。在"文本"选项组中插入"艺术字"，输入文本，并旋转文本框，效果如图 10-38 所示。

图 10-38

step 14 选中第 6 张幻灯片，在文本插入处编辑文本内容并设置文字格式（宋体、40、加粗、深蓝、着色 4、淡色 40%），如图 10-39 所示。

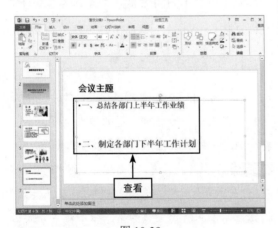

图 10-39

step 15 设置图片背景。选择"设计"选项卡，在"自定义"选项组中单击"设置背景格式"按钮，如图 10-40 所示。

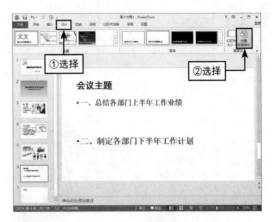

图 10-40

step 16 在"设置背景格式"窗格中选择"图片或纹理填充"选项，单击"文件"按钮，如图 10-41 所示。

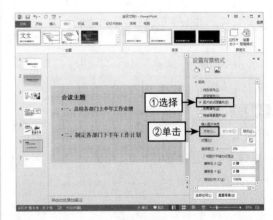

图 10-41

step 17 在弹出的"插入图片"对话框中选择合适的图片，如图 10-42 所示。

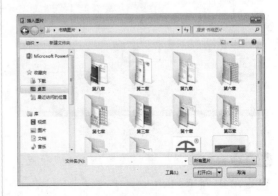

图 10-42

step 18 插入图片后可查看效果，如图 10-43
所示。

图 10-43

10.1.5　制作结尾幻灯片

内容幻灯片制作完后可以制作结尾幻灯
片，具体步骤如下。

step 01 选中第 7 张幻灯片，输入文本内容，
并设置文本格式（"结束语"设置为黑体、
60，其他文本设置为宋体、40），如图 10-44
所示。

图 10-44

step 02 插入图片，并调整图片大小及位置，
如图 10-45 所示。

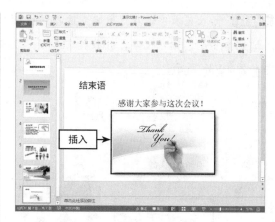

图 10-45

10.1.6　放映幻灯片

幻灯片制作完后，可以对幻灯片进行放映
展示。PowerPoint 2013 中提供了很多幻灯片的
放映范围及放映类型，用户可以根据不同的放
映环境，设置不同的放映方式，最终实现幻灯
片的放映。

1. 设置幻灯片放映范围

PowerPoint 2013 中主要有三种放映范围，
用户可以根据需要选择合适的放映范围，下面
将介绍这三种放映范围的用法及操作步骤。

step 01 从头开始。选择"幻灯片放映"选项卡，
在"开始放映幻灯片"选项组中单击"从头开始"
按钮，即可从演示文稿的第一张幻灯片开始播
放演示文稿，如图 10-46 所示。

> **提示:**
>
> 选中幻灯片，按【F5】键也可以从头开始放映幻
> 灯片。

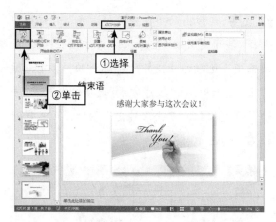

图 10-46

step 02 从当前页开始放映。选择"幻灯片放映"选项卡，在"开始放映幻灯片"选项组中单击"从当前幻灯片开始"按钮，即可从当前页开始放映演示文稿，如图 10-47 所示。

图 10-47

提示:

选中要放映的幻灯片，按【Shift+F5】组合键也可以从当前页开始放映幻灯片。

step 03 自定义放映。用户可以使用"自定义放映"功能来指定从哪一张幻灯片开始放映。在"开始放映幻灯片"选项组中单击"自定义幻灯片放映"下拉按钮，选择"自定义放映"选项，如图 10-48 所示。

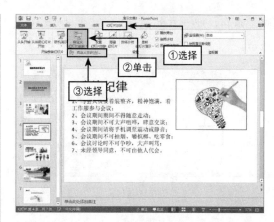

图 10-48

step 04 在弹出的"自定义放映"对话框中单击"新建"按钮，如图 10-49 所示。

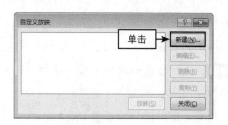

图 10-49

step 05 系统弹出"定义自定义放映"对话框，将"幻灯片放映名称"改为"德胜科技公司年中会议"，在左侧"在演示文稿中的幻灯片"列表框中选中需要放映的幻灯片，单击"添加"按钮，即可添加到右侧"在自定义放映中的幻灯片"，如图 10-50 所示。

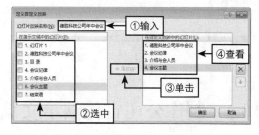

图 10-50

step 06 单击"确定"按钮，即可返回到"自定义放映"对话框。此时可以在"自定义放映"对话框中查看到刚刚添加的放映名称，单击"放映"按钮，即可开始放映幻灯片，如图 10-51 所示。

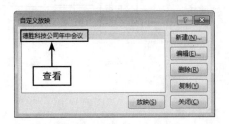

图 10-51

2. 设置幻灯片放映类型

PowerPoint 2013 中主要有三种放映类型，即"演讲者放映（全屏幕）""观众自行浏览（窗口）"和"在展台浏览（全屏幕）"，用户可以根据不同的放映情况，选择合适的放映类型。

step 01 选择合适的放映类型。选择"幻灯片放映"选项卡，单击"设置"选项组中的"设置幻灯片放映"按钮，如图 10-52 所示。

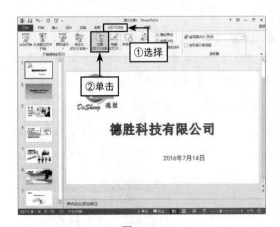

图 10-52

step 02 在弹出的"设置放映方式"对话框中选择"演讲者放映（全屏幕）"单击按钮，在"放映选项"选项组中选中"循环放映，按 Esc 键终止"复选框，在"换片方式"选项组中选择"手动"单选按钮，单击"确定"按钮，即可保存设置，如图 10-53 所示。

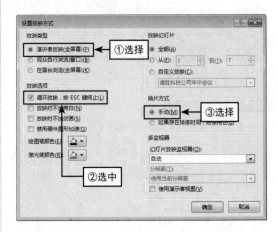

图 10-53

提示：

在"设置放映方式"对话框的"放映选项"组中，"循环放映，按 Esc 键终止"选项是指设置演示文稿循环播放；"放映时不加旁白"选项是指禁止在放映时播放旁白；"放映时不加动画"选项是指禁止放映时显示幻灯片的切换效果；"禁用硬件图形加速"选项是指在放映幻灯片时，将禁止硬件图形自动进行加速运行；"绘图笔颜色"是设置在放映幻灯片时用鼠标绘制标记的颜色；"激光笔颜色"是设置录制幻灯片时显示的指示光标。

10.2　制作公司宣传演示文稿

在开展行业交流活动或社会宣传时，通常会需要对公司进行宣传，其中包括公司性质、公司发展历史、领导介绍、公司产品介绍使用等，PPT 演示文稿是一个很好的宣传工具。下面将介绍如何用 PPT 2013 来制作公司宣传演示文稿，主要用到了应用并修改主题样式、保存主题、制作相片幻灯片、修改幻灯片母版等。

10.2.1　设置并修改演示文稿主题

在 Microsoft PowerPoint 2013 中内置了很多主题样式，用户可以在"设计"选项卡中选择满意的演示文稿主题，还可以修改主题样式，如修改主题颜色、修改主题字体等，具体操作步骤如下。

1. 应用主题样式

用户可以在"设计"选项卡中应用主题样式。

step 01　新建演示文稿。打开 PPT 2013，创建新的空白演示文稿，如图 10-54 所示。

图 10-54

step 02　选择"设计"选项卡，在"主题"选项组中选择满意的主题样式（如积分），如图 10-55 所示。

图 10-55

step 03　选择完后可查看效果，如图 10-56 所示。

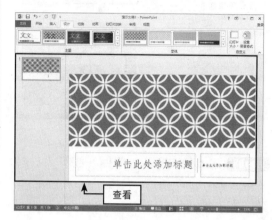

图 10-56

2. 修改主题样式

为了使演示文稿更新颖、美观，还可以在"设计"选项卡下对主题样式进行修改。

step 01　选择"设计"选项卡，在"变体"选项组中选择满意的主题样式，如图 10-57 所示。

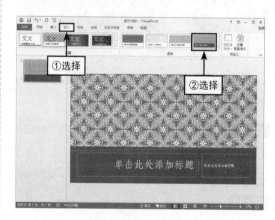

图 10-57

step 02　修改主题颜色。单击"变体"选项组中的"其他"下拉按钮，选择"颜色"选项，在其级联列表中选择满意的颜色（如视点），如图 10-58 所示。

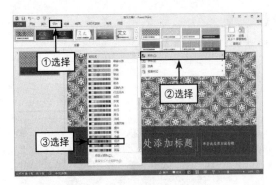

图 10-58

step 03 修改主题字体。单击"变体"选项组中的"其他"下拉按钮，选择"字体"选项，在其级联列表中选择满意的字体（如顶峰），如图 10-59 所示。

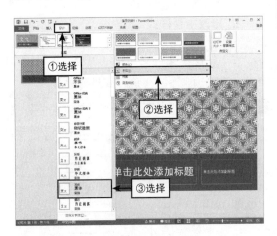

图 10-59

step 04 修改背景样式。单击"其他"下拉按钮，选择"背景样式"选项，在其级联列表中选择满意的背景样式（如样式2），如图 10-60 所示。

step 05 修改完后，可查看效果，如图 10-61 所示。

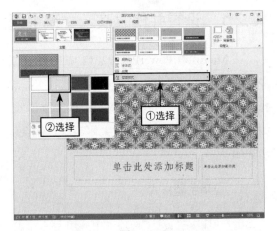

图 10-60

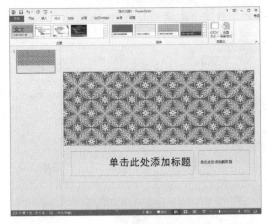

图 10-61

10.2.2 设计主要幻灯片

设置好演示文稿的主题后即可以制作幻灯片，主要包括输入文本、插入图片、插入视频、设置视频样式等。

1. 制作封面幻灯片

在第 1 张幻灯片中输入文字，并设置副标题文字格式（如华文行楷、36、红色），如图 10-62 所示。

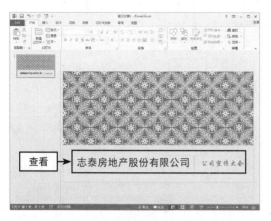

图 10-62

2. 制作目录幻灯片

封面幻灯片制作完后可以对目录幻灯片进行设置，具体操作如下。

step 01 新建幻灯片。在"插入"选项卡中单击"新建幻灯片"下拉按钮，选择"标题和竖排文字"样式的幻灯片，如图 10-63 所示。

图 10-63

step 02 在新添加的幻灯片中输入文本并设置文字格式（如华文新魏、40），如图 10-64 所示。

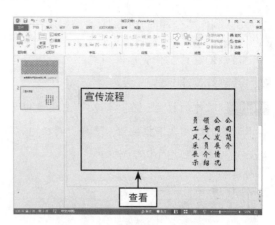

图 10-64

step 03 插入图片。单击"插入"选项卡中的"图片"按钮，在弹出的"插入图片"对话框中选择图片，如图 10-65 所示。

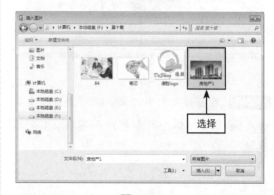

图 10-65

step 04 单击"插入"按钮，即可成功插入图片，调整图片的大小及位置，效果如图 10-66 所示。

图 10-66

3. 制作"公司简介"幻灯片

目录幻灯片制作完后即可对"公司简介"幻灯片进行设计。

step 01 新建幻灯片。在"插入"选项卡中单击"新建幻灯片"下拉按钮，选择"两栏内容"幻灯片样式，如图 10-67 所示。

图 10-67

step 02 在新建幻灯片中输入文字并设置文字格式（如华文楷体、24、加粗），如图 10-68 所示。

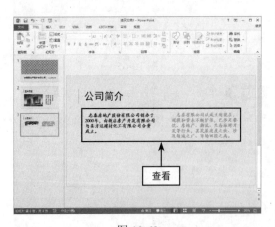

图 10-68

step 03 插入箭头形状，选择"插入"选项卡，在"插图"选项组中单击"形状"下拉按钮，选择满意的箭头形状（如下弧形箭头），如图 10-69 所示。

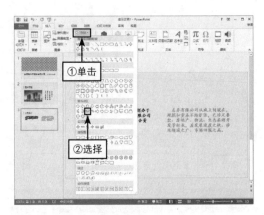

图 10-69

step 04 拖动鼠标，绘制箭头形状，选择"绘图工具—格式"选项卡，在"形状样式"选项组中设置箭头的填充颜色（如红色），如图 10-70 所示。

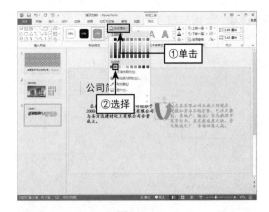

图 10-70

step 05 设置完后可查看效果，如图 10-71 所示。

图 10-71

step 06　插入图片并调整图片大小及位置，如图 10-72 所示。

图 10-72

4. 制作"公司发展情况"幻灯片

使用同样的操作方法制作"公司发展情况"幻灯片。

step 01　新建幻灯片。在"插入"选项卡中单击"新建幻灯片"下拉按钮，选择"标题和内容"幻灯片样式，如图 10-73 所示。

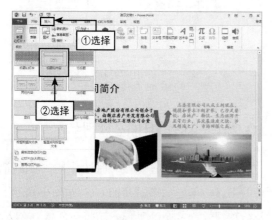

图 10-73

step 02　输入文字并设置文字格式（如华文楷体、36），如图 10-74 所示。

图 10-74

step 03　设置幻灯片背景。选择"设计"选项卡，在"自定义"选项组中单击"设置背景格式"按钮，在弹出的"设置背景格式"窗格中选择"图片或纹理填充"选项，单击"文件"按钮，选择合适的图片，调整图片透明度，如图 10-75 所示。

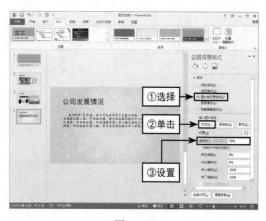

图 10-75

step 04　设置完后可查看效果，如图 10-76 所示。

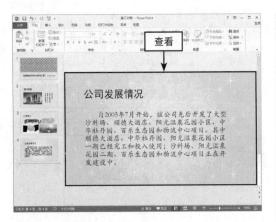

图 10-76

step 05 使用同样的操作方法，制作"领导人员介绍"幻灯片，效果如图10-77所示。

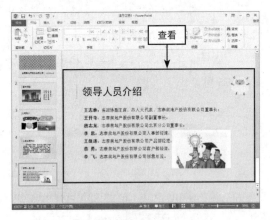

图 10-77

10.2.3 保存当前主题

由于应用并修改了内置的主题样式，可以对设置后的主题样式进行保存，以便日后随时查看和调用，具体保存方法如下。

step 01 选择"设计"选项卡，在"主题"选项组中单击"主题"下拉按钮，在其下拉列表中选择"保存当前主题"选项，如图10-78所示。

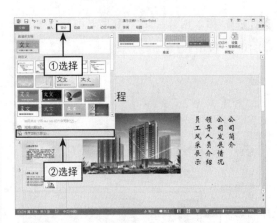

图 10-78

step 02 在弹出的"保存当前主题"对话框中，选择合适的位置保存主题，并将文件名设置为"主题1"，单击"保存"按钮，即可进行保存，如图10-79所示。

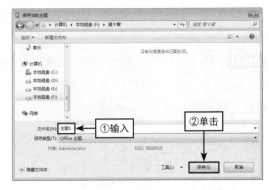

图 10-79

10.2.4 制作相册幻灯片

在PPT中插入一张或几张图片是一项很简单的工作，但是如果需要插入大量的图片，则是一项很烦琐复杂的工作，这将会降低办公人员的工作效率。在"插入"选项卡中应用"相册"功能可以快速创建和展示多幅图片的幻灯片。

1. 新建相册

可以在"插入"选项中应用"相册"功能，具体步骤如下。

step 01 选择"插入"选项卡，单击"相册"下拉按钮，选择"新建相册"选项，如图 10-80 所示。

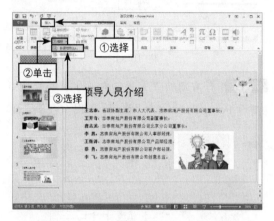

图 10-80

step 02 在弹出的"相册"对话框中单击"文件 / 磁盘"按钮，如图 10-81 所示。

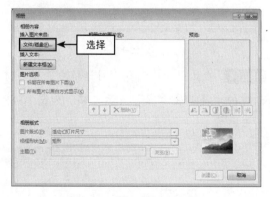

图 10-81

step 03 在"插入新图片"对话框中选择需要插入到相册的图片，如图 10-82 所示。

图 10-82

step 04 单击"插入"按钮，即可返回至"相册"对话框并成功插入图片，在"图片版式"下拉列表中选择"1 张图片"，单击"浏览"按钮，如图 10-83 所示。

图 10-83

step 05 在打开的"选择主题"对话框中选择刚刚保存的主题，如图 10-84 所示。

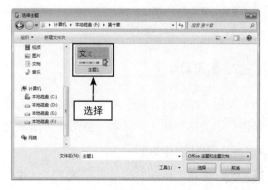

图 10-84

step 06 单击"选择"按钮，即可选择该主题，返回至"相册"对话框，单击"创建"按钮，如图 10-85 所示。

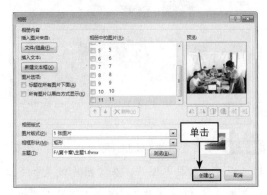

图 10-85

step 07 此时已经创建好由所选图片构成的演示文稿，将文件保存并更改文件名为"员工展示图"，如图 10-86 所示。

图 10-86

2. 重用幻灯片

使用"重用幻灯片"功能可以将"员工展示图"中的图片快速插入到"公司宣传演示文稿"中，具体操作如下。

step 01 选择"插入"选项卡，在"幻灯片"选项组中单击"新建幻灯片"下拉按钮，选择"重用幻灯片"选项，如图 10-87 所示。

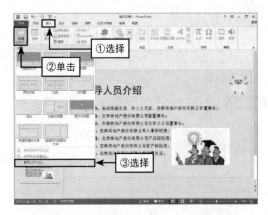

图 10-87

step 02 在右侧的"重用幻灯片"窗格中选择"打开 PowerPoint 文件"选项，如图 10-88 所示。

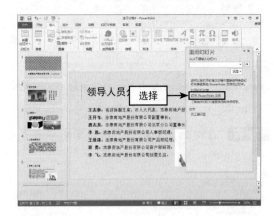

图 10-88

step 03 在弹出的"浏览"对话框中选择之前创建的"员工展示图"演示文稿，如图 10-89 所示。

图 10-89

step 04 此时在"重用幻灯片"窗格中将会显示之前创建的相册幻灯片，依次单击"幻灯片2"至"幻灯片12"，将其插入到当前幻灯片中，如图 10-90 所示。

图 10-90

step 05 选中第 6 张幻灯片，选择"插入"选项卡，在"文本"选项组中单击"文本框"下拉按钮，选择"垂直文本框"选项，如图 10-91 所示。

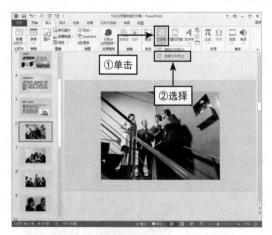

图 10-91

step 06 在合适位置绘制文本框，输入内容并设置文字格式（如黑体、54），如图 10-92 所示。

图 10-92

10.2.5　修改幻灯片母版

PowerPoint 2013 提供了丰富的幻灯片版式，除了常用的幻灯片版式外，还提供了幻灯片母版等版式，使用这些版式可以更好地设计幻灯片，使其更加美观、新颖。幻灯片母版是存储关于模板信息的设计模板的一个元素，用户通常可以使用幻灯片母版进行下列操作：更改字体或项目符号、插入要显示在多个幻灯片上的艺术图片，以及更改占位符的位置、大小和格式等。

1. 修改标题母版

需要在"母版视图"选项组下进行模板修改，具体操作步骤如下。

step 01 选择"视图"选项卡，单击"母版视图"选项组中的"幻灯片母版"按钮，如图 10-93 所示。

step 02 在左侧栏中单击"标题幻灯片"母版，并在模板中插入图片，如图 10-94 所示。

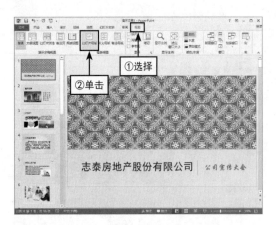

图 10-93

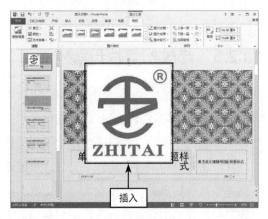

图 10-94

step 03 调整图片位置并在"幻灯片母版"选项卡中单击"关闭母版视图"按钮，如图10-95所示。

图 10-95

step 04 查看效果。在演示文稿中应用了标题版式的幻灯片及新建的标题版式的幻灯片都会使用修改后的标题模板格式，如图10-96所示。

图 10-96

2. 新建幻灯片版式

若想在演示文稿中使用一种新的版式，可以在"幻灯片母版"选项卡中新建幻灯片版式，具体操作方法如下。

step 01 选择"视图"选项卡，单击"母版视图"选项组中的"幻灯片母版"按钮，如图10-97所示。

图 10-97

step 02 选择"幻灯片母版"选项卡，在"编辑母版"选项组中单击"插入版式"按钮,如图 10-98 所示。

图 10-98

step 03 在"母版版式"选项组中取消选中"页脚"复选框,效果如图 10-99 所示。

图 10-99

step 04 单击标题占位符,选择"绘图工具—格式"选项卡,在"插入形状"选项组中选择满意的形状(如云形)并插入到幻灯片版式中,如图 10-100 所示。

step 05 选择"幻灯片母版"选项卡,在"背景"选项组中单击"颜色"下拉按钮,选择满意的颜色样式(如穿越),如图 10-101 所示。

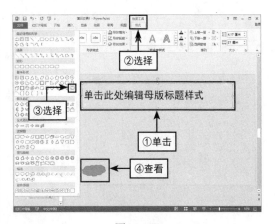

图 10-100

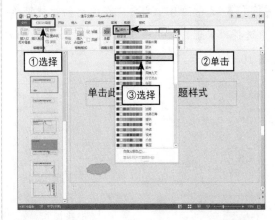

图 10-101

step 06 复制并粘贴幻灯片版式中的"云形"形状,调整形状位置,如图 10-102 所示。

图 10-102

step 07 在幻灯片版式中插入图片,如图 10-103 所示。

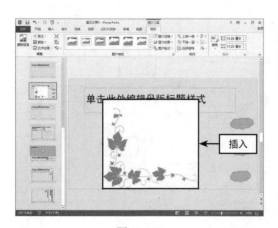

图 10-103

step 08 选中图片，右击，在弹出的快捷菜单中选择"置于底层"→"置于底层"命令，如图 10-104 所示。

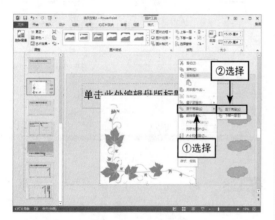

图 10-104

step 09 选择"图片工具—格式"选项卡，单击"调整"选项组中的"删除背景"按钮，如图 10-105 所示。

step 10 在"背景消除"选项卡中单击"标记要保留的区域"按钮，并在图中进行标记，如图 10-106 所示。

step 11 单击"关闭"选项组中的"保留更改"按钮，即可成功保存设置，效果如图 10-107 所示。

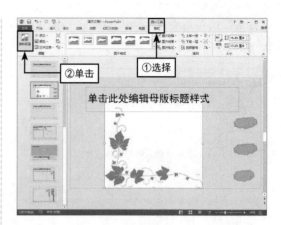

图 10-105

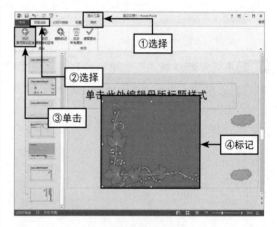

图 10-106

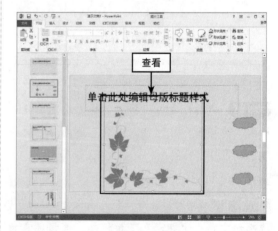

图 10-107

step 12 选择"幻灯片母版"选项卡，在"关闭"选项组中单击"关闭母版视图"按钮，即可退出幻灯片母版视图，如图 10-108 所示。

定义版式的幻灯片效果，如图 10-109 所示。

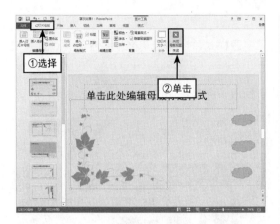

图 10-108

3. 应用自定义版式

退出幻灯片母版视图后即可看到应用了自

图 10-109

10.3　【精品鉴赏】

在本章的【精品鉴赏】中可以看到在 PowerPoint 2013 中制作《公司会议演示文稿》和《公司宣传演示文稿》时使用的功能和技巧，具体效果如下。

1. 公司会议演示文稿

在制作公司会议演示文稿时，在幻灯片中输入了文本并设置了文本字体格式，还插入了图片，效果如图 10-110 所示。

在幻灯片中插入了背景图片，使幻灯片内容丰富多样，效果如图 10-111 所示。

德胜科技有限公司

2016年7月14日

图 10-110

图 10-111

2. 公司宣传演示文稿

在制作公司宣传演示文稿时，首先应用并修改了主题样式，还输入了文本内容，并设置了文字格式，如图 10-112 所示。

设计了主要幻灯片，使用了不同样式的幻灯片，插入了图片，如图 10-113 所示。

图 10-112

图 10-113

为幻灯片设置了背景图，如图 10-114 所示。

制作了相册幻灯片，并插入到该演示文稿中，还修改了幻灯片母版，如图 10-115 所示。

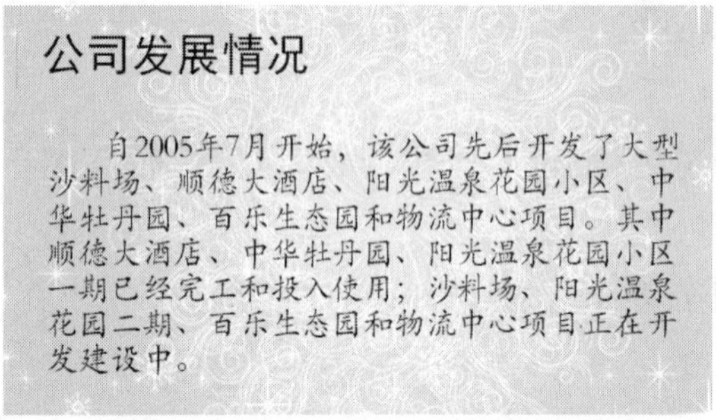

图 10-114

图 10-115

第 11 章

PowerPoint: 动画放映好精彩

本章内容

在使用 PowerPoint 2013 制作演示文稿时，为了使演示文稿内容和效果更丰富，更具有吸引力，用户可以在幻灯片中添加幻灯片切换效果及各种动画效果，添加各类音频和视频文件，还可以在幻灯片中使用超链接功能。本章将以《制作培训课件幻灯片》和《放映公司宣传演示文稿》为例，为大家介绍如何使用 PPT 2013 的相关功能和技巧。

11.1 制作培训课件幻灯片

对于教师来说，经常要使用 PPT 制作课件或者教程文稿；对于公司来说，会用到 PPT 来制作员工培训课件幻灯片，在这些文稿中经常需要添加音频或视频文件。下面将以制作员工课件为例，为大家介绍如何在 PPT 中添加超链接、视频和音频文件等。

11.1.1 为幻灯片添加超链接

PPT 2013 中的超链接功能可以串联幻灯片，链接幻灯片、电子邮件、新建文档等其他程序，以实现幻灯片与幻灯片、幻灯片与演示文稿或幻灯片与其他程序之间的链接。在播放演示文稿时可以直接在当前界面上单击超链接图标就能直接在该界面上播放相应的文件，而不需要最小化当前的 PPT 窗口。

1. 创建演示文稿

在为幻灯片添加超链接之前要先出创建新的演示文稿，如图 11-1 所示。

图 11-1

2. 输入演示文稿内容

在幻灯片中输入培训课件内容，并设置文本格式，如图 11-2 所示。

图 11-2

3. 保存演示文稿

将演示文稿保存在合适位置，并将文件名改为"员工培训课件"，如图 11-3 所示。

图 11-3

4. 插入幻灯片内部链接

可以在幻灯片中插入内部链接，即链接到演示文稿的其他幻灯片，具体操作如下。

step 01 启用超链接功能。选中需要设置"超链接"的文本，选择"插入"选项卡，单击"链接"选项组中的"超链接"按钮，如图 11-4 所示。

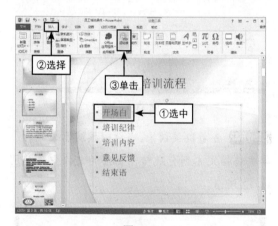

图 11-4

step 02 系统弹出"编辑超链接"对话框，在"链接到"选项组中选择"本文档中的位置"选项，在"请选择文档中的位置"下拉列表中选择"3.开场白"幻灯片，如图 11-5 所示。

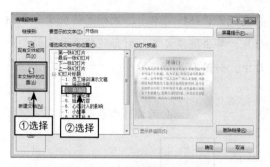

图 11-5

step 03 单击"确定"按钮，即可保存设置，可看到被选中的文本已经发生了变化，如图 11-6 所示。

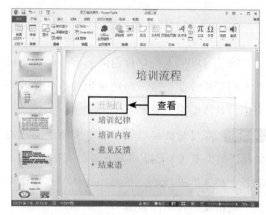

图 11-6

step 04 使用同样的方法设置其他文本超链接，如图 11-7 所示。

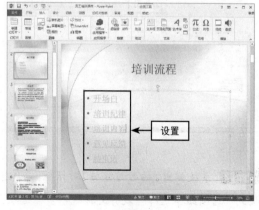

图 11-7

step 05 查看链接效果。当放映该演示文稿时将光标置于链接文本上，鼠标光标会变为手指形状，单击链接文本，则会跳转至相应的幻灯片中，如图 11-8 所示。

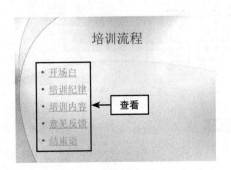

图 11-8

5. 插入幻灯片外部链接

除了可以插入幻灯片内部链接外，还可以插入幻灯片外部链接，即链接到其他文件或网页中，具体操作步骤如下。

step 01 启用超链接功能。选中需要设置"超链接"的文本（如志泰房地产股份有限公司），选择"插入"选项卡，单击"链接"选项组中的"超链接"按钮，如图 11-9 所示。

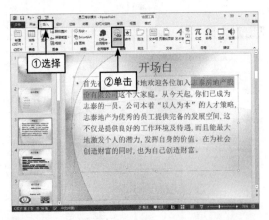

图 11-9

step 02 系统弹出"插入超链接"对话框，在"链接到"选项组中选择"现有文件或网页"选项，在"查找范围"文本框中选择公司宣传演示文稿，如图 11-10 所示。

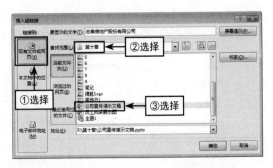

图 11-10

step 03 单击"确定"按钮，即可保存设置，可看到被选中的文本已经发生了变化，如图 11-11 所示。

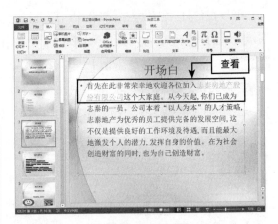

图 11-11

step 04 查看链接效果。当放映该演示文稿时，单击链接文本则会跳转至相应的文件中，如图 11-12 所示。

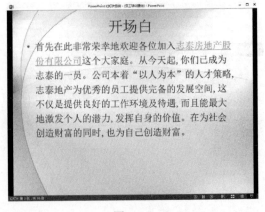

图 11-12

step 05 除了可以链接到外部文件，还可以链接到网页。在"插入超链接"对话框中选择"现有文件或网页"选项，在"地址"文本框中输入网页地址，如图 11-13 所示。

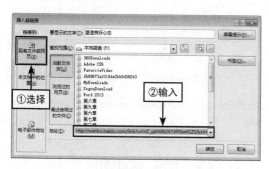

图 11-13

step 06 查看链接效果。当放映该演示文稿时，单击链接文本则会跳转至相应的网页地址中，如图 11-14 所示。

图 11-14

> **提示：**
>
> 选中文本并右击，在弹出的快捷菜单中选择"超链接"命令。

11.1.2　添加幻灯片交互功能

在制作 PPT 课件的时候，可以添加一些交互功能，这样可以方便放映者对幻灯片进行操作，也可以将课件展示得更加有活力，交互功能一般通过添加超链接或者添加动作来实现。

1. 添加"下一张"按钮动作

在幻灯片中添加"下一张"按钮动作，则单击形状即可快速跳转至相应的幻灯片，具体操作步骤如下。

step 01 选中第 1 张幻灯片，选择"绘图工具—格式"选项卡，选择"插入形状"选项组的图形（如爆炸形 2），并插入到幻灯片中，效果如图 11-15 所示。

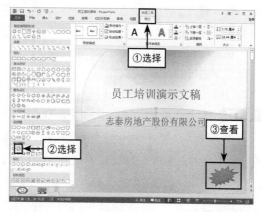

图 11-15

step 02 选中幻灯片中的形状，选中"插入"选项卡，在"链接"选项组中单击"动作"按钮，如图 11-16 所示。

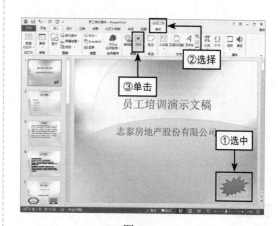

图 11-16

step 03 系统弹出"操作设置"对话框，在"单击鼠标"选项卡下选择"超链接到"选项，在其下拉列表中选择"下一张幻灯片"选项，如图 11-17 所示。

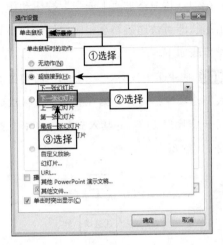

图 11-17

step 04 选中"播放声音"复选框，在其下拉列表中选择满意的声音样式（如微风），并选中"单击时突出显示"复选框，如图 11-18 所示。

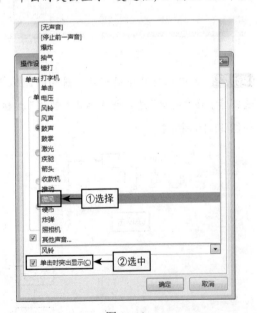

图 11-18

step 05 可以将第 1 张幻灯片中的形状复制并粘贴到其他幻灯片中，效果如图 11-19 所示。

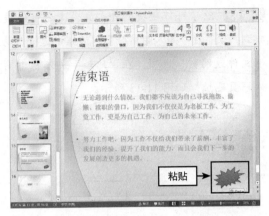

图 11-19

2. 添加"返回"按钮动作

在幻灯片中添加"返回"按钮动作，单击该形状可以快速返回至第 1 张幻灯片，具体操作如下。

step 01 选中最后一张幻灯片，在"插入形状"选项组中插入满意的形状（如云形标注），如图 11-20 所示。

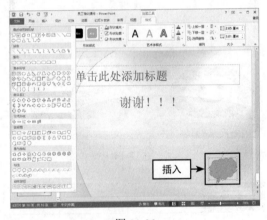

图 11-20

step 02 选中幻灯片中的形状，选中"插入"选项卡，在"链接"选项组中单击"动作"按钮，如图 11-21 所示。

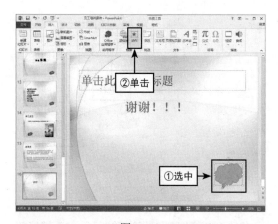

图 11-21

step 03 在"操作设置"对话框中选择"超链接到"单选按钮，在其下拉列表中选择"第一张幻灯片"选项，如图 11-22 所示。

图 11-22

11.1.3 添加与编辑音频文件

为了使课件内容更丰富，可以在其演示文稿中添加音频文件。下面将介绍如何在 PPT 2013 中添加和编辑音频文件。

1. 添加音频文件

在 PPT 2013 中可以插入"PC 上的音频""联机音频"及"录制音频"这三种音频文件，下面将详细介绍第一种插入音频的操作方法。

step 01 选中需要插入音频的幻灯片，选择"插入"选项卡，在"媒体"选项组中单击"音频"下拉按钮，选择"PC 上的音频"选项，如图 11-23 所示。

图 11-23

step 02 在"插入音频"对话框中选择要添加的音频文件（如稻香），如图 11-24 所示。

图 11-24

step 03 单击"插入"按钮，即可完成音频文件的添加。此时会在幻灯片中显示音频播放器，如图 11-25 所示。

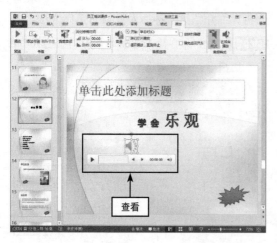

图 11-25

step 04 单击"播放／暂停"按钮即可播放或暂停音乐，如图 11-26 所示。

图 11-26

2. 编辑音频文件

可以在 PPT 2013 中对插入的音频文件进行编辑，具体操作步骤如下。

step 01 设置音频图片效果样式。选中音频图标，选择"音频工具—格式"选项卡，在"图片样式"选项组中单击"图片效果"下拉按钮，选择满意的图片效果（如预设 11），如图 11-27 所示。

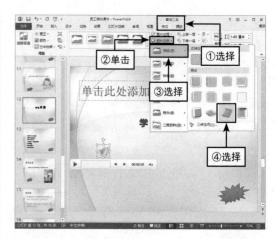

图 11-27

step 02 在"图片样式"选项组中单击"图片边框"下拉按钮，选择满意的边框颜色（如黄色），如图 11-28 所示。

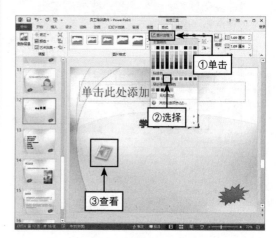

图 11-28

step 03 剪裁音频。选中幻灯片中的"音频播放器"，选择"音频工具—播放"选项卡，在"编辑"选项组中单击"剪裁音频"按钮，如图 11-29 所示。

step 04 在弹出的"剪裁音频"对话框中输入"开始时间"和"结束时间"，单击"确定"按钮，保存设置，如图 11-30 所示。

图 11-29

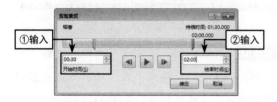

图 11-30

提示：

还可以启用"添加书签"功能并通过拖动音频进度条上的滑块来进行剪裁音频操作。

step 05 选择"音频工具—播放"选项卡，在"音频选项"选项组中选中"循环播放，直到停止""放映时隐藏"及"播完返回开头"复选框，如图 11-31 所示。

图 11-31

11.1.4　添加与编辑视频文件

添加视频文件的方法与添加音频文件的方法类似，下面将介绍如何在 PPT 2013 中添加和编辑视频文件。

1．添加视频文件

在 PPT 2013 中可以插入"PC 上的视频""联机视频"两种视频文件，下面将详细介绍第一种插入视频文件的操作方法。

step 01 选中需要插入视频文件的幻灯片，选择"插入"选项卡，在"媒体"选项组中单击"视频"下拉按钮，选择"PC 上的视频"选项，如图 11-32 所示。

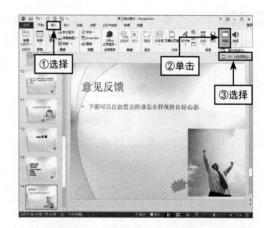

图 11-32

step 02 在弹出的"插入视频文件"对话框中选择需要插入的视频文件，如图 11-33 所示。

图 11-33

step 03 单击"插入"按钮，即可完成视频文件的添加，此时会在幻灯片中显示视频播放器，如图 11-34 所示。

图 11-34

step 04 单击"播放/暂停"按钮，即可对视频文件进行播放或暂停操作，如图 11-35 所示。

图 11-35

2. 编辑视频文件

视频文件添加完后即可对其进行编辑处理，具体操作步骤如下。

step 01 设置视频样式。选中视频文件，选择"视频工具—格式"选项卡，在"视频样式"选项组的下拉列表中选择满意的视频样式（如柔化

边缘椭圆），如图 11-36 所示。

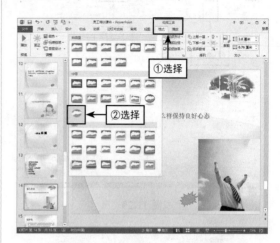

图 11-36

step 02 剪裁视频。选中视频文件，选择"视频工具—播放"选项卡，在"编辑"选项组中单击"剪裁视频"按钮，如图 11-37 所示。

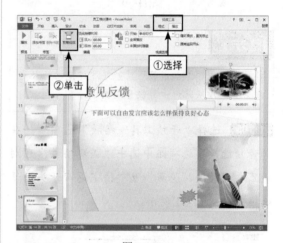

图 11-37

step 03 在"剪裁视频"对话框中输入"开始时间"及"结束时间"，单击"确定"按钮，保存设置，如图 11-38 所示。

step 04 选中视频文件，在"视频选项"选项组中可以调节"音量"大小，并选中"全屏播放""循环播放，直到停止""播完返回开头"复选框，如图 11-39 所示。

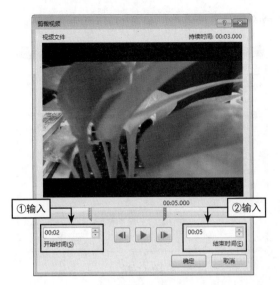

图 11-38

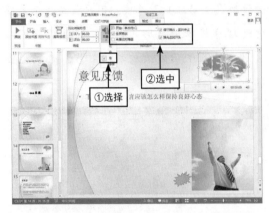

图 11-39

step 05 设置视频亮度／对比度。选择"视频工具—格式"选项卡，在"调整"选项组中单击"更正"下拉按钮，选择满意的"亮度／对比度"选项（亮度：+40%，对比度：+40%），如图 11-40 所示。

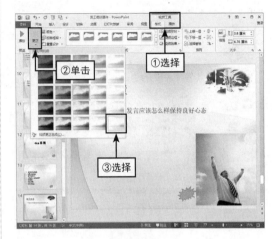

图 11-40

11.2　放映公司宣传演示文稿

演示文稿制作完后可以为演示文稿设置放映操作，如设置放映类型、设置排练计时、放映幻灯片等。本节将以《放映公司宣传演示文稿》为例，为大家具体介绍在 PowerPoint 2013 中如何对演示文稿进行放映操作。

11.2.1　设置幻灯片放映类型

在 PowerPoint 2013 中，幻灯片有三种放映类型，分别是演讲者放映、观众自行浏览和在展台浏览。下面将分别介绍这三种放映类型。

1. 打开演示文稿

由于上一章中已经制作完成公司宣传演示文稿，用户可直接打开该演示文稿，如图 11-41 所示。

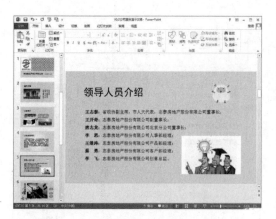

图 11-41

2. 设置幻灯片放映类型

可以在"幻灯片放映"选项卡中设置幻灯片放映类型。

step 01 选择"幻灯片放映"选项卡，在"设置"选项组中单击"设置幻灯片放映"按钮，如图 11-42 所示。

图 11-42

step 02 系统弹出"设置放映方式"对话框，在"放映类型"选项组中用户可以根据需要选

择合适的放映类型，如图 11-43 所示。

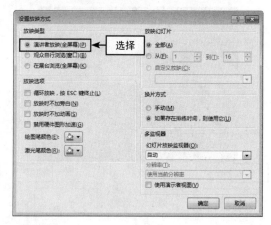

图 11-43

step 03 在"放映类型"选项组中选择"演讲者放映（全屏幕）"选项，用户放映演示文稿时幻灯片将以全屏形式显示，并且用户可以采用自动或手动方式放映幻灯片，效果如图 11-44 所示。

图 11-44

step 04 在"放映类型"选项组中选择"观众自行浏览（窗口）"选项，用户放映演示文稿时幻灯片将以窗口形式显示，并且"多监视器"选项组及"放映选项"选项组下的"绘图笔颜色"复选框为灰色不可用状态，效果如图 11-45 所示。

图 11-45

step 05 在"放映类型"选项组中选择"在展台浏览（全屏幕）"选项，用户放映演示文稿时幻灯片将以全屏形式显示，并且"换片方式"选项组及"放映选项"选项组下的"循环放映，按 Esc 键终止"复选框为灰色不可用状态，效果如图 11-46 所示。

图 11-46

3．设置幻灯片放映范围

在"放映幻灯片"选项组中用户可以选择全部放映幻灯片，也可以自定义幻灯片放映范围，如图 11-47 所示。

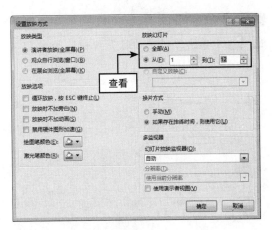

图 11-47

4．设置幻灯片放映选项

在"放映选项"选项组中用户可以根据需要设置相关放映选项，如图 11-48 所示。

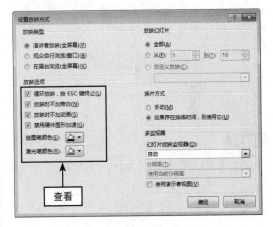

图 11-48

11.2.2　设置排练计时

在使用 PowerPoint 2013 播放演示文稿进行演讲宣传时，用户可以使用 PPT 2013 中的排练计时功能来对演讲宣传活动进行预先演练，以便预先了解幻灯片的放映时间。可以在"幻灯片放映"选项卡中设置幻灯片的排练计时功能，具体操作步骤如下。

step 01 选择"幻灯片放映"选项卡，在"设置"选项组中单击"排练计时"按钮，如图 11-49 所示。

图 11-49

step 02 此时已经进入到幻灯片放映状态并出现"录制"对话框，系统将记录第 1 张幻灯片放映时间，如图 11-50 所示。

图 11-50

step 03 单击"录制"对话框中的"下一项"按钮或者直接单击幻灯片，即可跳转至下一张幻灯片，此时系统将重新记录下一张幻灯片放映时间，如图 11-51 所示。

图 11-51

step 04 单击"录制"对话框中的"暂停"按钮即可暂停当前记录时间，并出现信息提示框，单击"继续录制"按钮即可继续记录时间值，如图 11-52 所示。

图 11-52

step 05 幻灯片放映完后系统弹出信息提示框，单击"是"按钮即可保留幻灯片计时，如图 11-53 所示。

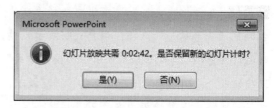

图 11-53

step 06 切换至"幻灯片浏览"视图，用户可以在每张幻灯片右下角查看该幻灯片放映所需时间，如图 11-54 所示。

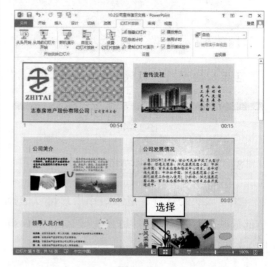

图 11-54

11.2.3　设置幻灯片切换及动画效果

用户可以对幻灯片添加切换和动画效果，可以使演示文稿内容更生动丰富。下面将介绍如何为幻灯片添加切换和动画效果。

1. 添加幻灯片切换效果

PowerPoint 2013 中有很多切换效果，用户可以在"切换"选项卡中设置幻灯片切换效果，具体操作步骤如下。

step 01 选中第 1 张幻灯片，选择"切换"选项卡，在"切换到此幻灯片"选项组下拉列表中选择"棋盘"效果，如图 11-55 所示。

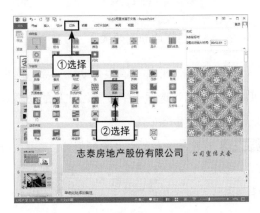

图 11-55

step 02 设置效果选项。在"切换到此幻灯片"选项组中单击"效果选项"下拉按钮，选择"自顶部"选项，如图 11-56 所示。

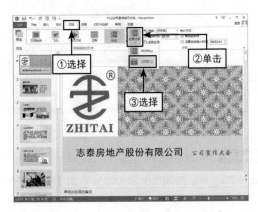

图 11-56

step 03 单击"切换"选项卡，在"预览"选项组中单击"预览"按钮，即可查看该幻灯片的切换效果，如图 11-57 所示。

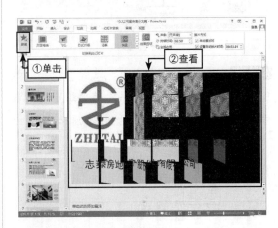

图 11-57

step 04 选中第 2 张幻灯片，选择"切换"选项卡，在"切换到此幻灯片"选项组下拉列表中选择"门"效果，如图 11-58 所示。

图 11-58

step 05 选择"切换"选项卡，在"预览"选项组中单击"预览"按钮，即可查看该幻灯片的切换效果，如图 11-59 所示。

图 11-59

step 06 选中第 3 张幻灯片,选择"切换"选项卡,在"切换到此幻灯片"选项组下拉列表中选择"涟漪"效果,如图 11-60 所示。

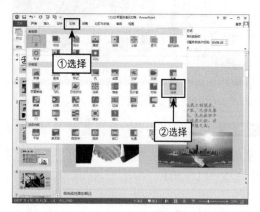

图 11-60

step 07 在"预览"选项组中单击"预览"按钮,即可查看该幻灯片的切换效果,如图 11-61 所示。

图 11-61

step 08 设置其他幻灯片切换效果,效果如图 11-62 所示。

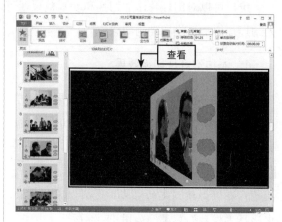

图 11-62

2. 添加幻灯片动画效果

PowerPoint 2013 中有很多动画效果,用户可以在"动画"选项卡中设置幻灯片的动画效果,具体操作步骤如下。

step 01 选中第 2 张幻灯片中的图片,选择"动画"选项卡,在"动画"选项组下拉列表中选择"翻转式由远及近"效果,如图 11-63 所示。

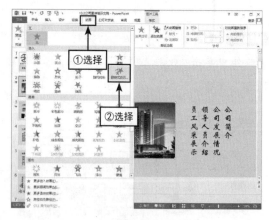

图 11-63

step 02 选择"动画"选项卡,单击"预览"选项组中的"预览"按钮,效果如图 11-64 所示。

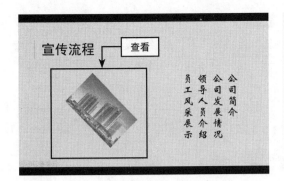

图 11-64

step 03 选中第 4 张幻灯片中的文本框，选择"动画"选项卡，在"动画"选项组下拉列表中选择"波浪型"效果，如图 11-65 所示。

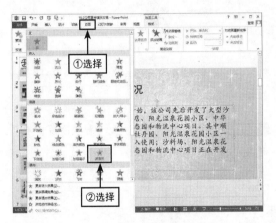

图 11-65

step 04 单击"预览"选项组中的"预览"按钮，效果如图 11-66 所示。

图 11-66

step 05 选中第 6 张幻灯片中的图片，在"动画"选项组下拉列表中选择"弹跳"效果，在"高

级动画"选项组中单击"添加动画"下拉按钮，在"退出"选项组中选择"劈裂"效果，如图 11-67 所示。

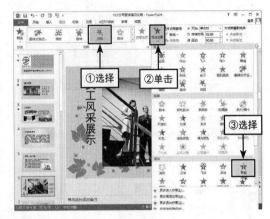

图 11-67

step 06 单击"预览"选项组中的"预览"按钮可查看效果，如图 11-68 所示。

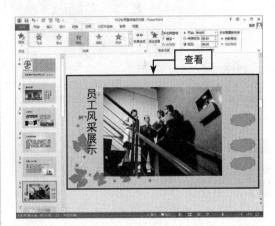

图 11-68

step 07 选中第 7 张幻灯片中的图片，选择"动画"选项卡，在"动画"选项组下拉列表中的"动作路径"选项组中选择"弧形"效果，如图 11-69 所示。

step 08 单击"高级动画"选项组中的"动画窗格"按钮，如图 11-70 所示。

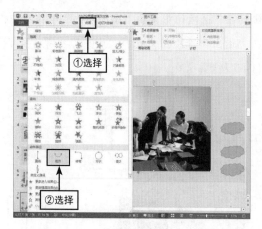

图 11-69

图 11-70

step 09 在右侧弹出的"动画窗格"中选择"从上一项开始"选项，并选择"效果选项"选项，如图 11-71 所示。

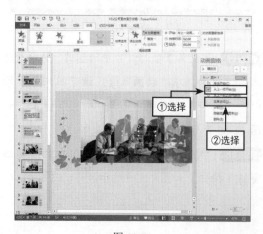

图 11-71

step 10 系统弹出"向下弧线"对话框，在"设置"选项组中将"路径"设为"锁定"，在"增强"选项组中将"声音"设为"硬币"选项，如图 11-72 所示。

图 11-72

step 11 单击"确定"按钮，保存设置，预览效果如图 11-73 所示。

图 11-73

11.2.4 输出与打包演示文稿

演示文稿制作完后，用户可以根据需要对演示文稿进行输出处理，如打印该演示文稿、将演示文稿进行保存等。下面将介绍如何输出与打包演示文稿。

1. 打印演示文稿

用户可以根据需要对演示文稿进行打印操作，具体操作步骤如下。

step 01 设置"幻灯片大小"，选择"设计"选项卡，单击"自定义"选项组下拉按钮，在"幻灯片大小"下拉列表中选择"自定义幻灯片大小"，如图 11-74 所示。

图 11-74

step 02 在弹出的"幻灯片大小"对话框中设置"幻灯片大小"，如图 11-75 所示。

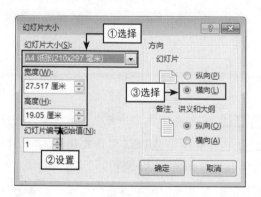

图 11-75

step 03 单击"确定"按钮，保存设置，在弹出来的信息提示框中单击"确保适合"按钮，如图 11-76 所示。

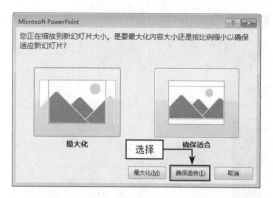

图 11-76

step 04 此时演示文稿尺寸已发生变化，如图 11-77 所示。

图 11-77

step 05 选择"文件"→"打印"命令，如图 11-78 所示。

图 11-78

step 06 在弹出的"打印"选项面板中设置打印机、打印份数及打印页数等，单击"打印"按钮，即可对演示文稿进行打印，如图 11-79 所示。

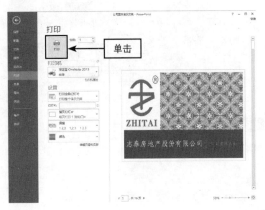

图 11-79

2. 设置幻灯片输出类型

在 PowerPoint 2013 中幻灯片的默认保存类型是"PowerPoint 演示文稿"，用户可以将幻灯片保存为其他类型的文件，如"JPEG 文件格式""PDF 格式"等，具体操作步骤如下。

step 01 保存为"JPEG 文件格式"。选择"文件"→"另存为"命令，在弹出的"另存为"对话框中双击"计算机"选项，如图 11-80 所示。

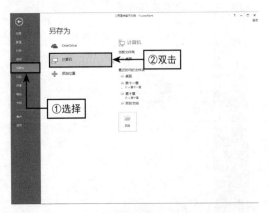

图 11-80

step 02 在"另存为"对话框中设置保存位置，

并将"保存类型"设置为"JPEG 文件交换格式"，如图 11-81 所示。

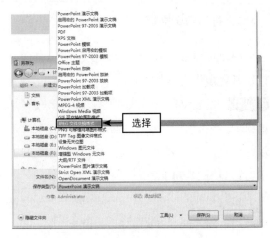

图 11-81

step 03 在弹出的信息提示框中单击"所有幻灯片"按钮，如图 11-82 所示。

图 11-82

step 04 在弹出的信息提示框中单击"确定"按钮，如图 11-83 所示。

图 11-83

step 05 可以在所在文件夹中查看效果，此时幻灯片已保存为"JPEG 文件交换格式"，即图片格式，如图 11-84 所示。

step 06 保存为"PDF 格式"。在"另存为"对话框中设置保存位置，并将"保存类型"设置为 PDF，如图 11-85 所示。

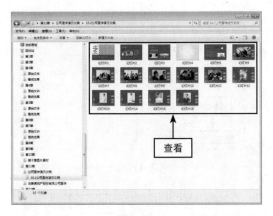

图 11-84

图 11-85

3. 打包演示文稿

如果将编辑好的演示文稿放在其他的计算机上演示播放的时候，可能会出现演示文稿里面的链接等之类的信息失效的情况，因此，采用 PowerPoint 2013 演示文稿中的打包操作可以很好地解决这一问题，具体操作步骤如下。

step 01　选择"文件"→"导出"命令，如图 11-87 所示。

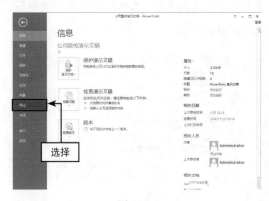

图 11-87

step 02　在"导出"选项面板中选择"将演示文稿打包成 CD"选项，并单击右侧的"打包成 CD"按钮，如图 11-88 所示。

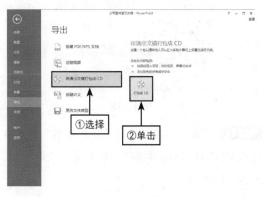

图 11-88

step 03　在弹出的"打包成 CD"对话框中，将 CD 命名为"志泰房地产股份有限公司宣传"，单击"选项"按钮，如图 11-89 所示。

step 07　在弹出的"查看下载"提示框中单击"保存"按钮，即可完成保存设置，如图 11-86 所示。

图 11-86

图 11-89

step 04 在弹出的"选项"对话框中，在"增强安全性和隐私保护"选项组中设置相关密码，如图 11-90 所示。

图 11-90

step 05 单击"确定"按钮，保存设置，在"确认密码"对话框中再次输入密码，如图 11-91 所示。

图 11-91

step 06 单击"确定"按钮保存，并返回到"打包成 CD"对话框，单击"复制到文件夹"按钮，如图 11-92 所示。

step 07 在"复制到文件夹"对话框中更改文件夹名称，并设置复制位置，如图 11-93 所示。

step 08 单击"确定"按钮，保存设置，系统将会弹出信息提示框，单击"是"按钮，如图 11-94 所示。

图 11-92

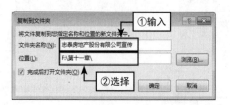

图 11-93

图 11-94

step 09 复制完后系统将自动打开相应的文件夹，此时打包操作已经完成，如图 11-95 所示。

图 11-95

提示:

文件夹中的 AUTORUN 是自动运行文件，若用户进行打包到 CD 光盘操作，该文件可以在 CD 光盘中自动播放。

11.3 【精品鉴赏】

在本章的【精品鉴赏】中可以看到在 PowerPoint 2013 中制作培训课件幻灯片和放映公司宣传演示文稿时使用的功能和技巧，具体效果如下。

1. 制作培训课件幻灯片

在制作培训课件幻灯片时，为幻灯片添加了超链接，还插入了图片，如图 11-96 所示。

图 11-96

在幻灯片中添加了音频文件，还设置了幻灯片交互功能，单击"爆炸"形状即可直接链接到下一张幻灯片，如图 11-97 所示。

图 11-97

在幻灯片中添加了视频文件，使演示文稿内容丰富多彩，如图 11-98 所示。

图 11-98

2. 放映公司宣传演示文稿

在放映公司宣传演示文稿时为幻灯片设置了放映类型，还设置了排练技术计时，如图 11-99 所示。

图 11-99

还为幻灯片设置了切换效果，如图 11-100 所示。

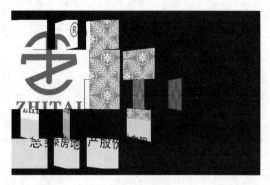

图 11-100

为幻灯片中的图片设置了切换效果，如图 11-101 所示。

图 11-101

11.4 【综合案例】制作生活礼仪演示文稿

生活礼仪是个人生活行为规范与待人处事的基本准则，是个人仪表仪容、言谈举止、待人接物等方面的规定，是个人道德品质、文化素养、教养良知等精神内涵的外在体现。学好生活礼仪很重要，下面介绍何如综合运用 PowerPoint 2013 中的基本功能和技巧来制作生活礼仪演示文稿。

1. 创建幻灯片

先在 PowerPoint 2013 中创建新的幻灯片，如图 11-102 所示。

图 11-102

2. 设置幻灯片主题样式

创建好幻灯片后即可对幻灯片主题样式进行设置，具体操作步骤如下。

step 01 选中幻灯片，选择"设计"选项卡，在"主题"下拉列表中选择满意的主题样式（如卷草阳台），如图 11-103 所示。

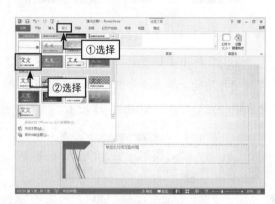

图 11-103

step 02 设置完后可查看效果，如图 11-104 所示。

图 11-104

3. 设置封面幻灯片

幻灯片主题样式设置完后，可对封面幻灯片进行设置，如输入文本并设置文本格式、插入图片等。

step 01 在幻灯片中输入文本并设置文本格式（如隶书、60、加粗），如图 11-105 所示。

图 11-105

step 02 删除副标题文本框。选中副标题文本框，按【Backspace】键或【Delete】键删除副标题文本框，效果如图 11-106 所示。

图 11-106

step 03 插入图片。选中"插入"选项卡，在"图像"选项组中单击"图片"按钮，如图 11-107 所示。

图 11-107

step 04 选择满意的照片并插入到幻灯片中，调整图片大小及位置，效果如图 11-108 所示。

图 11-108

4. 设置目录幻灯片

封面幻灯片设置完后即可对目录幻灯片进行设置，具体操作步骤如下。

step 01 新建幻灯片。选择"插入"选项卡，在"幻灯片"选项组中单击"新建幻灯片"下拉按钮，选择"标题和竖排文字"选项，如图 11-109 所示。

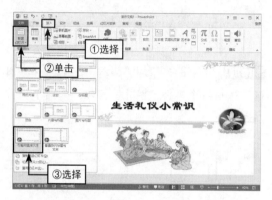

图 11-109

step 02 在新建幻灯片中输入文本内容，如图 11-110 所示。

图 11-110

step 03 设置文本样式。选中文本内容，选择"绘图工具—格式"选项卡，在"艺术字样式"选项组下拉列表中选择满意的艺术字样式（如图案填充 - 白色，着色 3，窄横线，内部阴影），如图 11-111 所示。

step 04 选择"插入"选项卡，在第 2 张幻灯片中插入图片，效果如图 11-112 所示。

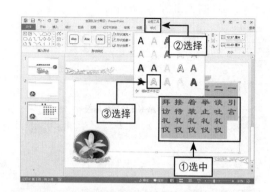

图 11-111

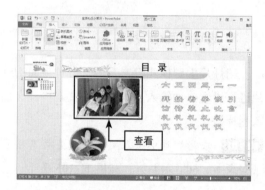

图 11-112

5. 设置正文幻灯片

目录幻灯片设置完后即可对正文幻灯片进行设置，具体步骤如下。

step 01 新建幻灯片，并在幻灯片中输入文本内容，如图 11-113 所示。

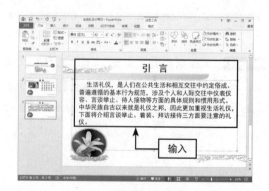

图 11-113

step 02 继续创建幻灯片，选择"标题和内容"选项，如图 11-114 所示。

图 11-114

step 03　在新建的幻灯片中输入文字，并设置文字格式（如标题设置为黑体、48、加粗，其他文本设置为黑体、36），如图 11-115 所示。

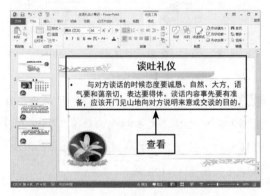

图 11-115

step 04　新建空白幻灯片，选择"插入"选项卡，在"文本"选项组中单击"文本框"下拉按钮，选择"横排文本框"选项，如图 11-116 所示。

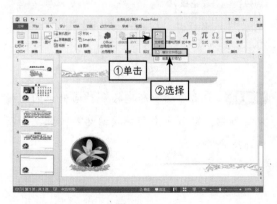

图 11-116

step 05　绘制文本框，并输入文本内容，如图 11-117 所示。

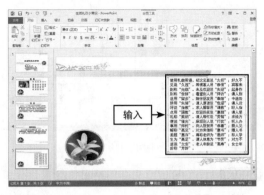

图 11-117

step 06　选中文本框，选择"绘图工具—格式"选项卡，在"形状样式"选项组中单击"形状填充"下拉按钮，选择满意的填充颜色（如水绿色，着色1），如图 11-118 所示。

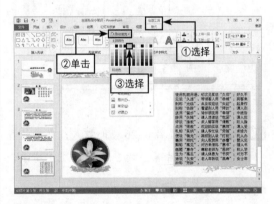

图 11-118

step 07　在该幻灯片中插入图片，选中图片，选择"图片工具—格式"选项卡，在"图片样式"选项组中单击"图片效果"下拉按钮，选择"柔化边缘"选项，在其级联列表中选择"50磅"，如图 11-119 所示。

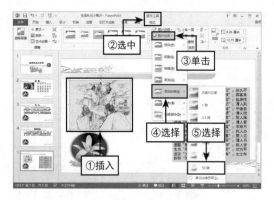

图 11-119

step 08 设置完后可适当调整图片位置，效果如图 11-120 所示。

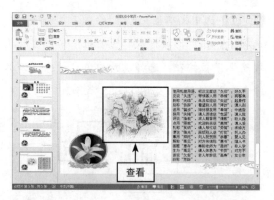

图 11-120

step 09 继续设置第 6~26 张幻灯片，在幻灯片中插入文本、图片等，效果如图 11-121 所示。

图 11-121

6. 设置幻灯片超链接

在第 2 张幻灯片中插入超链接，具体操作步骤如下。

step 01 选中第 2 张幻灯片，选择文本内容"一引言"，选择"插入"选项卡，单击"链接"选项组中的"超链接"按钮，如图 11-122 所示。

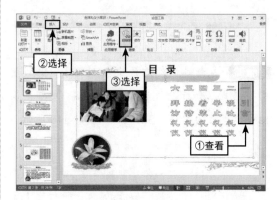

图 11-122

step 02 系统弹出"插入超链接"对话框，在左侧列表中选择"文本档中的位置"，在"请选择文档中的位置"下拉列表中选择"3.引言"幻灯片，如图 11-123 所示。

图 11-123

step 03 单击"插入超链接"对话框中的"确定"按钮，即可完成超链接的插入，效果如图 11-124 所示。

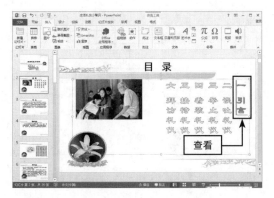

图 11-124

step 04 选中文本"二 谈吐礼仪",在"插入超链接"对话框中选择"本文档中的位置"选项,在"请选择文档中的位置"下拉列表中选择"4.谈吐礼仪"幻灯片,如图 11-125 所示。

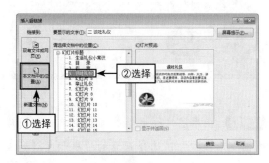

图 11-125

step 05 单击"确定"按钮,即可保存设置,效果如图 11-126 所示。

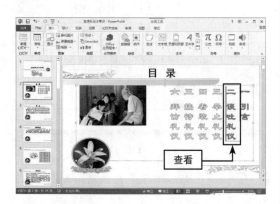

图 11-126

step 06 继续为其他文本设置超链接,效果如图 11-127 所示。

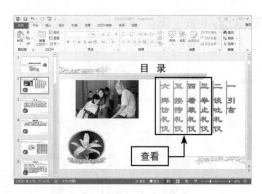

图 11-127

7. 插入并编辑音频文件

可以在幻灯片中插入音频文件,使演示文稿更生动、形象,具体操作步骤如下。

step 01 选中第3张幻灯片,选择"插入"选项卡,单击"媒体"选项组中的"音频"下拉按钮,选择"PC 上的音频"选项,如图 11-128 所示。

图 11-128

step 02 在"插入音频"对话框中选择需要插入的音频文件,如图 11-129 所示。

图 11-129

step 03 单击"插入"按钮，即可成功插入音频文件，如图 11-130 所示。

图 11-130

step 04 选中幻灯片中的音频文件，选择"音频工具—播放"选项卡，在"编辑"选项组中设置"淡入"和"淡出"的时间值，如图 11-131 所示。

图 11-131

step 05 选择"音频工具—播放"选项卡，在"音频选项"选项组中选中"跨幻灯片播放""循环播放，直到停止""播完返回开头"复选框，如图 11-132 所示。

step 06 选择"音频工具—格式"选项卡，在"图片样式"选项组下拉列表中选择"棱台形椭圆，黑色"选项，如图 11-133 所示。

图 11-132

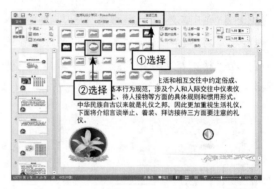

图 11-133

step 07 在"图片样式"选项组中单击"图片边框"下拉按钮，选择满意的边框颜色（如浅绿），如图 11-134 所示。

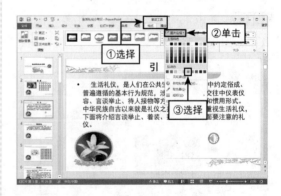

图 11-134

step 08 设置完后即可查看效果，如图 11-135 所示。

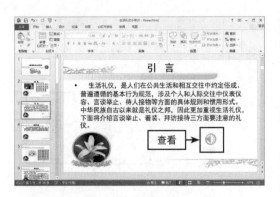

图 11-135

8. 设置幻灯片动画效果

可以为幻灯片设置动画效果，使演示文稿更新颖，具体操作步骤如下。

step 01 选择第 1 张幻灯片的标题文本框，选择"动画"选项卡，在"动画"下拉列表中选择"随机线条"选项，如图 11-136 所示。

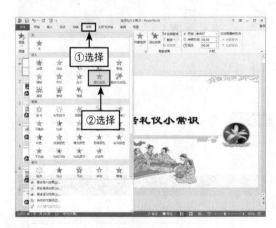

图 11-136

step 02 设置完后可查看效果，如图 11-137 所示。

step 03 选择第 2 张幻灯片，选中所有文本，在"动画"下拉列表中选择"缩放"选项，如图 11-138 所示。

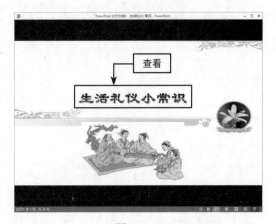

图 11-137

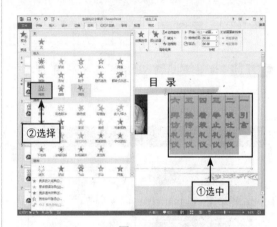

图 11-138

step 04 单击"效果选项"下拉按钮，选择"幻灯片中心"选项，如图 11-139 所示。

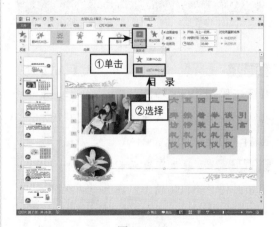

图 11-139

step 05 选中幻灯片中的图片，在"动画"

下拉列表中选择"放大 / 缩小"选项，如图
11-140 所示。

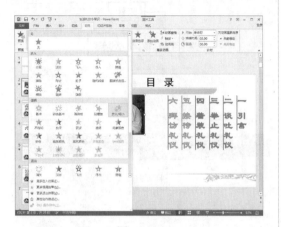

图 11-140

step 06 设置完后可查看效果，如图 11-141
所示。

图 11-141

step 07 选择第 12 张幻灯片，按【Ctrl】键选
择所有图片，在"动画"选项组下拉列表中选
择满意的动画效果（如翻转式由远及近），如
图 11-142 所示。

step 08 在"动画"选项卡中选择"计时"选
项组，将"开始"设为"与上一动画同时"，
如图 11-143 所示。

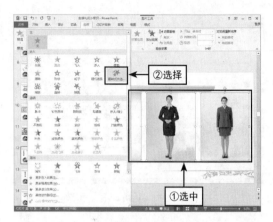

图 11-142

图 11-143

step 09 设置完后可查看效果，如图 11-144
所示。

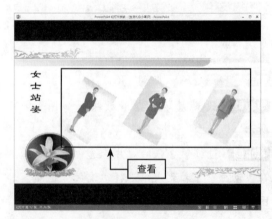

图 11-144

step 10 设置其他幻灯片动画效果，如图 11-145
所示。

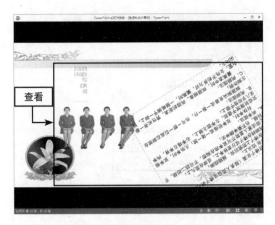

图 11-145

9. 设置幻灯片切换效果

设置幻灯片动画效果后，还可以为幻灯片设置切换效果，具体操作步骤如下。

step 01　选中第 1 张幻灯片，选择"切换"选项卡，在"切换到此幻灯片"下拉列表中选择"百叶窗"选项，如图 11-146 所示。

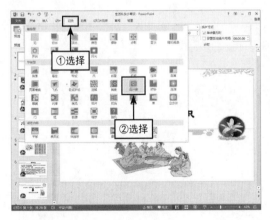

图 11-146

step 02　设置完后单击"预览"按钮，可查看效果，如图 11-147 所示。

step 03　选择第 2 张幻灯片，将切换效果设置为"旋转"选项，单击"效果选项"下拉按钮，选择"自底部"选项，如图 11-148 所示。

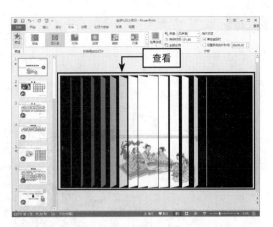

图 11-147

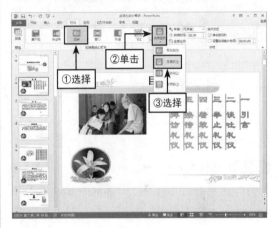

图 11-148

step 04　单击"预览"按钮，查看效果，如图 11-149 所示。

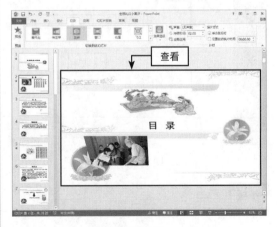

图 11-149

step 05 设置其他幻灯片切换效果，如图 11-150 所示。

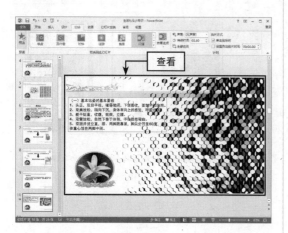

图 11-150

10. 保存演示文稿

演示文稿制作完后可以将其保存在合适位置，具体操作步骤如下。

step 01 选择"文件"→"另存为"命令，在"另存为"选项面板中选择"计算机"选项，如图 11-151 所示。

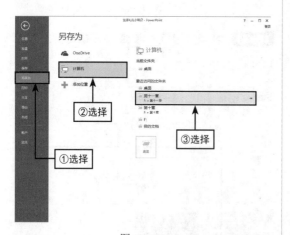

图 11-151

step 02 在"另存为"对话框中设置文件名并将保存设为"JPEG 文件交换格式"，此时已将演示文稿保存为图片格式，如图 11-152 所示。

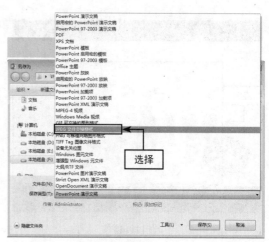

图 11-152

第 12 章
Word/Excel/PowerPoint 不分离

本章内容

在 Microsoft Office 2013 中，Word、Excel 和 PPT 是最常用的三大软件，每个软件都有着很强大并且很实用的功能，用户可以单独使用它们进行日常工作，还可以共同协作，互相共享数据，这会大大提高工作效率。本章将以《Word 与 Excel 之间的协作》《PPT 与 Word/Excel 之间的协作》为例，为大家介绍这三款软件如何互相共享数据，共同协作与转换。

12.1　Word 与 Excel 之间的协作

　　Word 是文字处理软件，Excel 是制作电子表格的软件，使用协作功能使得能够在 Word 中使用 Excel 表格，可以将 Word 中的数据转换成 Excel 表格，从而为办公人员提供便利，并且将会大大提高工作效率。

12.1.1　在 Word 中使用 Excel 数据

　　可以使用 Word 和 Excel 的数据共享功能，将 Excel 中的数据插入到 Word 文档中，具体操作步骤如下。

step 01　创建新的 Word 文档，如图 12-1 所示。

图 12-1

step 02　选择"插入"选项卡，在"文本"选项组中单击"对象"下拉按钮，选择"对象"选项，如图 12-2 所示。

step 03　在弹出的"对象"对话框中选择"由文件创建"选项卡，单击"浏览"按钮，如图 12-3 所示。

图 12-2

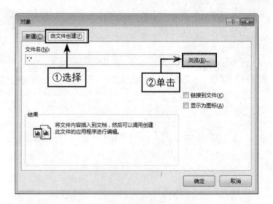

图 12-3

step 04　在"浏览"对话框中选择需要插入的 Excel 表格，如图 12-4 所示。

图 12-4

step 05 单击"插入"按钮,返回到"对象"对话框,此时"文件名"文本框中已经显示要插入的 Excel 文件名称,如图 12-5 所示。

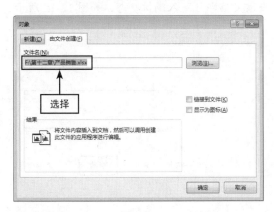

图 12-5

step 06 单击"确定"按钮,保存设置,此时将会在 Word 文档中插入 Excel 表格数据,如图 12-6 所示。

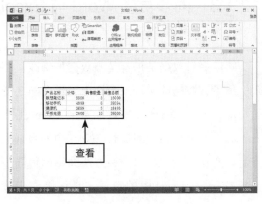

图 12-6

step 07 如果需要修改表格中的数据,只需双击表格中的单元格,此时表格将会变成 Excel 单元格模式,如图 12-7 所示。

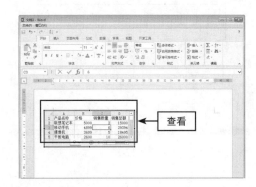

图 12-7

提示:

如果只需在 Word 中插入简单的 Excel 表格数据,可以直接使用 Microsoft Office 2013 的复制和粘贴功能。

12.1.2 在 Excel 中使用 Word 数据

如果想要在 Excel 表格中使用 Word 数据,可以直接复制和粘贴数据,还可以使用嵌入 Word 文档功能来插入数据,具体操作步骤如下。

step 01 打开 Word 文件,选中表格内容,右击,在弹出的快捷菜单中选择"复制"命令,如图 12-8 所示。

step 02 打开 Excel 工作簿,选择任意单元格,右击,在弹出的快捷菜单中选择"选择性粘贴"命令,如图 12-9 所示。

step 03 在弹出的"选择性粘贴"对话框中选择"粘贴"单选按钮,在"方式"列表框中选择"Microsoft Word 文档对象"选项,如图 12-10 所示。

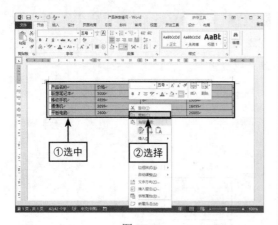

图 12-8

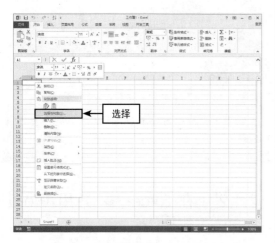

图 12-9

图 12-10

step 04 单击"确定"按钮，即可成功将 Word 数据插入到 Excel 表格中，如图 12-11 所示。

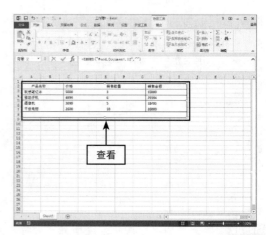

图 12-11

step 05 如果需要修改表格中的数据，只需双击该文档即可进入编辑状态，如图 12-12 所示。

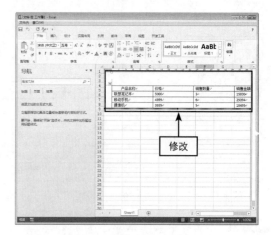

图 12-12

12.1.3 同步更新 Word 与 Excel 数据

同步更新数据是指若是源数据被修改，那么引用了该数据的文档或表格内容也会随之变化，即如果将 Word 中的数据放到 Excel 工作表中，当 Word 数据变动时，Excel 中的数据也会随着变化。下面将用两种方法介绍如何同步更新 Word 与 Excel 中的数据，具体操作步骤如下。

1. 使用复制和粘贴为源数据的同步

在 Word 文档中插入 Excel 表格数据，可以直接使用复制和粘贴功能来同步更新数据。

step 01 打开 Excel 工作簿，选中 A1：D5 区域单元格，右击，在弹出的快捷菜单中选择"复制"命令，如图 12-13 所示。

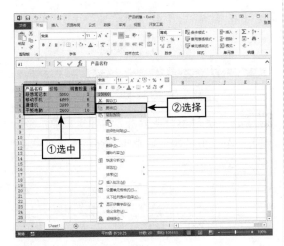

图 12-13

step 02 打开 Word 文档，右击，在"粘贴选项"中选择"链接与保留源格式"命令，如图 12-14 所示。

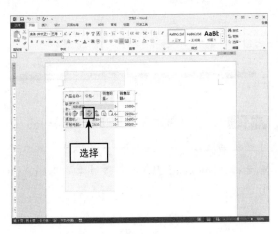

图 12-14

step 03 粘贴完后可查看效果，如图 12-15 所示。

图 12-15

step 04 将 Excel 工作簿中 B5 单元格的数据更改为"2458"，D5 单元格的数据更改为"24580"，如图 12-16 所示。

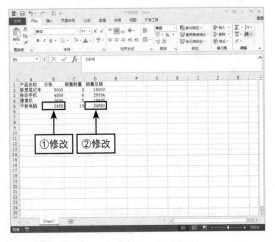

图 12-16

step 05 打开 Word 文档，右击，在弹出的快捷菜单中选择"更新链接"命令，如图 12-17 所示。

图 12-17

step 06 设置完后即可查看,数据已发生更改,如图 12-18 所示。

图 12-18

2. 使用选择性粘贴同步

除了可以使用复制粘贴同步数据外还可以通过选择"选择性粘贴"命令来同步数据,具体操作步骤如下。

step 01 打开 Word 文档,选中表格,右击,在弹出的快捷菜单中选择"复制"命令,如图 12-19 所示。

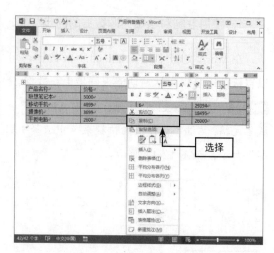

图 12-19

step 02 打开 Excel 工作簿,选择任意单元格,右击,在弹出的快捷菜单中选择"选择性粘贴"命令,如图 12-20 所示。

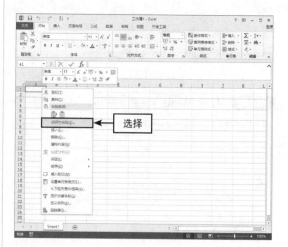

图 12-20

step 03 系统弹出"选择性粘贴"对话框,选择"粘贴链接"单选按钮,在"方式"列表框中选择"Microsoft Word 文档对象"选项,如图 12-21 所示。

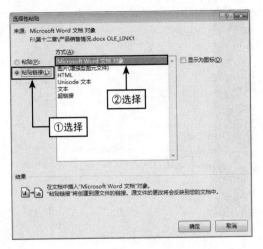

图 12-21

step 04　单击"确定"按钮，即可成功插入数据，如图 12-22 所示。

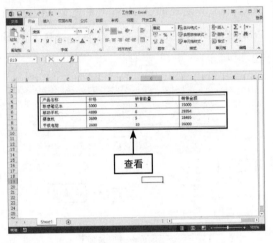

图 12-22

step 05　双击 Excel 工作簿中的表格，系统将

会自动打开 Word 文档中的源数据，修改表中的数据，如图 12-23 所示。

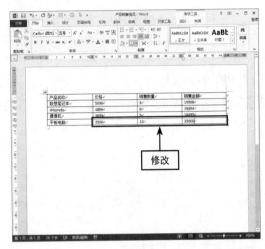

图 12-23

step 06　返回到 Excel 工作簿中，即可看到表格中的数据已经自动变更，如图 12-24 所示。

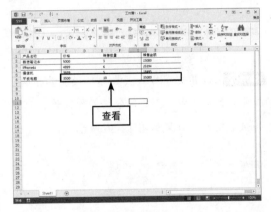

图 12-24

12.2　PowerPoint 与 Word/Excel 之间的协作

PowerPoint 2013 是用来制作演示文稿的软件。本节将介绍 PPT 与 Word/Excel 之间的协作，即介绍如何将 PPT 内容导入到 Word 中、如何将 Excel 中的图表插入到 PPT 中等。

12.2.1　Word 与 PPT 间的协作

灵活运用 Word 与 PPT 的协作功能可以令用户高效、快速地制作 Word 文档和 PPT 演示文稿，这将大大提高办公人员的工作效率，具体操作步骤如下。

1. 利用 Word 创建 PPT 演示文稿

可以将 Word 文档中编辑好的文本内容转换为 PPT 演示文稿。

step 01 创建 Word 文档，并输入文本，如图 12-25 所示。

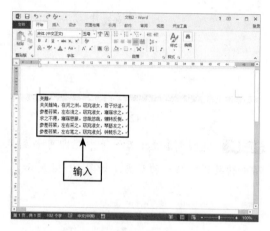

图 12-25

step 02 设置文字样式（如标题设置为宋体、二号、加粗居中，正文部分设置为宋体、三号、加粗居中），效果如图 12-26 所示。

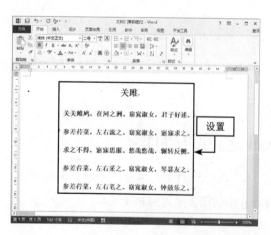

图 12-26

step 03 选择"文件"→"选项"命令，如图 12-27 所示。

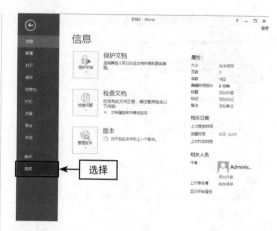

图 12-27

step 04 系统弹出"Word 选项"对话框，选择"快速访问工具栏"选项，在"从下列位置选择命令"列表框中选择"不在功能区的命令"选项，在其列表框中选择"发送到 Microsoft PowerPoint"选项，单击"添加"按钮，如图 12-28 所示。

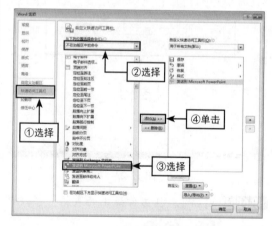

图 12-28

step 05 单击"确定"按钮，保存设置，返回到 Word 文档，单击"快速访问工具栏"中的"发送到 Microsoft PowerPoint"按钮，如图 12-29 所示。

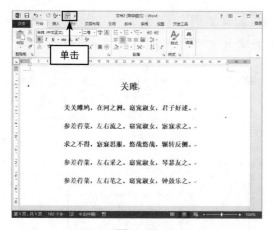

图 12-29

step 06　系统将自动启动 PPT 软件并将 Word 文档中的文字转化为 PPT 演示文稿，如图 12-30 所示。

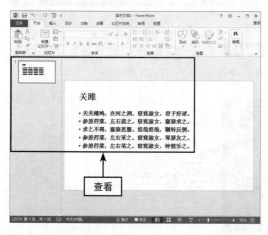

图 12-30

2. 使用命令将 Word 文档导入到 PPT 中

还可以使用"命令"将 Word 文档中的文本内容导入到 PPT 演示文稿中。

step 01　新建 Word 文档，选择"视图"选项卡，单击"大纲视图"按钮，在大纲视图中编辑文本内容并保存文档，如图 12-31 所示。

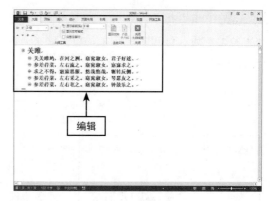

图 12-31

step 02　新建 PPT 演示文稿，选择"插入"选项卡，在"新建幻灯片"下拉列表中选择"幻灯片（从大纲）"选项，如图 12-32 所示。

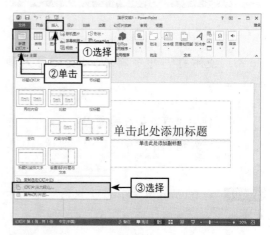

图 12-32

step 03　在"插入大纲"对话框中选择刚刚保存的 Word 文档，如图 12-33 所示。

图 12-33

step 04 单击"插入"按钮，即可将 Word 文档中的文本插入到 PPT 演示文稿中，效果如图 12-34 所示。

图 12-34

3. 使用打开命令将 Word 文档导入到 PPT 中

可以使用"打开"命令将 Word 文档中的文本内容导入到 PPT 演示文稿中，具体操作步骤如下。

step 01 新建 Word 文档，在"视图"选项卡中单击"大纲视图"按钮，在"大纲视图"下编辑文本，如图 12-35 所示。

图 12-35

step 02 关闭"大纲视图"，并保存文档，如图 12-36 所示。

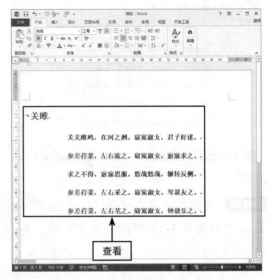

图 12-36

step 03 新建 PPT 演示文稿，选择"文件"→"打开"命令，如图 12-37 所示。

图 12-37

step 04 在弹出的"打开"对话框中，将"文件类型"设置为"所有大纲"，选择刚刚保存的 Word 文档，如图 12-38 所示。

图 12-38

step 05　单击"打开"按钮，即可将 Word 文档转换成 PPT 演示文稿，效果如图 12-39 所示。

图 12-39

12.2.2　将 PPT 内容导入到 Word 中

除了可以将 Word 文档中的内容转换成 PPT 演示文稿外，还可以将 PPT 演示文稿导入到 Word 中。

1．使用复制和粘贴命令导入

可以使用复制和粘贴命令将 PPT 演示文稿内容快速导入到 Word 文档中，具体操作步骤如下。

step 01　打开 PPT 演示文稿，选择需要复制的幻灯片，右击，在弹出的快捷菜单中选择"复制"命令，如图 12-40 所示。

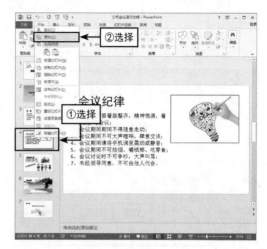

图 12-40

step 02　新建 Word 文档，选择"开始"选项卡，在"剪贴板"选项组中单击"粘贴"下拉按钮，选择"选择性粘贴"选项，如图 12-41 所示。

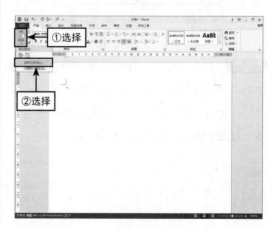

图 12-41

step 03　在弹出的"选择性粘贴"对话框中选择"粘贴"单选按钮，在"形式"下拉列表中选择"Microsoft PowerPoint 幻灯片对象"选项，如图 12-42 所示。

step 04　单击"确定"按钮，即可成功将 PPT 幻灯片导入 Word 中，效果如图 12-43 所示。

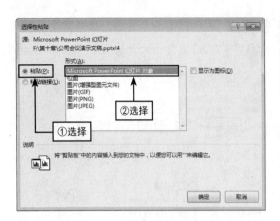

图 12-42

图 12-43

step 05 如果需要对幻灯片进行编辑，可选中该幻灯片并右击，在弹出的快捷菜单中选择"'幻灯片'对象"命令，在其级联列表中选择"编辑"命令，如图 12-44 所示。

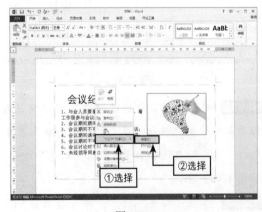

图 12-44

step 06 设置完后可查看效果，如图 12-45 所示。

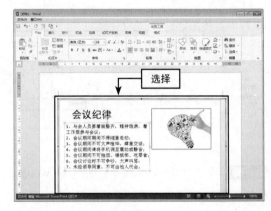

图 12-45

2. 使用发送命令导入

可以使用"发送"命令将 PPT 内容导入到 Word 文档中，具体操作步骤如下。

step 01 打开 PPT 演示文稿，单击"文件"菜单，如图 12-46 所示。

图 12-46

step 02 在"文件"菜单下选择"选项"选项，如图 12-47 所示。

step 03 弹出"PowerPoint 选项"对话框，选择左侧列表中的"快速访问工具栏"选项，在"从下列位置选择命令"下拉列表中选择"不在功能区中的命令"选项,选择"在 Microsoft Word 中创建讲义"选项,单击"添加"按钮,如图 12-48 所示。

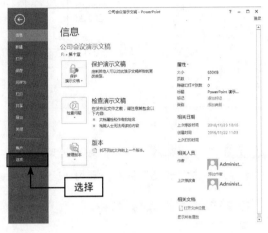

图 12-47

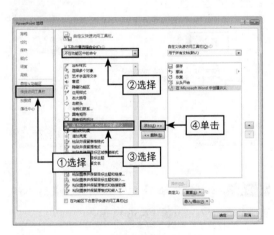

图 12-48

step 04 单击"确定"按钮,保存设置,系统自动返回到 PPT 演示文稿主界面,在 PPT 演示文稿顶部的"快速访问工具栏"中单击"在 Microsoft Word 中创建讲义"按钮,如图 12-49 所示。

step 05 弹出"发送到 Microsoft Word"对话框,在"Microsoft Word 使用的版式"选项组中选择"只使用大纲"单选按钮,如图 12-50 所示。

图 12-49

图 12-50

step 06 单击"确定"按钮,保存设置,此时系统自动将 PPT 内容导入到 Word 文档中,如图 12-51 所示。

图 12-51

3. 使用插入对象命令导入

除了可以使用"发送"命令将 PPT 内容导入到 Word 文档外，还可以使用插入对象命令快速导入，具体操作步骤如下。

step 01 新建 Word 文档，选择"插入"选项卡，在"文本"选项组中单击"对象"下拉按钮，选择"对象"选项，如图 12-52 所示。

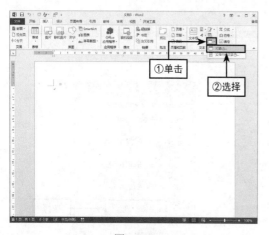

图 12-52

step 02 在"对象"对话框中选择"由文件创建"选项卡，单击"浏览"按钮，如图 12-53 所示。

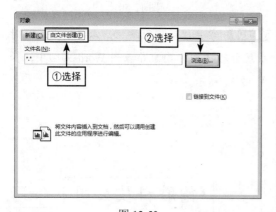

图 12-53

step 03 在弹出的"浏览"对话框中选择需要插入的 PPT 演示文稿，如图 12-54 所示。

图 12-54

step 04 单击"插入"按钮，即可返回上一层对话框，单击"确定"按钮，如图 12-55 所示。

图 12-55

step 05 此时已经将 PPT 演示文稿插入到 Word 文档中，如图 12-56 所示。

图 12-56

step 06　选中该演示文稿，右击，在弹出的快捷菜单中选择"'演示文稿'对象"命令，在其级联列表中选择"编辑"命令，即可编辑该演示文稿，如图 12-57 所示。

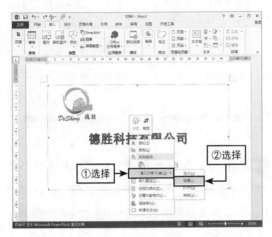

图 12-57

step 07　设置完后可查看效果，如图 12-58 所示。

图 12-58

12.2.3　Excel 与 PPT 的协作

除了可以在 Word 与 PPT 之间进行协作外，还可以使 Excel 表格与 PPT 演示文稿进行协作，如在 PPT 中插入表格等。

1．使用复制和粘贴命令导入

可以使用复制和粘贴命令将 Excel 表格数据粘贴到 PPT 演示文稿中，具体操作步骤如下。

step 01　打开 Excel 工作簿，选择需要复制的表格，右击，在弹出的快捷菜单中选择"复制"命令，如图 12-59 所示。

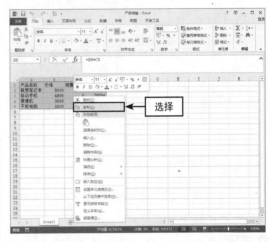

图 12-59

step 02　新建空白 PPT 演示文稿，删除幻灯片中的文本框，右击，在弹出的快捷菜单中选择"粘贴选项"→"使用目标样式"命令，如图 12-60 所示。

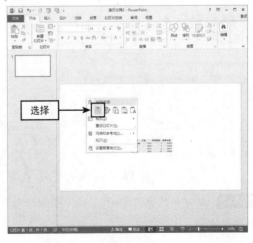

图 12-60

step 03 调整表格大小，效果如图 12-61 所示。

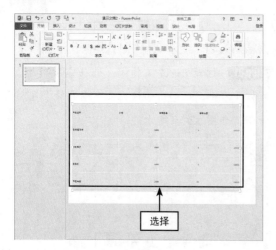

图 12-61

2. 使用选择性粘贴命令导入

还可以使用选择性粘贴功能来插入 Excel 表格，具体操作步骤如下。

step 01 打开 Excel 工作簿，选择需要复制的内容，右击，在弹出的快捷菜单中选择"复制"命令，如图 12-62 所示。

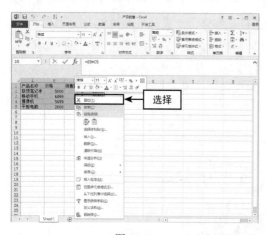

图 12-62

step 02 创建新的 PPT 演示文稿，删除幻灯片中的文本框，在"剪贴板"选项组中单击"粘贴"下拉按钮，选择"选择性粘贴"选项，如图 12-63 所示。

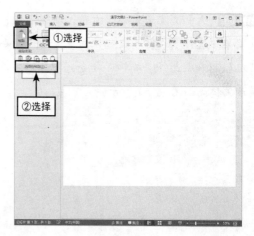

图 12-63

step 03 在"选择性粘贴"对话框中选择"粘贴"单选按钮，在下拉列表中选择"Microsoft Excel 工作表对象"选项，如图 12-64 所示。

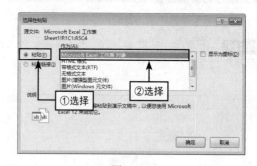

图 12-64

step 04 单击"确定"按钮，即可插入 Excel 表格，调整表格大小，如图 12-65 所示。

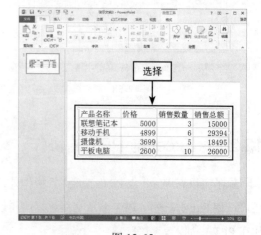

图 12-65

step 05 双击表格，即可修改该表格中的内容，如图 12-66 所示。

图 12-66

3. 使用嵌入命令导入

使用嵌入命令可以快速将 Excel 表格导入到 PPT 中，具体操作步骤如下。

step 01 新建 PPT 演示文稿，删除幻灯片中的文本框，选择"插入"选项卡，在"文本"选项组中单击"对象"按钮，如图 12-67 所示。

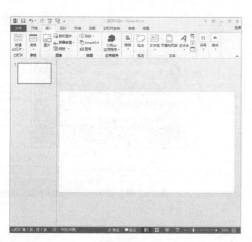

图 12-67

step 02 在弹出的"插入对象"对话框中选择"由文件创建"单选按钮，单击"浏览"按钮，如图 12-68 所示。

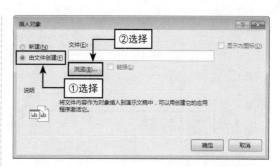

图 12-68

step 03 在"浏览"对话框中选择需要插入的 Excel 表格，如图 12-69 所示。

图 12-69

step 04 单击"确定"按钮，即可返回至"插入对象"对话框，单击"确定"按钮，如图 12-70 所示。

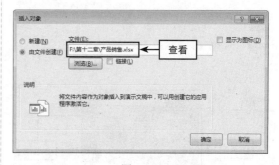

图 12-70

step 05 设置完后可查看效果，此时已成功将 Excel 表格导入到 PPT 演示文稿中，如图 12-71 所示。

图 12-71

12.2.4 将 Excel 图表插入 PPT 中

在 PPT 幻灯片中除了可以插入 Excel 表格外，还可以插入 Excel 图表。

1. 使用复制和粘贴命令插入

可以使用复制和粘贴命令插入 Excel 图表，具体操作步骤如下。

step 01 打开 Excel 文件，选中需要复制的图表，右击，在弹出的快捷菜单中选择"复制"命令，如图 12-72 所示。

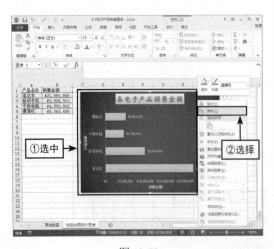

图 12-72

step 02 新建 PPT 演示文稿，删除幻灯片中的文本框，右击，在弹出的快捷菜单中选择"粘贴选项"命令，单击"使用目标主题和嵌入工作簿"按钮，如图 12-73 所示。

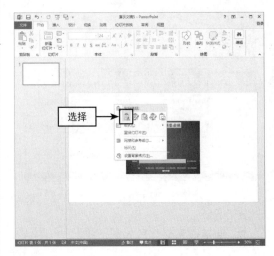

图 12-73

step 03 调整图表大小和位置，效果如图 12-74 所示。

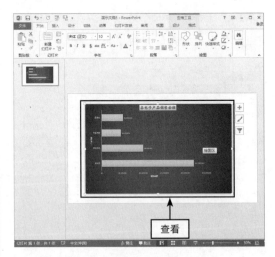

图 12-74

step 04 选中幻灯片中的图表，选择"图表工具—设计"选项卡，在"图表样式"下拉列表中选择满意的图表样式（如样式 8），如图 12-75 所示。

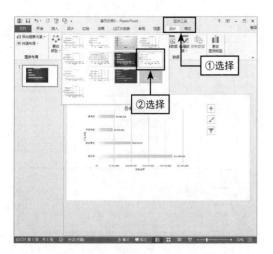

图 12-75

step 05　选择"图表工具—设计"选项卡，在"数据"选项组中单击"选择数据"按钮，如图 12-76 所示。

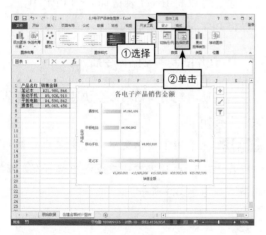

图 12-76

step 06　在弹出的"选择数据源"对话框中可以进行数据选择操作，如图 12-77 所示。

图 12-77

2. 使用 PPT 建立图表

除了可以使用复制和粘贴命令将 Excel 中的图表导入到 PPT 演示文稿中外，还可以直接在 PPT 中快速建立图表，具体步骤如下。

step 01　打开 Excel 表格，如图 12-78 所示。

图 12-78

step 02　在 PPT 中新建空白演示文稿，选择"插入"选项卡，在"插图"选项组中单击"图表"按钮，如图 12-79 所示。

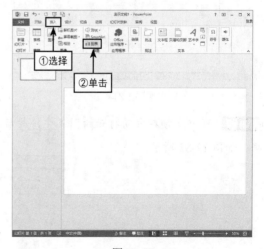

图 12-79

step 03　在"插入图表"对话框中选择满意的图表类型（如簇状条形图），如图 12-80 所示。

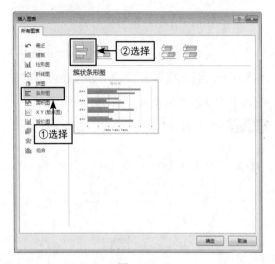

图 12-80

step 04 单击"确定"按钮保存，效果如图 12-81 所示。

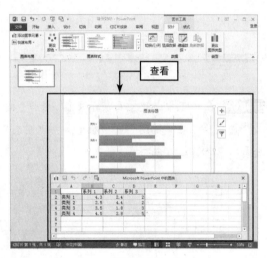

图 12-81

step 05 可以直接在自动打开的图表中修改数据，如图 12-82 所示。

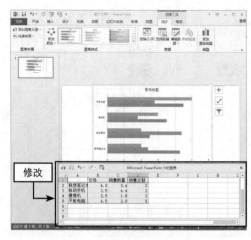

图 12-82

12.2.5 将 PPT 插入 Excel 表格中

除了可以将 Excel 表格插入到 PPT 中，还可以将 PPT 演示文稿插入到 Excel 表格中。

1. 使用复制和粘贴命令插入

可以使用复制和粘贴命令快速插入，具体操作步骤如下。

step 01 打开 PPT 演示文稿，选中需要复制的幻灯片，右击，在弹出的快捷菜单中选择"复制"命令，如图 12-83 所示。

图 12-83

step 02 打开 Excel 表格，右击，在弹出的快捷菜单中选择"粘贴选项"→"粘贴"命令，如图 12-84 所示。

图 12-84

step 03 设置完后可查看效果，如图 12-85 所示。

图 12-85

2. 使用选择性粘贴插入

如果插入的 PPT 幻灯片需要修改，可以使用"选择性粘贴"命令插入，具体操作步骤如下。

step 01 打开 PPT 演示文稿，选中需要复制的幻灯片，右击，在弹出的快捷菜单中选择"复制"命令，如图 12-86 所示。

图 12-86

step 02 打开 Excel 表格，右击，在弹出的快捷菜单中选择"选择性粘贴"命令，如图 12-87 所示。

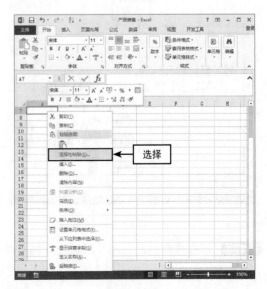

图 12-87

step 03 在弹出的"选择性粘贴"对话框中

选择"粘贴"单选按钮，在下拉列表中选择"Microsoft PowerPoint 幻灯片对象"选项，如图 12-88 所示。

图 12-88

step 04 单击"确定"按钮，即可将 PPT 幻灯片插入到 Excel 表格中，如图 12-89 所示。

图 12-89

step 05 双击该幻灯片，即可对其进行编辑操作，如图 12-90 所示。

图 12-90

3. 使用嵌入命令进行插入

还可以使用嵌入命令将 PPT 幻灯片插入到 Excel 表格中，具体操作步骤如下。

step 01 创建新的 Excel 表格，选择"插入"选项卡，在"文本"选项组中单击"对象"按钮，如图 12-91 所示。

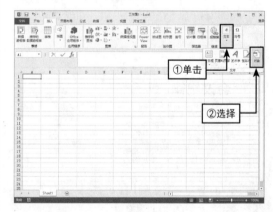

图 12-91

step 02 在"对象"对话框中选择"由文件创建"选项卡，单击"浏览"按钮，如图 12-92 所示。

step 03　在弹出的"浏览"对话框中选择需要插入的 PPT 演示文稿，如图 12-93 所示。

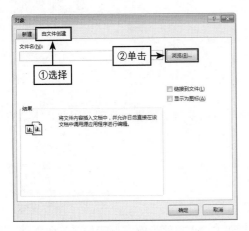

图 12-92

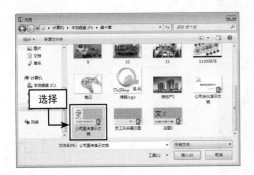

图 12-93

step 04　单击"插入"按钮，即可返回到上一层对话框，单击"确定"按钮，保存设置，如图 12-94 所示。

图 12-94

step 05　设置完后可查看效果，如图 12-95 所示。

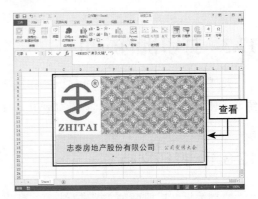

图 12-95

step 06　选中新插入的幻灯片，右击，在弹出的快捷菜单中选择"演示文稿对象"命令，在其级联列表中选择"编辑"命令，如图 12-96 所示。

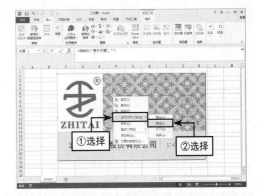

图 12-96

step 07　此时即可对 PPT 演示文稿进行编辑与修改，如图 12-97 所示。

图 12-97

12.3　打印机的应用

打印机是计算机的输出设备之一，在日常办公中通常需要对文件进行打印，因此，本节将介绍如何使用打印机打印文件，以及如何共享打印机。

12.3.1　打印文档

文档编辑好后即可对文档进行打印，本节将以打印 Excel 文件为例，介绍如何打印文档，具体操作步骤如下。

step 01　打开文档，选择"文件"菜单，如图 12-98 所示。

图 12-98

step 02　选择"打印"选项，在"打印"选项面板中进行相关设置，如设置打印范围、打印方向、纸张大小、打印份数及打印页数，还可以预览文档，单击"打印"按钮即可进行打印，如图 12-99 所示。

> **提示：**
>
> Word、Excel 和 PPT 的打印方法类似，用户可以使用同样的方法打印其他的文档。

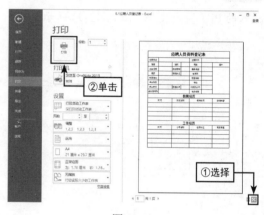

图 12-99

12.3.2　共享打印机

打印机是正常办公中必不可少的设备，但是在员工数量较多的企业，每个人都有一台打印机是不可能的，而且会造成冗余浪费，所以需要一个办公室或多个办公室共用一台打印机。只需在连接打印机的计算机上将打印机共享，在同一个局域网内的同一工作组中的计算机用户即可连接这台共享的打印机。下面将介绍如何共享打印机。

step 01　在"开始"菜单中单击"设备与打印机"按钮，如图 12-100 所示。

图 12-100

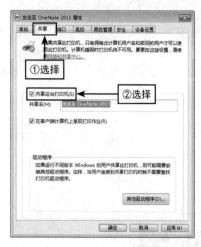

图 12-102

step 02　选择打印机，右击，在弹出的快捷菜单中选择"打印机属性"命令，如图 12-101 所示。

图 12-101

step 03　在弹出的"发送到 OneNote 2013 属性"对话框中选择"共享"选项卡，选中"共享这台打印机"复选框，单击"确定"按钮，即可完成设置，如图 12-102 所示。

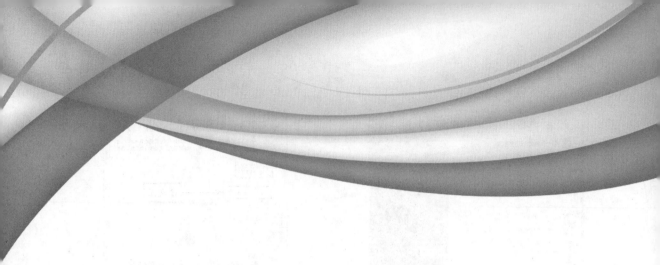

附录

Office 2013 高效实用办公组合键大全

Word 2013 常用组合键汇总

功能键			
按键	功能描述	按键	功能描述
F1	启动"Word 帮助"任务窗格	F8	扩展所选内容
F2	移动文字或图形，按回车键确认	F9	更新所选的域
F4	重复上一步的操作	F10	显示组合键提示
F5	执行定位操作	F11	前往下一个域
F6	前往下一个窗格或框架	F12	打开"另存为"对话框
F7	执行拼写检查命令		

Ctrl 组合功能键			
组合键	功能描述	组合键	功能描述
Ctrl+F1	展开或折叠功能区	Ctrl+I	倾斜字体
Ctrl+F2	选择"打印预览"命令	Ctrl+J	执行两端对齐
Ctrl+F3	剪切至"图文场"	Ctrl+K	插入超链接
Ctrl+F4	关闭窗口	Ctrl+L	执行左对齐操作
Ctrl+F6	前往下一个窗口	Ctrl+M	增加缩进量两个字符
Ctrl+F9	插入空域	Ctrl+N	新建文档
Ctrl+F10	将文档窗口最大化或还原其大小	Ctrl+O	在"打开"选项面板中打开文档或模板
Ctrl+F11	锁定域	Ctrl+P	打印文档
Ctrl+F12	选择"打开"命令	Ctrl+Q	删除段落格式
Ctrl+Enter	插入分页符	Ctrl+R	执行右对齐操作
Ctrl+A	全文整个文档	Ctrl+S	保存文档
Ctrl+B	加粗字体	Ctrl+T	创建悬挂缩进
Ctrl+C	复制文本或对象	Ctrl+U	添加下画线
Ctrl+D	打开"字体"对话框	Ctrl+V	粘贴文本或对象
Ctrl+E	执行居中操作	Ctrl+W	关闭文档
Ctrl+F	打开"导航"任务窗格	Ctrl+X	剪切文本或对象
Ctrl+G	执行定位操作	Ctrl+Y	重复上一操作
Ctrl+H	执行替换操作	Ctrl+Z	撤销上一操作
Ctrl+0	在段前添加或删除一行间距	Ctrl+Tab	插入制表符
Ctrl+1	单倍行距	Ctrl+Home	定位至一组批注的起始处
Ctrl+2	双倍行距	Ctrl+End	定位至一组批注的结尾处
Ctrl+5	1.5 倍行距		

Shift 组合组合键			
组合键	功能描述	组合键	功能描述
Shift+F1	启动上下文相关"帮助"或显示格式窗格	Shift+ ←	将选定范围向左扩展一个字符
Shift+F2	复制文本	Shift+ →	将选定范围向右扩展一个字符
Shift+F3	更改字母大小写	Shift+Home	将选定范围扩展至行首
Shift+F4	重复"查找"或"定位"操作	Shift+End	将选定范围扩展至行尾
Shift+F5	移至最后一处更改	Shift+Tab	选定上一单元格的内容
Shift+F6	转至上一个窗格或框架	Shift+Enter	插入换行符
Shift+F7	选择"同义词库"命令	Ctrl+Shift+ ↑	将选定范围扩展至段首
Shift+F8	减少所选内容的大小	Ctrl+Shift+ ↓	将范围扩展至短尾
Shift+F9	在域代码及其结果之间进行切换	Shift+Page Up	将选定范围扩展至上一屏
Shift+F10	显示快捷菜单	Shift+Page Down	将选定范围扩展至下一屏
Shift+F11	定位至前一个域	Ctrl+Shift+F9	取消域的链接
Shift+F12	选择"保存"命令	Ctrl+Shift+F12	选择"打印预览"命令
Shift+ ↑	将选定范围向上扩展一行	Ctrl+Shift+Enter	插入分栏符
Shift+ ↓	将选定范围向下扩展一行		

Alt 组合功能键			
组合键	功能描述	组合键	功能描述
Alt+F1	前往下一个域	Alt+Shift++	扩展标题下的文本
Alt+F3	创建自动图文集词条	Alt+Shift+-	隐藏标题下的文本
Alt+F4	退出 Word	Alt+Ctrl+F	插入脚注
Alt+F5	还原程序窗口大小	Alt+Ctrl+E	插入尾注
Alt+F6	在打开的 Word 文档间切换	Alt+Shift+I	标记引文目录项
Alt+F7	查找下一个拼写错误或语法错误	Alt+Shift+O	标记目录
Alt+F8	运行宏	Alt+Shift+X	标记索引项
Alt+F9	在所有的域代码及其结果间进行切换	Alt+Ctrl+M	插入批注
Alt+F10	显示"选择和可见性"任务窗格	Alt+Ctrl+P	切换至页面视图
Alt+F11	显示 Microsoft Visual Basic 代码	Alt+Ctrl+O	切换至大纲视图
Alt+ ←	返回查看过的"帮助"主题	Alt+Ctrl+N	切换至普通视图
Alt+ →	前往查看过的"帮助"主题	Alt+1	转到上一文件夹
Alt+ ↑	光标移至上一行	Alt+3	关闭对话框,并打开"搜索 Web"按钮
Alt+ ↓	光标移至下一行	Alt+4	删除所选文件夹或文件
Alt+Ctrl+F1	显示 Microsoft 系统信息	Alt+5	在打开的文件夹中创建新子文件夹
Alt+Ctrl+F2	选择"打开"命令	Alt+6	在"列表""详细资料""属性"和"预览"视图之间切换
Alt+Shift+F1	定位至前一个域	Alt+7	显示"工具"菜单

Alt 组合功能键			
组合键	功能描述	组合键	功能描述
Alt+Shift+F2	选择"保存"命令	Alt+Home	光标移至一行中的第一个单元格
Alt+Shift+F7	显示"信息检索"任务窗格	Alt+End	光标移至一行中的最后一个单元格
Alt+Shift+F9	从显示域结果的域中运行 GotoButton 或 MacroButton	Alt+Page Up	光标移至一列中的第一个单元格
Alt+Shift+F10	显示可用操作的菜单或消息	Alt+Page Down	光标移至一列中的最后一个单元格
Alt+ 空格	显示程序控制菜单		

Excel 2013 常用组合键汇总

功能键			
按键	功能描述	按键	功能描述
F1	启动"Excel帮助"任务窗格	F2	编辑活动单元格并将插入点放在单元格内容的结尾
F3	显示"粘贴名称"对话框，仅当工作簿中存在名称时才可用	F4	重复上一个命令或操作
F5	显示"定位"对话框	F6	在工作表、功能区、任务窗格和缩放控件之间切换
F7	显示"拼写检查"对话框	F8	打开或关闭扩展模式
F9	计算所有打开的工作簿中的所有工作表	F10	打开或关闭按键提示
F11	在单独的图表工作表中创建当前范围内数据表的表格	F12	打开"另存为"对话框

Ctrl 组合功能键			
组合键	功能描述	组合键	功能描述
Ctrl+F1	显示或隐藏功能区	Ctrl+H	选择"替换"操作
Ctrl+F4	关闭选定的工作簿窗口	Ctrl+I	应用或取消倾斜格式设置
Ctrl+F5	恢复选定工作簿窗口的窗口大小	Ctrl+K	为新的超链接显示"插入超链接"对话框，或为选定现有超链接显示"编辑超链接"对话框
Ctrl+F6	切换到下一个工作簿窗口	Ctrl+L	显示"创建表"对话框
Ctrl+F7	对未最大化的工作簿窗口选择"移动"命令	Ctrl+N	创建新的空白工作簿
Ctrl+F8	对未最大化的工作簿窗口选择"大小"命令	Ctrl+O	选择"打开"操作
Ctrl+F9	将工作簿窗口最小化为图标	Ctrl+P	选择"打印"操作
Ctrl+F10	最大化或还原选定的工作簿窗口	Ctrl+Q	当有单元格包含选中的数据时，将为该数据显示"快速分析"选项
Ctrl+1	显示"单元格格式"对话框	Ctrl+R	使用"向右填充"命令将选定范围内最左边单元格的内容和复制到右边的单元格中
Ctrl+2	应用或取消加粗格式设置	Ctrl+S	使用其当前文件名、位置和文件格式保存活动文件

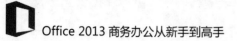

Ctrl 组合功能键			
组合键	功能描述	组合键	功能描述
Ctrl+3	应用或取消倾斜格式设置	Ctrl+T	显示"创建表"对话框
Ctrl+4	应用或取消下画线设置	Ctrl+U	应用或取消下画线设置
Ctrl+5	应用或取消删除线设置	Ctrl+V	在插入点处插入剪贴板的内容,并替换任何所选内容
Ctrl+6	在隐藏对象和显示对象之间切换	Ctrl+W	关闭选定的工作簿窗口
Ctrl+8	显示或隐藏大纲符号	Ctrl+X	剪切选定的单元格
Ctrl+9	隐藏选定的行	Ctrl+Y	重复上一个命令或操作
Ctrl+0	隐藏选定的列	Ctrl+Z	选择"撤销"操作
Ctrl+A	选择整个工作表	Ctrl+-	显示用于删除选定单元格的"删除"对话框
Ctrl+B	应用或取消加粗格式设置	Ctrl+;	输入当前日期
Ctrl+C	复制选定的单元格	Ctrl+`	在工作表中切换显示单元格值和公式
Ctrl+D	使用"向下填充"命令将选定范围内最顶层单元格的内容和复制到下面的单元格中	Ctrl+'	将公式从活动单元格上方的单元格复制到单元格或编辑栏中
Ctrl+E	使用列周围的数据将多个值添加到活动列中	Ctrl+Page UP	在工作表选项卡之间从右至左进行切换
Ctrl+F	选择"查找"操作	Ctrl+Page Down	在工作表选项卡之间从左至右进行切换
Ctrl+G	选择"定位"操作		

Shift 组合键			
组合键	功能描述	组合键	功能描述
Shift+F2	添加或编辑单元格批注	Shift+End	将选定范围扩展至行尾
Shift+F3	显示"插入函数"对话框	Ctrl+Shift+(	取消隐藏选定范围内所有隐藏的行
Shift+F6	在工作表、缩放控件、任务窗格和功能区之间切换	Ctrl+Shift+&	将外框应用于选定单元格
Shift+F8	使用箭头将非邻近单元格或区域添加到单元格的选定范围内	Ctrl+Shift+_	从选定单元格删除外框
Shift+F9	计算活动工作表	Ctrl+Shift+~	应用"常规"数字格式
Shift+F10	显示选定项目的快捷菜单	Ctrl+Shift+$	应用带有两位小数的"货币"格式
Shift+F11	插入一个新工作表	Ctrl+Shift+%	应用不带小数位的"百分比"格式
Shift+ →	将选定范围向右扩展一个字符	Ctrl+Shift+^	应用带有两位小数的"科学计数"格式
Shift+ ←	将选定范围向左扩展一个字符	Ctrl+Shift+#	应用带有日、月和年的"日期"格式
Shift+ ↑	将选定范围向上扩展一行	Ctrl+Shift+@	应用带有小时和分钟,以及 AM 或 PM 的"时间"格式
Shift+ ↓	将选定范围向下扩展一行	Ctrl+Shift+!	应用带有两位小数、千位分隔符和减号 (–),的"数值"格式
Shift+Tab	选定上一单元格的内容	Ctrl+Shift+*	选择环绕活动单元格的当前区域

Shift 组合键			
组合键	功能描述	组合键	功能描述
Shift+Enter	完成单元格输入并选择上面的单元格	Ctrl+Shift+"	将值从活动单元格上方的单元格复制到单元格或编辑栏中
Shift+Page Up	将选定范围扩展至上一屏	Ctrl+Shift+:	输入当前时间
Shift+Page Down	将选定范围扩展至下一屏	Ctrl+Shift+ 加 号 (+)	显示用于插入空白单元格的"插入"对话框
Shift+Home	将选定范围扩展至行首		

Alt 组合键			
组合键	功能描述	组合键	功能描述
Alt+F1	创建当前区域中数据的嵌入图表	Alt+Shift+F1	插入新的工作表
Alt+F4	关闭 Excel	Alt+Ctrl+F9	计算所有打开的工作簿中的所以工作表
Alt+F8	显示用于创建、运行、编辑或删除宏的"宏"对话框	Alt+Shift+F10	显示用于"错误检查"按钮的菜单或消息
Alt+F11	打开 VBA 编辑器	Alt+Shift+F11	打开 Microsoft 脚本编辑器，可以在其中添加文本、编辑 HTML 标记及修改任何脚本代码
Alt+ 空格键	可显示 Excel 窗口的"控制"菜单	Alt+Page Down	在工作表中向右移动一个屏幕
Alt+Enter	可在同一单元格中另起一个新行	Alt+Page Up	在工作表中向左移动一个屏幕
Ctrl+Alt+Shift+F9	重新检查相关公式，然后计算所有打开的工作簿中的所有单元格，其中包括未标记为需要计算的单元格		

PPT 2013 常用快捷键汇总

功能键			
按键	功能描述	按键	功能描述
F1	启动"PowerPoint 帮助"任务窗格	F5	从头开始运行演示文稿
F2	在图形和图形内文本间切换	F7	选择"拼写检查"操作
F4	重复最后一次操作	F12	选择"另存为"命令

Ctrl 组合键			
组合键	功能描述	组合键	功能描述
Ctrl+A	选择全部对象或幻灯片	Ctrl+R	段落右对齐
Ctrl+B	应用或撤销文本加粗	Ctrl+S	保存当前文档
Ctrl+C	选择"复制"操作	Ctrl+T	打开"字体"对话框
Ctrl+D	生成对象或幻灯片的副本	Ctrl+U	应用或撤销文本下画线
Ctrl+E	段落居中对齐	Ctrl+V	选择"粘贴"操作

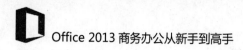

续表

Ctrl 组合键			
组合键	功能描述	组合键	功能描述
Ctrl+F	打开"查找"对话框	Ctrl+W	关闭当前文件
Ctrl+G	打开"网格线和参考线"对话框	Ctrl+X	选择"剪切"操作
Ctrl+H	打开"替换"对话框	Ctrl+Y	重复最后一步操作
Ctrl+I	应用或撤销文本倾斜	Ctrl+Z	撤销上一步操作
Ctrl+J	段落两端对齐	Ctrl+Shift+F	打开"字体"对话框，更改字体
Ctrl+K	插入超链接	Ctrl+Shift+G	组合对象
Ctrl+L	段落左对齐	Ctrl+Shift+P	打开"字体"对话框，更改字号
Ctrl+M	插入新的幻灯片	Ctrl+Shift+H	解除组合
Ctrl+N	生成新的 PPT 文件	Ctrl+Shift+ "<"	增大字号
Ctrl+O	打开 PPT 文件	Ctrl+Shift+ ">"	减小字号
Ctrl+P	打开"打印"对话框	Ctrl+ "="	将文本更改为下标（自动调整间距）格式
Ctrl+Q	关闭程序	Ctrl+Shift+ "="	将文本更改为下标（自动调整间距）格式